Johannes Mario Simmel

Die Erde bleibt noch lange jung

Johannes Mario Simmel

Die Erde bleibt noch lange jung

und andere Geschichten aus fünfunddreißig Jahren

Droemer Knaur

1. bis 100. Tausend

Umschlaggestaltung: Fritz Blankenhorn
Satz: IBV Lichtsatz KG, Berlin
Druck und Einband: Freiburger Graphische Betriebe GmbH
Printed in Germany
ISBN 3-85886-094-8

Liebe Leserin, lieber Leser!

Als 1979 mein Geschichtenband ›Zweiundzwanzig Zentimeter Zärtlichkeit‹ erschien, war ich trotz aller Bestseller-Ehren (und -Schmähungen), die mir seit rund zwei Jahrzehnten zuteil geworden sind, doch etwas skeptisch: Wird, so überlegte ich, meine ›Gemeinde‹ – und ich bin sehr stolz darauf, daß ich, wie mir der tägliche Posteingang beweist, wirklich eine ›Gemeinde‹ habe! – die kleinen Geschichten aus einem Dritteljahrhundert ebenso gerne lesen wie meine dicken Romane? Ich hatte mächtig kalte Füße, kann ich Ihnen flüstern.

Zu meiner großen Überraschung und noch größeren Freude ist dann das Buch ›Zweiundzwanzig Zentimeter Zärtlichkeit‹ ebenfalls ein Bestseller geworden, und alle meine Befürchtungen waren umsonst gewesen. Sie, liebe Leser, haben jenen ersten Geschichtenband begeistert aufgenommen. Dafür danke ich Ihnen sehr herzlich!

Was geschehen ist, gibt mir den Mut, hier nun eine weitere Auswahl von Geschichten aus fünfunddreißig Jahren mit dem Titel ›Die Erde bleibt noch lange jung‹ folgen zu lassen. In die große Kiste voll aberhundert Storys, die ich als Reporter geschrieben habe, bin ich nochmals hinabgetaucht. Und bin wiederum fündig geworden. Wie im ersten Band meiner Geschichten geht es auch im zweiten um Recht und Unrecht, Hunger und Überfluß, Krieg und Frieden, um lustige und traurige, empörende und das Herz erhebende Ereignisse, um Revolutionen, um Menschen, die Menschen töten, und um Menschen, die Menschen helfen, um mächtige Politiker und um kranke Kinder, die beinahe elendiglich verreckt wären. Und weil ich doch fünfzehn Jahre lang Reporter einer großen Illustrierten und daselbst ›das Mädchen für alles‹ gewesen bin, gibt's auch Muttertags- und Weihnachtsgeschichten sowie solche zu ähnlich erbaulichen Anlässen zu lesen.

Wiederum, wie beim ersten Band, liegen hier viele – natürlich sehr persönliche – Momentaufnahmen aus den vergangenen Jahren vor Ihnen, so, wie ich, der Reporter, sie gesehen und festgehalten habe. Es würde mich sehr glücklich machen, wenn sich aus den vielen Einzelaufnahmen so etwas wie ein Bild der Zeit, in der wir gelebt haben und leben, zusammenfügte.

Ganz gewiß sind alle diese Geschichten nicht weltbewegend gewesen. Aber ich denke mir immer: In den kleinen Geschichten der kleinen Leute spiegelt sich der Geist der Zeiten klarer wider als in den großen Geschichten der heroischen Helden-Helden. Und darüber sind wir sicherlich alle einig: Die heroischen Helden-Helden-Geschichten waren doch immer die schlimmsten. Gott schenke uns Frieden.

Im Januar 1981 J. M. S.

Woran ich glaube

Geschrieben 1946, im Trümmer-Wien. Heute, 1981, glaube ich noch immer daran. Trotz allem...

Dies ist eine nachdenkliche Geschichte.
Sie hat den großen Vorteil, wahr zu sein, obwohl es Mitteleuropäern vielleicht schwerfallen wird, sie zu glauben. Das liegt jedoch nicht an der Mentalität der Geschichte, sondern an der Mentalität der Mitteleuropäer. Die Geschichte ereignete sich in Amerika. Da sie eine Lehre hat, die auch uns angeht, soll sie hier erzählt werden.
Edward J. Thompson war ein intelligenter Mensch. Er lebte in einer kleinen Stadt des amerikanischen Mittelwestens und war Herausgeber und Redakteur einer Tageszeitung. Die Auflage des Blattes entsprach der Einwohnerzahl – sie war sehr bescheiden. Das Organ hieß: ›The Daily Trumpet‹ – ›Die tägliche Posaune‹.
Daneben gab es noch eine zweite Zeitung. Sie wurde herausgegeben von Kenneth Williams und nannte sich ›Town News‹ – ›Stadtnachrichten‹. Die ›Town News‹ und die ›Daily Trumpet‹ lagen in einem schweren Konkurrenzkampf. Edward J. Thompson war, wir sagten es schon, ein intelligenter Mensch. Aber auch Kenneth Williams war kein Idiot. Thompson hatte mehr Ehrgeiz, das war der ganze Unterschied. Sein Ehrgeiz bestärkte ihn in der Ansicht, daß seine Zeitung (obwohl sie bei weitem die jüngere war) die interessanteren Nachrichten und Geschichten brachte und daß sie deshalb auch mit der Zeit die Leser der ›Town News‹ gewinnen würde. Weil er dieser Ansicht war (und weil er genügend Intelligenz und fachliches Können besaß), zog er aus dieser Überzeugung eine Kraft und eine Stärke, eine Kühnheit und eine Originalität, die ›The Daily Trumpet‹ tatsächlich von Monat zu Monat beliebter werden ließ und ihre Auflagezahl weiter und weiter emportrieb.
Kenneth Williams besaß die geringere Spannkraft. Er war schon länger Journalist, und er hatte wenig Ehrgeiz. Aber schreiben konnte er ebenso gut wie sein Kollege von der ›Trumpet‹! Die Leitartikel, in denen die beiden sich, um in einen nördlichen Dialekt zu verfallen, ›Saures gaben‹, waren eine Freude und Quelle der Heiterkeit für alle Bürger der kleinen Stadt.

Die Leute lachten über die witzigen Hiebe, welche die beiden Chefredakteure einander beibrachten. Sie achteten Thompson und Williams für die Freimütigkeit und den Mut, mit denen sie ihre Ansichten vertraten. Und daneben achteten sie auch sich selbst und ihr Land, in dem diese Übung der freien Meinungsäußerung sozusagen zum Hausgebrauch gehört.

Edward J. Thompson jedoch war ehrgeizig. Sein Traum war es, zwei Zeitungen zu besitzen. Den ›Town News‹ ging es bald hundeelend, Kenneth Williams machte Schulden und konnte nur noch schwer seinen Verpflichtungen nachkommen. Und eines Tages erklärte er sich bereit, seine Zeitung zu verkaufen. Es fiel ihm sehr schwer, aber er war kein Idiot und wußte, was er tun mußte, wenn er nicht unverantwortlich handeln wollte.

Edward J. Thompson kaufte die ›Town News‹ und machte Williams den Vorschlag, als stellvertretender Chefredakteur des zweiten Blattes bei ihm einzutreten. Dies lehnte Williams ab mit der Begründung, daß er nicht die Absicht habe, plötzlich seine Meinungen und Ansichten zu ändern und so zu schreiben, wie Thompson es von ihm mit Recht verlangen könne, wenn er ihn mit seinem Geld bezahle. Es gehe ihm, sagte er, gegen den Strich. Er werde schon nicht verhungern. Schließlich könne er immer noch Fernlastfahrer werden.

Edward J. Thompson zuckte die Achseln und engagierte einen Herrn, der eine Leidenschaft dafür besaß, anderen Herren nach dem Munde zu reden. Dieser Herr übernahm die Leitung der neuen ›Town News‹. Er war so sehr bemüht, seinem Chef und Brotherrn wohlgefällig zu sein, daß nun Tag für Tag in den beiden Blättern praktisch dasselbe stand. Und da geschah das Unerwartete:

Edward J. Thompson, der eine weitere Erhöhung der Auflage erwartet hatte, erlebte eine böse Überraschung. Denn die Auflage stieg nicht. Im Gegenteil. Sie fiel. Und sie fiel beträchtlich. Nicht nur bei den neuen ›Town News‹. Sondern auch bei der ›Daily Trumpet‹. Warum? Weil die Leser plötzlich fanden, daß ihnen die beiden Blätter nicht mehr gefielen. Daß sie beide dasselbe sagten. Daß sie langweilig und unaufrichtig, frömmelnd und humorlos geworden waren – daß man sie nicht mehr kaufen konnte, weil sie keine Meinung mehr hatten.

Thompson dachte kurz, aber angestrengt nach. Er wußte, daß es das Fehlen jeder Gegnerschaft, der Mangel an fairer Opposition war, die ihm und seinen Zeitungen schadete. Er hatte zwar mit Kenneth Williams, aber nicht mit seiner Leserschaft gerechnet. Er mußte zugeben: Die beiden Zeitungen waren schlechter. Er merkte es selbst, wenn er seine Artikel schrieb: Sie schienen ihm dumm und einfallslos, bloßes Gewäsch und Getratsch. Thompson hatte plötzlich brennende Sehnsucht nach seinem klugen, mutigen und lustigen Feind. Und weil er ein intelligenter Mensch war, der sich nicht scheute, einen Fehler einzugestehen, tat er das einzig Richtige. Er besuchte Kenneth Williams und wiederholte seinen Vorschlag.

»Arbeiten Sie mit mir«, sagte er.

Williams erwiderte etwas Undruckbares.

»Sie mißverstehen mich«, sagte Thompson. »Ich will nicht, daß Sie in meinem Sinne schreiben. Im Gegenteil! Wenn ich Sie einmal dabei erwische, werfe ich Sie hinaus...«

»Wie denn soll ich schreiben?«

»So wie früher, als Sie noch Chef der ›Town News‹ waren.«

»Gegen Sie?«

»Ja«, sagte Thompson. »Gegen mich. Nur unter dieser Bedingung engagiere ich Sie. Nur unter dieser Bedingung können wir zusammenarbeiten. Als Gegner. Und als Verbündete in unserem gemeinsamen Kampf.«

»In welchem Kampf?«

»Im Kampf um die Freiheit der Presse, die Freiheit des Gedankens und im Kampf gegen die Verdummung der Massen. Wollen Sie mit mir gehen?«

»Jawohl«, sagte Kenneth Williams. Und dann warf er seine Chesterfield fort, beleckte seinen Bleistift und verfaßte einen Leitartikel gegen Edward J. Thompson, von dem man nur sagen kann, daß er sich gewaschen hatte.

Damit ist unsere Geschichte zu Ende. Ohne Zweifel stieg die Auflage der beiden Zeitungen wieder, nachdem Kenneth Williams an die Stelle des Herrn getreten war, der eine Leidenschaft dafür besaß, anderen Herren nach dem Munde zu reden. Ohne Zweifel wurden die beiden Zeitungen wieder besser, so gut, wie sie am Anfang gewesen waren. Ich glaube sogar, daß sie noch besser wurden. Denn nun wußten die beiden Leute, die sie führten, worum es ging. Nun zogen sie am selben Strick. Nun waren sie auf dem rechten Weg.

Wir leben nicht in Amerika. Wir leben in einem ganz anderen

Land, unter ganz anderen Umständen, und wir haben ganz andere Zeitungen. Aber wir haben im Grunde doch alle dieselben Sorgen und dieselben Probleme. Nicht die kleinen Sorgen und Probleme, über die wir sprechen. Sondern die ganz großen, über die wir schweigen und an die wir nur nachts denken, wenn wir nicht schlafen können: die Sorge um den Frieden und das Glück unserer Kinder zum Beispiel, das Problem der Gleichberechtigung aller Menschen und die Freiheit von Furcht und Not. Was wir brauchen, sind Männer wie Edward J. Thompson und Kenneth Williams. Das ist es, woran ich glaube.

Ich will den Hamlet spielen

> Warum soll ich, der Bücherschreiber, nicht Theater spielen, wenn ich dazu den Drang verspüre – so wie es die Schauspieler (und andere Nicht-Bücherschreiber) unwiderstehlich zum Buchmachen drängt? Das habe ich mich anläßlich der Buchmesse 1978 gefragt.

Ich will den Hamlet spielen. Und das werde ich auch. Am Schillertheater in Berlin. Barlog hat's mir versprochen. Die Proben beginnen zur gleichen Zeit wie die Buchmesse in Frankfurt – am 10. Oktober. Früher war ich zu jener Zeit immer dort. Jetzt brauche ich nicht mehr hinzufahren. Das kommt, weil so viele Schauspieler Schriftsteller geworden sind. Hat mich doch mächtig beeindruckt, zu sehen, wie schnell und mit welcher Wucht dieser Wandel gekommen ist. Nicht nur Schauspieler übrigens haben zur Feder gegriffen – auch Generäle, Zuhälter, Politiker, Showmaster, Callgirls, Kaiserliche und Königliche Hoheiten, Balletteusen, Bergsteiger, Mediziner, Scharfrichter, Gastronomen, Musiker, Boxer, Fernseh-Nachrichtensprecher, Maler und Rennfahrer. Und die Fußballer!
Frankfurt im Herbst – ein völlig neues Messe-Gefühl! War ja aber auch schon wirklich an der Zeit. Ewig die gleichen Typen, ewig Schreiber, die Bücher geschrieben hatten. Fad. Jetzt ist es endlich wieder eine Hetz!
Die oben erwähnten Herrschaften haben an ihr literarisches Ta-

lent geglaubt, einen starken inneren Drang empfunden, konnten die Tinte nicht mehr halten, und bums hatten sie etwas Schriftliches unter sich gelassen. Die Herren Verleger haben vor Begeisterung geschluchzt. Gott sei Dank – endlich andere, bessere, schönere, klügere und interessantere Autoren!

So ein furchtbarer innerer Drang, so ein Glaube an eine Berufung hat nun aber auch mich ergriffen – nämlich auf die Bühne zu steigen. Gleiches Recht für alle. Ich habe das Bücherschreiben getragen siebenunddreißig Jahr. Ich will es tragen nimmermehr.
Da sehe ich jetzt die Kritiker zittern. Plötzlich denken sie darüber nach, was aus ihnen werden soll, wenn ich keine Bücher mehr schreibe. Blitzartig überkommt sie die Erkenntnis, daß ich ihre Existenzgrundlage gewesen bin. Wovon leben, wenn man den Simmel nicht mehr in der Luft zerreißen, in den Boden stampfen, zur Sau machen kann in Zeitungen, in Magazinen, im Rundfunk, im Fernsehen? Wenn's keinen Simmel mehr gibt zum Leichenfleddern für Analysen, Magisterarbeiten, Dissertationen? Was sind wir ohne den Simmel, fragen die Kritiker einander bleichen Angesichts.
Gemach, liebe Feinde, gemach.
Nicht verzagen, Simmel fragen!
Der sagt euch: Angst vor Arbeitslosigkeit? Keine Spur! Jetzt könnt ihr euch doch auf alle die neuen Autoren stürzen, die euch die blanke Brust bieten. Kapiert? Na also.
Da kommt schon wieder Farbe zurück in die verzagten bleichen Angesichter. Macht nun also die Bücher der Neuen zur Sau, daß das Herz im Leibe lacht. Schreibt eure Kritiken wie bisher am besten, ohne das Buch gelesen zu haben – das befähigt bekanntlich zu gänzlich unbefangener und objektiver Einschätzung!
Jetzt sehe ich, daß die neuen Autoren das Zittern kriegen. Tja, daran hättet ihr früher denken müssen! Warum zittert ihr eigentlich? Auf der Bühne seid ihr doch auch verrissen worden, daß es nur so geraucht hat, oder?
Nicht verzagen, Simmel fragen. Und der sagt euch: Jeder der grimmigen Herren von der Kritik hat zwei bis elf eigene Romane oder Theaterstücke im Schreibtisch, die mangels Verleger- bzw. Intendanten-Interesse für alle Zeit dort liegenbleiben. Auch Kritiker sind arme Schweine. Seid nett zu ihnen.
Und so erlaube ich mir, liebe Neu-Schriftsteller, aus dem reichen

Schatz meiner Erfahrung ein paar wohlgemeinte Ratschläge zu erteilen.
Alsdern:
Es ist von größter Wichtigkeit, präpotent aufzutreten – nicht erst auf der Buchmesse, schon beim Verleger! Ihr seid nicht, was ihr seid, ihr seid auch keine Schriftsteller, ihr seid *Dichter*, verstanden? Wohl steht es indessen (insbesondere Damen) des weiteren an, sich mystisch, dunkel, scheu (Rehlein!) oder nymphomanisch zu geben. Auch ein Erotomane ist was Feines.
Ein alter Nazi, der sich beknirscht darüber, daß er der Versuchung, unter dem Anstreicher Karriere zu machen, nicht widerstehen konnte, bringt es glatt auf drei dicke internationale Bestseller.
Ihr wollt eure Bücher selbst schreiben? Na schön, bitte. Ich stelle anheim. Müssen tut ihr es nicht. Keinesfalls ist es vonnöten, selber einen einzigen korrekten deutschen Satz schreiben zu können. Ihr bekommt jederzeit einen Ghostwriter.
Jetzt geht es um einen ganz wichtigen Punkt, meine Lieben. Ein Zahnarzt, der immer nur die falschen Zähne zieht, ein Fußballer, der ins eigene Tor schießt, ein Politiker, der ehrlich ist – das dürfte wohl nicht ganz das richtige sein. Generäle sind eine Ausnahme. Die müssen bei uns zuerst Kriege anfangen und dann verlieren. Aber all die anderen Leutchen würde man über kurz oder lang feuern. Und das muß verhindert werden von euch, nun, da ihr Dichter sein wollt.
Es ist gar nicht schwer. Hattet ihr in eurem alten Beruf auch nur einen Namen, den Millionen kennen, oder ein Gesicht, an das sich Hunderttausende gewöhnt haben, dann wird euch der Verleger einen enormen Vorschuß anbieten oder, wenn ihr störrisch seid, aufdrängen. (Zu meinen Zeiten ging das noch anders zu, aber heute...) Und jetzt kommt's: Ihr nehmt das Geld, und ihr liefert kein Manuskript. Man wird euch durch immer neue Geschenke, gute Worte und neues Geld zu überreden versuchen, doch wenigstens immer mal wieder ein paar Seiten herauszurücken. Dies Spielchen treibt ihr so lange, bis euch der Verleger enttäuscht (heißt: nicht mehr zahlt, sondern droht). Dann liefert ihr ein Teil-Manuskript (in extremen Notfällen auch ein vollständiges Manuskript) ab. Ihr oder der Ghostwriter habt natürlich Käse geschrieben. Tja, aber da liegt das Ding nun.
Lektoriert, redigiert, korrigiert wird das auf keinen Fall, darauf

müßt ihr beharren. Ihr kontert jeden Einwand mit den Worten: »Es ist der Wille des Autors.« Da ist so ein Verleger machtlos. Und weil er schon so viel investiert hat, druckt er das Werk. Und gibt eine rauschende Buchpremiere in einem Fünf-Sterne-Hotel. Und das Werk kauft dann natürlich kein Aas. Darum müßt ihr zu Gott dem Allmächtigen flehen: daß kein Aas das Werk kauft. Denn warum? Der Verleger wird – aber ja doch, ich schwöre es euch – kommen und euch einen weiteren enormen Vorschuß auf ein weiteres Buch geben, denn er sieht in der Chance, daß so ein weiteres Buch ein Bestseller wird, die einzige Möglichkeit, das bereits ausgegebene Geld wiederzuerhalten – und vielleicht noch ein Scherflein dazu. Geht auch das zweite Werk in den Eimer, dann könnt ihr mit an Sicherheit grenzender Wahrscheinlichkeit einen dritten enormen Vorschuß erwarten, weil, schon rein mathematisch, jeder neue Mißerfolg die Voraussicht erhöht, daß ein weiteres Werk den Buchhändlern aus den Händen gerissen wird.
Beim Roulette kommt ja auch nicht immer nur Rot oder Schwarz. So eine Strähne läuft manchmal lange. Wenn sie eurem Verleger zu lange läuft und er wagt, keine enormen Vorschüsse mehr zu geben, geht es so weiter: Ihr macht den Verleger schlecht, inszeniert einen Skandal (aber gründlich) und wechselt zu einem anderen Verleger. Der muß klarerweise der natürliche Todfeind des ersten sein. Dann fangt ihr wieder an. Es gibt sehr viele Verleger...
Einmal habt ihr oder euer Ghostwriter dann pures Glück, und euer Werk ›geht‹. Na, jetzt seid ihr für alle Zeiten in Sicherheit. Man wird euch niemals mehr ziehen lassen, denn ihr habt doch bewiesen, daß ihr etwas könnt. Wahre Begabung setzt sich allemal durch – besonders im bundesdeutschen Buchwesen. Und wenn es noch so lange dauert. Euer Verleger ist euer bester Freund.
Weiter: Es wird euch nicht bekannt sein, daß es schon in der bisherigen deutschen Literaturlandschaft sogenannte ›Cliquen‹ gab. Das waren die mit Recht so beliebten ›Hochjubel‹-GmbHs auf Gegenseitigkeit. Teilhaber: Autoren.
Im lächerlich kleinen Rest der Welt rund um die Bundesrepublik wäre so etwas nicht möglich, bei uns sehr wohl: Ihr könnt als Autor mit Fug und Recht der Kritiker eures Autoren-Freundes sein. Die Zeitungen sehen es gerne. Da wird euer Werk nicht nur von einem Teilhaber, sondern von drei oder vier Teilhabern besprochen, weil es eben so ungeheuer interessant ist, daß man es von Menschen ganz verschiedener Weltanschauungen und aus ganz

verschiedenen Blickwinkeln bewerten lassen muß. Jetzt wißt ihr, wie das mit der Kritik funktioniert, jetzt wißt ihr, wie ihr den Verleger übers Ohr haut. Natürlich müßt ihr darauf achtgeben, daß der Verleger nicht euch reinlegt. (Ratschläge erteilt der Verfasser dieser Zeilen gerne schriftlich und privat. So ein Verleger muß nicht alles erfahren.)

Kommt die hohe, hehre Zeit der Buchmesse.

Einige Hinweise: Ihr wißt natürlich genau, daß – vorausgesetzt, euer Buch hat Erfolg – längst vor dieser heiligen Handlung (der Messe) alle Übersetzungsverträge, Abschlüsse mit Buch-, Film- oder Fernsehgesellschaften längst unterzeichnet, die Bestell-Listen der Vertreter längst voll sind. Blödsinn: Ihr wißt das natürlich *nicht*! Ihr geratet in Verzückung, ihr verkündet es den Massenmedien, ihr schreit es zum Himmel empor, was sich da bereits vor Monaten ereignet hat: soeben ein Übersetzungsvertrag mit Haiti! Kuba meldet heftiges Interesse an! Euer Agent hat vom Agenten des Agenten des Agenten des Scouts der 30th Century Fox eine Anfrage erhalten!

Erscheint auf keinen Fall wie ein normaler Mensch gekleidet in den heiligen Messehallen. Entweder ihr zieht euch total meschugge und dandy- bzw. damendamendamenhaft an, oder ihr kommt in stinkenden Lumpen, langen Haaren und seit Wochen ungewaschen. Ungewaschen, langen Haares und Lumpen – das ist für männliche Genies vorteilhaft. Für weibliche empfiehlt es sich – egal, ob der Busen gut oder schlecht ist –; aus dem neuen Werk vor großem Auditorium oben ohne vorzulesen.

Es ist unvermeidlich, daß ihr an Protestkundgebungen teilnehmt. Wogegen ihr protestiert, ist gleichgültig. Sogar schädlich, es zu wissen. Wenn ihr es nicht wißt, brüllt es sich auch viel besser. Triezt die Bullen! Steckt Stände in Brand! (Aber achtet darauf, daß das Kräfteverhältnis stets fünfzig zu eins zu euern Gunsten beträgt.) Trefft so viele Verabredungen wie möglich. Ihr werdet eure Partner garantiert nie wiedersehen. Freßt euch von einem kalten Büfett zu einem warmen anderen. Sagt in besoffenem Zustand allen Großkopfeten die Meinung. (Natürlich nicht, ohne dafür gesorgt zu haben, daß ein Kamerateam des ZDF oder der ARD zur Stelle ist.) Geht unbedingt dann zur Messe, wenn kein Buch von euch erschienen ist. Ergriffen schreiben die Kritiker dann: ›Er hat das Werk seines Lebens auch nach siebzehn Jahren noch nicht vollendet.‹ Da ist euch der Preis der Deutschen Kurz- und Kleinin-

dustrie oder sonst was Hochgeistiges sicher. Kollegen aus meiner Vergangenheit bekamen solcherart Jahr um Jahr Preise.
Über Werke anderer sprecht ihr niemals, klar? Sagt, ihr hättet noch keine Zeit zur Lektüre gefunden. Das eigene Ding, wenn es ein Ghostwriter verfaßt hat, solltet ihr eigentlich schon lesen, damit ihr wißt, was ihr geschrieben habt. Ein *Muß* ist das aber nicht.
In die Enge getrieben, bringt das Gespräch geschickt auf mich – und jedermann wird froh sein, daß er endlich etwas Säuisches sagen darf. Ich werd's ja nicht hören. Die Proben in Berlin fangen zu der Zeit gerade an. Ich will den Hamlet spielen, weil ich einen starken inneren Drang verspüre und an mein Talent glaube.
Barlog glaubt auch.

Die Saat der Zeit

Hierselbst nimmt der Verfasser sich zum 238461sten Male vor, ein guter Mensch zu werden.

Berlin 1978.

»Wenn ihr durchschauen könnt die Saat der Zeit und sagen: Dies Korn sproßt und jenes nicht, so sprecht zu mir, der nicht erfleht noch fürchtet Gunst oder Haß von euch!«
Durchschauen könnt die Saat der Zeit...
Wer hat diese Worte gefunden, die so unheimlich aktuell sind? Welcher Politiker sprach so? Welcher Denker? Haben Sie nicht auch das Gefühl: Die Worte muß einer *heute* formuliert haben, heute, in unserer so entsetzlich wirren, verwirrten und von Gefahren erfüllten Epoche?
»Dies Korn sproßt und jenes nicht...«
Wann sind Sehnsucht, Notwendigkeit, Begierde, solches zu wissen, größer gewesen als in unseren Tagen?
Wann lebenswichtiger?
Wann verzweifelter?
Wann?

Es war im Jahre 1605, daß ein Mann mit Namen William Shakespeare diese Worte schrieb.

In der Tragödie ›Macbeth‹ läßt Shakespeare den Banquo, neben Macbeth Anführer des königlichen Heeres, jene Frage stellen – auf der Heide, im Gewitter, bei den drei Hexen.
1605 verlangte es die Menschen also auch schon nach Antwort auf die Art des sprossenden Korns, sehnten sie sich auch schon nach einem, der durchschauen konnte ›die Saat der Zeit‹. Und ganz gewiß hat es diese Sehnsucht noch viel früher gegeben. Es gab sie schon immer, es gibt sie, solange Menschen leben auf dieser unserer Erde.
Denn solange es Menschen gibt, verstreuen sie Saat, damit diese aufgehe und eine gute Ernte bringe. Und wußten niemals mit Bestimmtheit, von welcher Beschaffenheit das Korn war, das sie da ausstreuten – mit Händen auf den Äckern, mit Worten und Taten im Leben. Sie hofften auf die Güte ihres ›Korns‹ (viele Volksverführer und Diktatoren und große Unglücksbringer taten das *nicht*!) – doch selbst bei den Hoffenden war das eine hilflose, persönliche Hoffnung, keine konkrete, gewisse.
Und das Korn, das Menschen gesät haben seit Anbeginn mit Taten und Worten, ging auf, immer. Und brachte Glück und Frieden und Freiheit – oder Unglück, Krieg, Verheerung, Unterdrückung, Elend, Chaos.

Dies nun, der September, ist die Zeit des Erntens. Wir sehen die Bauern auf ihren Feldern, wir sehen unsere Welt und ihren Zustand. Wir sehen uns selber in unserer privaten Sphäre, Ehe, Familie, Beruf.
September: Nun ernten wir, was wir gesät haben. Nun können, nein, müssen wir (es gibt keine Lüge mehr und keine Schönfärberei) bekennen: Unser ›Korn‹, die ›Saat der Zeit‹, ist gut gewesen durch gute Absichten und gute Gedanken und klares Denken – oder es ist schlecht gewesen durch elende Absichten und schlechte Gedanken und vernebeltes Denken, schlimmer: durch Eigensucht, Maßlosigkeit, Haß, Verhetzung und Dummheit.
Wie wir es auch drehen und wie wir es auch wenden – der September ist da, die Ernte dessen, was wir gesät haben, ist da, und viele haben sich selbst und andere glücklicher und reicher gemacht, und viele sich selbst und andere unglücklicher und ärmer.
Es lag, dies muß man einräumen, in den schlimmen Fällen gewiß nicht immer an schlimmen Eigenschaften oder Absichten – sehr oft lag es auch an der *Dummheit*.

Unserer Dummheit.
Die Dummheit ist das größte aller Übel. Nur dumme Menschen vermögen wirklich böse zu sein. Bei klugen Menschen verbietet sich das von selbst. Denn die Klugen wissen, wie furchtbar das Böse sein kann. Die Klugen wissen, was für ein Korn sie säen, und achten darauf, daß es ein gutes ist.

Ach!
Wie schön wäre es, wenn das stimmen würde, was wir eben geschrieben haben!
Indessen: Wie viele edle Absichten haben sich dann, da die Saat aufging, als grauenvolle Irrtümer erwiesen in unserer Welt? Es ist leider nur ein Wunschtraum, daß die Klugen mehr wissen von der ›Saat der Zeit‹, die sie verstreuen – mit derselben Hingabe wie alle anderen auch.
»Schönheit ist häßlich, häßlich schön!« rufen die drei Hexen zu Beginn des Dramas ›Macbeth‹. Wir begehen auch die größten Verbrechen mit den ehrbarsten Vorsätzen. Wir wissen so wenig. Wir wissen fast nichts. Aber wir haben nur diese eine und einzige Welt zum Leben. Und säen und ernten müssen wir Jahr und Jahr, Jahrhundert um Jahrhundert, von der Zeiten Anbeginn bis an der Welt Ende.
September.
Ernte.
Jedes Jahr wieder.
Gib, Gott, daß es, wenn schon vielleicht diesmal nicht, dann im nächsten Jahr und in der Zukunft ein gutes Korn sein wird, welches wir säen. Wir müssen alle Kraft zusammennehmen und alle unsere guten Instinkte und Gedanken. Dann können wir in Hoffnung leben.
In Hoffnung – mehr nicht.
Denn niemals wird es einen geben, der durchschauen kann die ›Saat der Zeit‹.
Aber die Hoffnung bleibt uns.
Und das ist schon so viel.

Liebe Kinder! (I)

In Wien, 1947, schrieb ich diese Geschichte aus Dankbarkeit. Ganz im Gegensatz zu ›Liebe Kinder (II)‹ im Jahre 1980...

Der Mann, der diese Zeilen schreibt, kennt nicht einmal Eure Namen. Deshalb muß er Euch allen gemeinsam schreiben. Aber Ihr werdet gleich wissen, wer gemeint ist. Gemeint sind jene Buben und Mädel, die ihn am vergangenen Mittwoch eingeladen haben, ihnen aus einem Kinderbuch vorzulesen, das er geschrieben hat. Im Sechzehnten Bezirk, im Hause Schuhmeierplatz 17, in der Kinderbibliothek, die es dort gibt. So, jetzt wißt Ihr, wer gemeint ist, und wir können weiterreden.

Der Mann, der diese Zeilen schreibt, hatte große Angst, als er im Sechsundvierziger saß und zu Euch hinausfuhr. Soviel Angst wie schon seit langem nicht. Mehr Angst, als er vor seinem Abitur gehabt hat. Mehr Angst, als er auf dem Standesamt hatte. Das Standesamt war ein Honiglecken gewesen im Vergleich zu Euch. Das glaubte er wenigstens. Weil er noch nie vor Kindern gelesen hatte. Und deshalb klapperte er so sehr mit den Zähnen, daß der Schaffner ihn besorgt ansah, preßte die Hände gegeneinander, als wollte er beten, und bedauerte heftig, vorher nicht ein wenig Baldrian getrunken zu haben. Zur Beruhigung. Solche Angst hatte er vor Euch!

Draußen regnete es in Strömen. Die Zeitungen erzählten von einem Skorzeny-Skandal in Madrid, von einer Dynamit-Explosion, bei der dreißig Menschen ums Leben gekommen waren, vom militärischen Potential des Westens und vom militärischen Potential der Sowjetunion. Es war ein Tag wie alle anderen. Genauso scheußlich. Dem Mann, der diese Zeilen schreibt, rann der Regen in den Kragen, und er hatte Kopfweh. Es war ihm richtig übel.

Aber als er dann zu Euch kam, ereignete sich ein kleines Wunder. Wegen dieses kleinen Wunders schreibt er diesen Brief. Denn Ihr seid es, die das kleine Wunder vollbracht haben. Wenn Ihr es auch gar nicht wißt.

Ihr habt in einem großen Saal auf ihn gewartet, an langen Tischen. Die Buben rechts, die Mädel links. Und als er hereinkam, da habt Ihr ihn alle angesehen. Und da fiel ihm das Herz mit einem Plumps und endgültig in die Hose. Aber gleich darauf geschah es dann, das

Wunder. Denn Ihr habt ihn so freundlich angesehen, so außerordentlich entgegenkommend und einladend, daß sein Herz sich ein Herz faßte und langsam wieder nach oben kletterte. Als es die Leistengegend erreicht hatte, begann ein Herr Klavier zu spielen. Er spielte ein sehr lustiges Stück, und Ihr hörtet ihm kritisch zu. Es schien Euch zu gefallen, was Ihr hörtet, denn als er fertig war, da habt ihr applaudiert. Spontan und mit ernsten Gesichtern. Wie die Damen und Herren bei Monsieur Cortot es tun. Nur vielleicht ein bißchen spontaner. Und mit mehr Ernst.
Und dann kletterte der Mann, den Ihr eingeladen hattet, auf ein hohes Podium und sah Euch an. (Das Herz hatte sich wieder einen Stock tiefer begeben. Vorsichtshalber!) Aber der Mann selber hatte keine Angst mehr. Nur ein besonders feiges Herz. Von diesem abgesehen, fühlte er sich bereits so wohl bei Euch, als hätte er Euch schon jahrelang gekannt. Als ginge er in Eure Klasse. Als hätte er bereits mit Euch aus Blasröhrchen geschossen und versucht, sich in einen Film hineinzuschwindeln, den man erst sehen darf, wenn man achtzehn ist.
Er lächelte Euch zu. Und Ihr lächeltet zurück. Da nahm er sein Herz persönlich in die Hand und steckte es endgültig dorthin, wo es hingehört. Und dann begann er, aus seinem Buch zu lesen.
Zuerst stotterte er dabei ein bißchen, aber Ihr konntet seine Aufregung verstehen und vergabt ihm großmütig. Und dann wurde es immer stiller und stiller, und er glaubte, in einer Kirche zu sein. Er war schon seit sehr langer Zeit in keiner mehr gewesen, aber jetzt glaubte er, in einer zu sein. So feierlich war es.
Das Buch handelte von einem Jungen, der ein sehr schlechtes Zeugnis bekommt und eine kranke Mutter hat. Deshalb beschließt er, nicht nach Hause zu gehen. Sondern hinaus in die weite Welt. Und dabei hat er dann die schlimmen Abenteuer. Denn so etwas kann nicht gutgehen, das versteht sich von selbst.
Es wurde dämmrig in dem großen Saal. Ab und zu kluckerte eine Wasserleitung in der Wand. Oder es fuhr eine Straßenbahn vorüber. Aber sonst rührte sich nichts. Ihr lagt mit dem Oberkörper auf den Tischen und starrtet den Mann da oben an. Wenn die Leute im Buch lachten, dann lachtet Ihr auch. Wenn sie weinten, dann habt Ihr auch geweint. Wenn sie sich aufregen mußten, dann habt auch Ihr Euch aufgeregt. Und wenn sie verfolgt wurden, dann wurdet auch Ihr verfolgt. Und das alles ohne einen Ton, ohne einen Laut. Man konnte es nur sehen in Euren Gesichtern oder wenn

Ihr die Bewegung nachgemacht habt, welche die Menschen im Buch gerade machten. Eure Augen hingen an dem Mann, der vorlas, und ließen ihn nicht los. Und sooft er konnte, sah er von seinem Buch auf und zu Euch hin, denn er fühlte, wie er vergnügter und vergnügter wurde, wenn er in Eure jungen Augen blickte. Und er fühlte auch immer deutlicher, eine wie große Ehre ihm zuteil geworden war mit Eurer Einladung und wie glücklich er war, für Euch schreiben zu dürfen. Es war eine der feierlichsten Stunden seines Lebens.

Als er auf die Straße hinaustrat, regnete es noch immer in Strömen. Aber für ihn regnete es süße Bonbons! Seine Übelkeit war verschwunden, sein Kopf kam sich vor wie ein übermütiger Luftballon. Und er hatte keine Angst mehr. Vor Euch nicht. Und vor vielen anderen Dingen auch nicht mehr. Nicht einmal vor den Schlagzeilen der Zeitungen, die noch immer verkauft wurden. Er sah sie noch einmal an, und irgend etwas mit seinen Augen mußte geschehen sein. Denn nun las er als Überschriften: ›Wir sind jung, und das ist schön!‹ Und: ›Solange es Kinder gibt, gibt es Hoffnung‹. Und: ›Internationale Kinderföderation bereitet Weltfrieden vor‹. Ja, das las er! Er ist seitdem sehr glücklich mit seinen komischen Augen. Deshalb schreibt er Euch. Um Euch zu danken und Euch Glück zu wünschen

als Euer Euch sehr ergebener
Johannes Mario Simmel.

Liebe Kinder! (I)

Nach Erscheinen dieses Artikels gab es 1980 in Düsseldorf jede Menge Stunk. Aber nach dem Stunk durften die kranken Kinder sofort – provisorisch – in ein schönes Haus übersiedeln, und mit dem Neubau der Klinik wurde sogleich begonnen. Es war fast wie im Märchen…

Eure Eltern haben mich eingeladen, Euch aus meinen Kinderbüchern vorzulesen. Das habe ich getan. Ich bin mit vielen Büchern und mit Schallplatten, auf denen der Inhalt der Bücher von Schauspielern noch spannender gespielt wird, zu Euch gekommen. Ihr habt Euch sehr gefreut und mächtig geklatscht. Aber ich habe kaum lesen können, mir ist zu sehr zum Heulen gewesen. Und so mußten wir dann, als ich nicht mehr lesen konnte, den Plattenspieler laufen lassen. Eure Väter sind Ärzte, Maurer, Lastkraftwagenfahrer, Rechtsanwälte – Männer aus fast allen Berufen. Doch es ist die gleiche Krankheit, die Ihr alle habt. Diese Krankheit heißt Krebs.

Etwa zweihundertfünfzig seid Ihr, die da in der Kinderkrebsklinik KC 11 der Universität Düsseldorf behandelt werden – fünfzehn immer stationär, der Rest ambulant. Manche von Euch müssen täglich zur Behandlung, andere alle vierzehn Tage, wieder andere alle drei Monate. Dreiunddreißig Prozent haben Leukämie, vier bis fünf Prozent Lymphdrüsen-Entartung, zwanzig Prozent Hirntumore, zwanzig Prozent Neuroblastome, der Rest verteilt sich auf verschiedene Krebsarten. Ihr seid Babys, wenige Monate alt, und Ihr seid junge Damen und Herren, siebzehn, achtzehn Jahre alt. Die Großen unter Euch wissen, was mit ihnen los ist. Die ganz Kleinen wissen es noch nicht. Chirurgie und Chemotherapie stellen die Hauptbehandlungsformen dar. Ihr bekommt Zellteilungs-Gifte in die Venen gespritzt oder in Tablettenform. Diese Medikamente setzen die Abwehrkraft Eurer Körper sehr herab, und so haben viele von Euch ständig eine oder mehrere andere Krankheiten. Es kommt auch häufig vor, daß Euch alle Haare ausfallen. Oder daß Eure kleinen Beine plötzlich gelähmt sind. Es gibt ganz, ganz arme unter Euch, die können nicht mehr sehen und nicht mehr sprechen und dürfen überhaupt nicht angefaßt werden, weil schon leichteste Druckstellen sogleich zu bluten beginnen.
Der Erfolg der Behandlung ist unterschiedlich. Eure Ärzte unterscheiden vier Stadien. In den Stadien I und II liegen die Chancen, daß ihr wieder gesund werdet, zwischen vierzig und neunzig Prozent, in den späteren Stadien III und IV können diese Chancen auf fünf Prozent sinken. Wenn Ihr schon zu groß seid oder noch zu klein, habt Ihr schlechtere Aussichten, mit dem Leben davonzukommen. Am besten ist es, wenn Ihr zwischen vier und sieben Jahre alt seid.
Die Chancen eines Erfolges entsprechen durchaus denen in amerikanischen Kliniken, denn ihr habt sehr, sehr gute Ärzte – vier sind es. Und fünf Schwestern. Die sind prima. Auch die Eltern sind es. Jedoch: Wie Ihr untergebracht seid, wie Ihr leben müßt, wie Eure

Eltern, die Ärzte und Schwestern leben müssen, was Ihr zu essen bekommt, das ist einer der größten Skandale, die ich kenne – und ich kenne einen Haufen. Was mit Euch geschieht, ist ein grauenvoller, nicht zu fassender, den Atem verschlagender Skandal.

Es gibt, um nur ein kleines bißchen dieses Skandals aufzuzeigen, in der ganzen Kinderkrebsklinik ein einziges Klosett. In diesem einzigen Klosett befindet sich auch die gesamte Schmutzwäsche – *und ein Laboratorium*! Jawohl, so ist es, ich habe es gesehen.
Ich habe auch ein Zimmer gesehen, das keimfrei sein sollte. Das Zimmer hatte eine ganz gewöhnliche Tür, oben befand sich ein Fenster. Darunter war ein Schild mit der Aufschrift befestigt: MUNDSCHUTZ- UND KITTELPFLEGE! Einige Kittel hingen neben der Tür auf dem Flur. Ich habe in diesem Zimmer ein schwerkrankes Kind und seine Mutter gesehen. Viele Mütter wachen und schlafen bei ihren Kindern. Von wegen ›keimfrei‹! Jeder tritt natürlich direkt vom Gang in das Zimmer, denn es gibt keine Schleuse. Am Morgen kommt die Putzfrau und macht mit einem dreckigen Fetzen und irgendeiner Lysol-Lauge in diesem Zimmer ›sauber‹. Die Tafel mit der Inschrift ist ein böser Hohn. Das Zimmer hat eine Größe von sieben Komma drei Quadratmetern. Zum Vergleich: Im neuen Düsseldorfer Innenministerium ist das Zimmer eines einfachen Beamten achtzehn, das eines höheren Beamten vierundzwanzig und das eines Gruppenleiters vierunddreißig Quadratmeter groß!
Eure armen Eltern haben einen mächtigen Politiker gebeten, zu Euch in die Kinderkrebsklinik zu kommen, um sich selbst ein Bild von dem Skandal zu machen. Der mächtige Politiker ist *nicht* gekommen. Ich habe den Brief gelesen, den er am 9. Juni an Eure Eltern schrieb. Er habe deren Sorgen und Nöte nicht vergessen, schrieb der Herr, und dann wörtlich: ›...Ich habe es vielmehr für richtiger gehalten, mich persönlich darum zu kümmern, daß die Unterbringung krebskranker Kinder und ihrer Eltern relativ rasch verbessert werden kann.‹ *Relativ rasch!*
Daß etwas verbessert wurde, haben weder die Kinder noch die Eltern noch die Ärzte noch die Schwestern bemerkt. Alle Ärzte arbeiten nach wie vor in einem einzigen Zimmer, das so groß – besser gesagt: so klein – ist wie ein Badezimmer. Hier sitzen sie am Mikroskop, schreiben Berichte, telefonieren. Einen großen Dreck haben alle von einer Besserung bemerkt!

Nach der Bauplanung des Ministeriums soll eine neue Kinderklinik überhaupt erst 1995 bezugsfertig sein. Neunzehnhundert-*fünfundneunzig*! In fünfzehn Jahren also. Fünfzehn weitere Jahre sollen, wenn die Behörde siegt, Kinder, Betreuer und Eltern in menschenunwürdigen Verhältnissen leben. Fünfzehn Jahre sollen dreckige Stellen an Türen und Mauern, Löcher und besonders verschmierte Teile an Mauern mit Kinderzeichnungen überklebt werden, sollen Mütter und Kinder sich im Sommer halbtot schwitzen, weil sich, ungünstig angelegt, unter dem ebenerdigen Boden eine Heizung befindet, die das Thermometer, wenn es ohnehin schon fünfunddreißig Grad zeigt, in wahrhaft irrsinnige Höhen treibt. Sollt Ihr Kinder Kartoffeln in jeglicher Form (warm, kalt, als Püree, gesalzen, ungesalzen), Kohl und Kraut jeglicher Art oder Brot mit Meerrettichsauce als Nahrung angeboten bekommen. (Den Eltern ist es ausdrücklich *verboten*, gute Lebensmittel mitzubringen!)
Fünfzehn Jahre noch sollen frisch operierte Kinder aus der Chirurgie am gleichen Tag wieder in diese Hölle zurückgeschickt werden. Fünfzehn Jahre noch sollen Kinder aus dem Raum Düsseldorf weiter hier hausen müssen, weil die nächste ähnliche Klinik in Münster liegt. (Und auch nicht besser sein soll.) Bis 1995 muß der Skandal weitergehen.

Muß das *wirklich* so sein?
Vor einiger Zeit war Frau Dr. Mildred Scheel in dieser Stätte des Elends zu Besuch. Sie zeigte sich erschüttert und stellte sofort eine Viertelmillion DM aus dem Fonds der von ihr betreuten Krebshilfe zur Verfügung. Für Umbauarbeiten und für moderne Apparate. Dafür stehen sogar weitere zweihunderttausend DM bereit. Tja, aber *das ganze Geld liegt auf Eis!* Denn erst dann, wenn mit dem Umbau begonnen wird, dürfen Rechnungen mit dem bereitliegenden Geld bezahlt werden. Vorher nicht. Und mit dem Umbau kann eben nicht begonnen werden, leider, leider. Die Behörden schieben alle Schuld auf die Verwaltung der Universität, diese auf die Abteilung für Kardiologie, deren Leiter ihr Haus nicht verlassen und Euch Kindern Platz machen wollen, und die Kardiologie wiederum schiebt alles auf die Behörden. Und folgt Ihr mir im Rösselsprung, werdet Ihr verrückt, meine Lieben. Übrigens: Die Baubewilligung für den neuen Landtag, der zweihundertfünfzig Millionen DM kosten soll und den eigentlich niemand haben will (außer

den Abgeordneten, die sich darin recht behaglich fühlen wollen und sollen), ist natürlich sofort erteilt worden.
Sieben Belegräume hat die Kinderkrebsklinik, dazu wenige Nebenräume. Der schönste Raum ist das Spielzimmer. Da fühlt Ihr Euch am wohlsten, Ihr, glatzköpfig, halbgelähmt, am Tropf hängend...
Neue Räume, die freigemacht wurden, sind unbenützbar bis zum Generalumbau. Und den gibt es nicht, weil – siehe oben. Dafür kostet die Behandlung eines Kindes in diesem Stall pro Tag DM 227,50: Zweihundertsiebenundzwanzig Mark und fünfzig Pfennige! Die Krankenkasse zahlt alles zurück. Schön und groß leuchten im Park die Neubauten der Universität. Viel zu alt stehen die Kliniken da, lächerlich klein, zum Weinen klein. So viele Bomben fielen auf Düsseldorf, so vieles wurde zerstört, die Kliniken, die heute zur Universität gehören, blieben erhalten, leider.
Eure Eltern, liebe, arme Kinder, sind ruhige Menschen mit einer Geduld, die unfaßbar ist. Sie versuchen, sich selbst zu helfen mit einer ›Eltern-Initiative‹, sie veranstalten Basare, sie hoffen und beten, daß alles anders wird. Aber eines Tages – und das bald, denn es eilt! – muß das Hoffen und das Beten aufhören, und, verflucht noch einmal, in der schönen Stadt Düsseldorf, in der so viele reiche Leute und so viele kluge und geistreiche Politiker leben, muß etwas geschehen, muß, muß, muß!

'ne kleene Fanfare für een' großen Mann

Diese »Kleene Fanfare« ertönte am 10. Juni 1968, als Fritz Bolle sechzig wurde. Jetzt, dreizehn Jahre später, bin ich sehr glücklich über das, was ich damals geschrieben habe. Geändert hat sich nur eines: Wir sagen einander schon lange ›Du‹!

Lieba Herr Simmel, wejen die Kürchn – wissense, die in det Laga Marienfelde – wejen die ha'ick also den zuständijen Rejierungsrat von' Senat jefracht. Det war'n Ding – der konnte doch beinah noch scheena berlinan als ick! »Kürchn«, sachta, »Kürchn, nee, die jiptz da nich. Die jiptz bloß in Friedland.« Na scheen, ha'ick

mir jedacht, mach'n wa ehm 'ne ewangelsche Morgenfeia in't Radio draus. Hört man ja ooch singen, aus'n Lautsprecha! Vajnüchtet Weitadichtn wünscht Ihn' Ihr Bolle...
...heute früh habe ich bei meinem Antiquar dieses hübsche Biedermeier-Bildchen »unseres« Bethanien-Krankenhauses aufgestöbert, das jetzt, nach rund 125 Jahren, immer noch genauso aussieht. Nehmen Sie's als Angebinde...
...vor allem aber, lieber Herr Simmel, ist es nun an der Zeit, daß ich mich bedanke. Die Arbeit an Ihrem Buch war viel mehr als »Arbeit« (einfache oder doppelte Anführungsstriche?) und hat mir reines Vergnügen bereitet. Die Nachmittage, an denen wir an Ihrem Buch gebastelt haben, fehlen mir sehr – nun, ich hoffe, daß wir uns bald schon wegen des neuen Romans zusammensetzen können...
...PS: Da fällt mir gerade noch etwas ein. Bitte, wenn Sie mir schreiben: Bolle ist kein »sehr verehrter!« Ja?...

Alles, was bis hier steht, stammt aus Ihren Briefen an mich, lieber Fritze Bolle. Und zu dem PS, da muß ich, verdammt noch einmal, ganz energisch erwidern: »Doch issa 'n sehr vaehrta, ja doch! In mein' janzet Leem ha'ick keen' Mitarbeeta jefunden wie Sie, und ick hab 'ne Menge zusammenjeschmiat und weeß 'n bißken Bescheid, weeß ick. Nee, nee, Bolle, nu sei man stille, janz stille. Det is die wahre Wahrheit!«
Ich möchte ja gern weiterberlinern, aber als Wiener kann ich das nicht alleene, und so muß ich es zu meinem Schmerz bleibenlassen.
Die Briefe, aus denen ich zitiert habe, schrieben Sie mir, als ich LIEB VATERLAND MAGST RUHIG SEIN verbrach. Da kam jeden Samstag so ein Brief: immer komisch, immer voller Informationen, die ich dringend benötigte und nicht herbeischaffen konnte (Sie konnten es, Sie können alles!), immer voll Ermunterung, immer geziert mit jenem Bolle-Männchen, das Sie aus den Buchstaben Ihres Namens gebildet haben – und oft auch mit, hrm-rm, na ja, und oft auch mit anderen Zeichnungen, die Sie unter Zuhilfenahme vieler bunter Filzschreiber angefertigt hatten, weil Sie wußten, daß mir solche Zeichnungen Laune machen, mir altem Ferkel.
Ausgeschlossen, daß es einen Cheflektor gibt, der Ihnen auch nur das Wasser reichen könnte: der so besorgt und hilfsbereit ist, daß

er – wie Sie – an den Wochenenden über dem Manuskript seines Autors brütet; der im Urlaub – wie Sie – den Umbruch korrigiert und sich bei 35 Grad im Schatten voller Liebe um jedes Hurenkind kümmert; der immer, immer wieder Auswege aus scheinbar hoffnungslosen Situationen findet; der dem Schriftsteller Mut macht, immer, immer wieder, der ihn schützt und abschirmt; und der – last, not least – so viel mit seinem Autor lacht, wenn sie dann zusammensitzen und das Buch fertig machen.

Und ist die ganze Schinderei, die so ein Roman mit sich bringt, endlich vorüber, dann setzt dieser Bolle sich wahrhaftig hin und schreibt an den Schriftsteller einen Brief wie jenen, aus dem ich zitiert habe, und bedankt sich bei dem Autor für den Spaß der vielen Stunden, die sie gemeinsam am Schreibtisch saßen! Nein, ausgeschlossen, völlig ausgeschlossen, daß es so einen Cheflektor noch einmal gibt!

Und dazu, Fritz Bolle, betätigen Sie sich beständig noch als Seelenarzt, bei dem man seinen Kummer abladen kann, seine Zweifel, seine Befürchtungen, dazu halten Sie bei Buchmessen und ähnlichen Anlässen eine schützende Hand über einen wie mich, den so ein ganz großer Wirbel seekrank macht! Und dazu kümmern Sie sich, jahrein, jahraus, darum, wie es Ihren Autoren überhaupt geht, und helfen ihnen und unterstützen sie, wo Sie nur können – bei Ihrer Arbeitsüberlastung!

Ich weiß: Wenn ich irgend etwas brauche, irgendeine Sorge habe, muß ich nur zum Telefonhörer greifen und Sie anrufen, und schon flutscht es!

Vier dicke Bücher haben wir beide nun schon zustande gebracht, und – verzeihen Sie das folgende, ich weiß, Sie hassen so etwas, aber es muß sein – und ich kann mir einfach nicht vorstellen, daß irgendein anderer so großartig mit mir harmonierte, daß er Ihre Freundlichkeit, Ihren Witz, Ihre Geduld und Ihr phantastisches Arbeitstempo besäße und daß er ein solcher Polyhistor wäre.

Darum muß ich sagen: Auch für mich sind die Nachmittage, an denen wir ein Buch von mir in Ordnung bringen, der schönste Teil der ganzen Schreiberei, und immer, wenn ich ein neues Buch anfange, denke ich schon an die Zeit, wo wir wieder an Ihrem Schreibtisch sitzen werden, lachend, fluchend und schweinigelnd – und wo dann jenes Buch entsteht, das gedruckt wird.

Geheimnisverrat: In meinem neuen Roman werden Sie aus allen diesen Gründen – in veränderter Gestalt natürlich – selber auftauchen und eine wichtige Rolle spielen! Das ist die einzige Möglichkeit, die ich sehe, Ihnen ein Denkmal zu setzen. Und ein Denkmal verdienen Sie! Wenn man bloß einmal bedenkt, was Sie alles auf den Tisch bekommen: Medizin, Zoologie, Botanik, Kunst- und Kriminalgeschichte, Archäologie, Politik, Religion, Biologie, Mathematik, Kybernetik undundund – und Belletristik! Ich kann es immer noch nicht fassen, daß Sie nie durcheinandergeraten oder nervös werden oder einen Fehler machen. Es ist ein reines Wunder. Wir wissen schon alle, was wir an Ihnen haben!

Das Biedermeier-Bildchen vom Berliner Bethanien-Krankenhaus, das im VATERLAND vorkam, hängt, gerahmt und unter Glas, an meinem Arbeitsplatz. Da steht auch eine geschnitzte Schatulle, in der sammle ich alle Ihre Briefe und Zeichnungen. Und wenn ich einmal deprimiert bin und es nicht weitergehen will, dann sehe ich mir die Briefe und Zeichnungen an und werde wieder fröhlich, denn ich sage mir: Das da, das alles, hat ein Mann gezeichnet oder geschrieben, der es verflucht schwer im Leben hatte, den gewiß oft genug eigene Sorgen plagen, obwohl er nie darüber spricht, ein Mann, der sich sein Gelächter, seinen gesunden Menschenverstand und eine große Herzensgüte bewahrt hat – über jedes Chaos, über alles Unglück hinweg.

So ein Mann möchte ich gern sein! Ihr enormes Wissen möchte ich haben, Ihre ungeheure Arbeitskapazität, die Güte und den Humor und die Unbeschwertheit, mit der Sie auch noch in den kitzligsten Situationen die Dinge immer wieder zurechtschaukeln. (Wenn ich bloß daran denke, unter welchen Umständen manche der Romane entstanden sind! Unter welchen – ich brauche nicht weiterzusprechen, Sie wissen schon, was ich meine!)

Und wenn dann alles wieder einmal glücklich vorüber war, dann grinsten Sie bloß, als wollten Sie, mit Erich Kästner, sagen: »Mich müssen noch viele Schläge treffen, eh mich der Schlag trifft!«

Lieber Fritze Bolle, daß ich Ihnen zu Ihrem Geburtstag alles, alles erdenklich Gute wünsche, versteht sich von selber. Dazu aber wünsche ich mir, daß unsere Verbindung, so wie sie ist, noch lange, lange, lange erhalten bleibt, daß wir zusammen bis in den Abend hinein schuften und dabei lachen, lachen, lachen!

Die Zeit, in der wir leben, ist mies. Ich kann nicht sagen, wie glücklich ich bin, in einer solchen Zeit einen Freund wie Sie gefunden zu haben. Möge der Liebe Gott Sie beschützen und behüten und unsere Freundschaft hegen und pflegen, damit ich noch oft,

oft rufen kann: »Freu dich, Fritzchen, so wie ich mich freue – morgen gibt's zwar nicht Selleriesalat, aber ein neues Ms!«
So, lieba Meesta, det mußte aba mal ausjesprochn werdn. Und da steht et nu. Jeschriem.

Johannes Mario Simmel

Gott segne Sie, Angeklagter

1951: Eine wütende Attacke gegen doppelte »Moral« in der Rechtsprechung.

Von den drei Dingen, auf denen die Welt ruht, nennt ein altes Buch als das erste: die Gerechtigkeit.

Angeklagte, treten Sie vor!
Sie werden beschuldigt, Ihr neugeborenes Kind mittels eines Handtuches vom Leben zum Tode befördert zu haben. Der Tatbestand des wissentlichen und willentlichen Kindesmordes liegt vor. Sie sind geständig. Sie geben an, aus einer unerträglichen Notlage heraus gehandelt zu haben. Es ist dem Gericht bekannt, daß Sie praktisch mittellos sind. Der Vater Ihres Kindes hat Sie im Stich gelassen. Sie waren als Hilfsarbeiterin in einer Metallwarenfabrik beschäftigt. Sie hatten ein Zimmer in Untermiete, das man Ihnen aufkündigte, als Sie vor der Geburt standen. Sie haben Ihr Kind in einer Scheune zur Welt gebracht. Sie haben es daselbst getötet. Sie stehen allein. Sie haben inzwischen auch Ihren Arbeitsplatz verloren. Als man Sie verhaftete, brachen Sie sofort zusammen. Das Gericht nimmt zur Kenntnis, daß Sie Ihr Kind gerne behalten hätten und daß Sie in einem Zustand der Sinnesverwirrung handelten, als Sie es erwürgten. In Anbetracht all dessen verurteilt Sie das Gericht zu Urfahr bei Linz zu sieben Jahren Kerker.

Angeklagter, treten Sie vor!
Das Gericht zu Urfahr bei Linz klagt Sie an wegen eines strafbaren Eingriffes und des Vergehens gegen die Sicherheit des Lebens. Sie sind der Sohn einer alten und mächtigen Bauernfamilie. Sie haben die junge Hausgehilfin Leopoldine Strasser aus Arbing im Mühl-

viertel verführt. Als sie Ihnen sagte, daß sie ein Kind erwarte, waren Sie im Begriff, eine reiche Fleischerstochter zu heiraten. Das Kind, das unterwegs war, kam Ihnen ungelegen. Sie dachten an Alimente, an peinliche Verpflichtungen. Sie dachten an die reiche Fleischerstochter. Sie brachten die oben erwähnte Leopoldine Strasser so weit, daß diese sich bereit erklärte, sich das Baby nehmen zu lassen. Von Ihnen nehmen zu lassen. Mittels einer Fahrradpumpe. Sie waren der Ansicht, Angeklagter, daß die Sache ganz einfach sei.

Sie war jedoch nicht so einfach. Mittels einer Fahrradpumpe und im Verlauf eines Unternehmens von ungeheuerlicher, von unbegreiflicher Primitivität, welches wir, das Gericht, in seiner Gesamtheit jedoch nur ein ›Vergehen gegen die Sicherheit des Lebens‹ zu nennen belieben, haben Sie Ihre Geliebte, die bereits zweimal erwähnte Leopoldine Strasser, vom Leben zu einem qualvollen Tode befördert. Mit ihr haben Sie ein ungeborenes Wesen getötet, in dessen Adern – im Falle seiner Geburt, die Sie zu verhindern wußten – auch Blut aus Ihrem Körper gekreist wäre auf uralte und geheimnisvolle Weise.

Sie haben die vom Leben zum Tode beförderte Leopoldine Strasser danach mit einer Eisenkette beschwert und sie in Ihrem Auto zur Donau gefahren. Vorher nahmen Sie noch einen kleinen Imbiß ein. Mit einem Schluck Bier. Ihre Frau Mama verlangte Herztropfen, als Sie ihr mitteilten, was geschehen war, und rollte im Bett auf die andere Seite. Dann schlief sie weiter.

Sie aber, Angeklagter, erreichten die große Brücke, welche über die Donau führt, und warfen Ihre mit einer Eisenkette beschwerte tote Geliebte, die bereits viermal namentlich erwähnte Leopoldine Strasser, in den dunklen Strom. Sie hofften, sie werde nicht mehr zum Vorschein kommen. Doch sie kam zum Vorschein. Aber auch das konnte Ihnen nicht viel anhaben, Angeklagter. Ihre Mama bot den Eltern der Ermordeten ein Totenmahl an. Ein Totenmahl für zwei Personen. Sie war sehr großzügig, Ihre liebe Frau Mama.

Sie sind vor dieses Gericht gestellt worden, und die Verhandlung gegen Sie hat sich durch eine bemerkenswerte Kürze ausgezeichnet. Es ist in ihr bemerkenswert wenig von der Art und Weise die Rede gewesen, in welcher Sie, Angeklagter, wissentlich und willentlich einen vorgefaßten Plan zu Ende geführt, in welcher Sie, Angeklagter, bei Gott buchstäblich über Leichen gegangen sind. Selbst Ihre Richter haben es leider versäumt, von der grauenvollen

Kälte zu sprechen, mit der Sie gehandelt haben. Es hat den Anschein, als gebe es verschiedenerlei Recht in der Welt, als sei das menschliche Leben billig und teuer zugleich. Aber es hat nur den Anschein.
Wenn Ihre Geliebte, Angeklagter, die nun zum fünften Mal erwähnte Leopoldine Strasser, nämlich selbst und von sich aus dafür gesorgt hätte, daß das lästige Kind Ihrer Liebe niemals geboren würde, und wenn sie bei diesem Unternehmen mehr Glück gehabt hätte, als sie gehabt hat, dann wäre sie heute noch am Leben. Und man könnte sie vor Gericht stellen. Und zu sieben Jahren Kerker verurteilen. Wegen Kindesmordes. Denn Kindesmord ist ein schweres, im Geiste niemals zu verzeihendes Verbrechen, das man unerbittlich ahnden muß, damit niemand auf die Idee kommen möge, diejenige, die dem keimenden Leben zum Eintritt in diese Welt der Freuden und des Gelächters verhilft, habe noch das größte und niemals zu nehmende Recht, jenem Leben ein vorzeitiges Ende zu setzen. Und deshalb muß jedermann begreifen, daß der nun zum sechsten und letzten Mal erwähnten Leopoldine Strasser ein segensreiches und gnadenvolles Ende geworden ist durch Ihre wertvolle Mithilfe, Angeklagter. Denn Sie sind es gewesen, der sie vor Schande und Kerker bewahrt hat. Die Erde werde ihr leicht. Und Gott sei mit Ihnen auf Ihrem weiteren Lebensweg, Angeklagter. Er erleuchte und segne Ihren Erdenwandel und lasse Ihre liebe Mama des Nachts gut schlafen.
Das Gericht zu Urfahr bei Linz verurteilt Sie zu fünfzehn Monaten Kerker.

Von den drei Dingen, auf denen die Welt ruht, nennt ein altes Buch als das erste: die Gerechtigkeit.

Liebes Lämmlein…

Liebe auf den ersten Blick – und das auch noch auf Distanz.
Wien 1947.

Am Gumpendorfergürtel in Wien, dort, wo der 118er nach links abzweigt und die Stadtbahn ihren großen Bogen nach Meidling zieht, liegt ein Rummelplatz. Nicht besonders groß und ohne die Extravaganzen des Praters, aber immerhin ein Rummelplatz. Zu den neuen, dreißigprozentig erhöhten Preissätzen kann man dort allein oder in Gesellschaft Ringelspiel fahren, mit Korken auf Scheiben schießen, in Kähnen schaukeln und aus Papiertüten garantiert reines Fruchteis essen, das garantiert nach nichts schmeckt. Man kann dort Saccharin, ›Marvel‹-Zigaretten und Feuersteine unter der Hand erwerben. Man kann, was gerne gesehen wird, mit jungen Damen anbandeln. Und man kann auch am Zaun stehenbleiben und zuschauen. Eine ganze Menge Leute bleiben am Zaun stehen, aus diesem oder jenem Grund. Beispielsweise der Luftschaukeln wegen. Da jeder Mensch weiß, was es mit einer Luftschaukel für eine Bewandtnis hat, brauchen wir uns darüber nicht zu unterhalten.

Interessanter sind schon weltanschauliche und nationalökonomische Debatten, die man gleichfalls, an den Zaun gelehnt, von diesem brechen kann. Und schließlich ist es immer von Vorteil, sich gesellig zu zeigen. Vielleicht findest du hier ein Mädchen oder einen Mann, der dir fünf Quadratmeter Dachpappe für deine Schrebergartenhütte verkauft. Oder einen preiswerten Bettvorleger. Oder irgend etwas ganz anderes. Der Rummelplatz neben dem Stadtbahnbogen ist ein hochinteressantes Etablissement, das seine Besucher dazu noch durch musikalische Darbietungen erfreut. Ein Grammophon mit Lautsprecher spielt ›Regentropfen, die an mein Fenster klopfen‹, ›Heaven, I am in Heaven‹ und das Lied von dem Wiener, der nicht untergeht. Außerdem Marschmusik, tararabumdiäh. Ein herrlicher Ort. Von dem Krach, dem Lachen und dem Rauch einzelner ›Austria III‹–Zigaretten staatlicher Monopol-Provenienz wird man in kurzer Zeit schon so süß benommen wie von fünf Vierteln Heurigem. Der Effekt ist der gleiche. Aber die Methode scheint ökonomischer.

Das ganze Leben ist ein Ringelspiel. Wir drehen uns im Kreis, fünfzig, siebzig Jahre lang, und dann sterben wir. Auf dem Rummelplatz *zahlen* wir ein paar Groschen für dieses Vergnügen und glauben daher, Herren der Situation und ungebunden in unseren Entschlüssen zu sein. Als der DG, mit dem ich nach Meidling zu gelangen hoffte, infolge eines völlig unerwarteten Zusammenbruchs des Verbundnetzes in der Mitte des Viadukts gerade über dem Rummelplatz steckenblieb, steckte deshalb auch ein großer Teil der Fahrgäste die Köpfe zu den Fenstern hinaus und fand sein

Gefallen an dem Treiben unter uns. Kleine Kinder quietschten vor Entzücken, die Mamas lächelten sinnend, und ein paar junge Männer pfiffen beifällig, wenn die Mädchen in den Luftschaukeln ein Übriges taten, um Beachtung zu finden. Obwohl es die meisten Fahrgäste eilig hatten, regte sich doch keiner über die plötzliche Verkehrsstörung auf. Ich, der ich es gar nicht eilig hatte, fühlte mich außerordentlich wohl. Und dann sah ich das Mädchen in dem blauen Kleid. Da bekam ich vor Aufregung sofort Herzklopfen.

Das Mädchen stand in der Mitte des Platzes, ganz allein, und blickte zu uns herauf. Das heißt, es blickte *zu mir* herauf. Darüber gibt es gar keinen Zweifel. Hätte ich sonst Herzklopfen bekommen? Sicherlich nicht. Das Mädchen mit dem blauen Kleid schaute zu mir herauf, und ich schaute zu ihm hinunter, und obwohl gute zwanzig Meter Luftlinie zwischen uns lagen, war es so, als hielten wir uns an den Händen. An eine mündliche Verständigung war nicht zu denken. Selbst wenn ich geschrien hätte, wären meine Worte in den Klängen von ›In einer Nacht im Mai‹ untergegangen. Aber es war gar nicht notwendig, zu reden. Die Augen der Schönen im blauen Kleid sprachen Bände. Um ganz sicher zu gehen, setzte ich meine Brille auf. Da gab es keinen Zweifel mehr. Sie hob eine Hand und winkte erfreut. Dazu lächelte sie. Es war eine ausgesprochene Liebe auf den ersten Blick. Sie glauben, daß es so etwas nicht gibt? Ach, erlauben Sie, daß ich lache. Hahaha! So etwas gibt es nicht? Und ob es so etwas gibt! Eine gute, handfeste Liebe auf den ersten Blick, das war es, was uns, mich in dem wartenden DG im dritten Wagen von vorne, hinten auf der Plattform, und das Mädchen auf dem Rummelplatz verband. Grenzenlose, unsterbliche, unvergängliche, immerjunge Liebe. Jawohl. Hier, das wußte ich ganz genau, stand die Frau, die ich suchte, die mich glücklich machen konnte, unbeschwert, heiter und sorgenfrei. Und sie wußte ganz genau das gleiche von mir. Sie war die Richtige für mich. Und ich war der Richtige für sie. Sie stand da in ihrem blauen Kleid mit dem weißen Kragen und winkte. Ich hob die Ausgabe der ›Weltpresse‹, auf deren erster Seite etwas über die Finanzlage Großbritanniens stand, und winkte zurück. Man konnte sich nicht an ihr satt sehen: an ihren braunen Beinen, den weißen Zähnen, den lustigen Augen. Ich schaute und schaute und hatte große Angst, die Stromstörung könnte zu schnell behoben werden. Dann fiel mir etwas ein, eine Szene aus einem fürchterlich aufregenden

Film, der den Titel ›Kongo-Expreß‹ führt und in dem viel von alkoholischen Getränken, Flugzeugen und ein paar Europäern im Urwald die Rede ist. Sie erinnern sich bestimmt. Willy Birgel ist der Kerl, der schließlich dem armen René Deltgen die Marianne Hoppe wegnimmt, und dieser Deltgen hat nichts Klügeres zu tun, als sein Flugzeug und sich selbst aufopfernd vor dem herandonnernden Tropen-Expreß in Stücke zu schlagen. Weil nämlich die Liebe eine Himmelsmacht ist.
Vorher aber, als sie einander eben kennenlernen, erzählt der Willy der Marianne ein Märchen von einem bösen Wolf, der im tiefen Wald ein reizendes junges Lämmlein traf und sagte: »Liebes Lämmlein mit der süßen Stimme, wir wollen Freunde werden.« (Was zeigt, daß der Wolf nicht nur sehr böse, sondern auch sehr klug war.)
Daran dachte ich plötzlich. Ich weiß nicht, weshalb. Willy Birgel und ich haben kaum Ähnlichkeiten. Und das junge Mädchen sah Marianne Hoppe überhaupt nicht ähnlich. Von Urwald war keine Rede. Und René Deltgen existierte in diesem Falle überhaupt nicht. Man denkt manchmal schrecklichen Blödsinn. Ich überlegte, daß es wenig Zweck hatte, den Sprung von der Brüstung des Viaduktes zu wagen. Man kann nur lieben, solange man lebt. Mit einem toten Herrn samt Brille wäre meiner neuen Freundin, die noch immer heraufsah, nicht gedient gewesen. Zurücklaufen zur Gumpendorferstraße durfte ich auch nicht, denn am Geländer stand eine Tafel: ›Das Betreten des Bahnkörpers ist bei Strafe verboten‹. Und schließlich pfiff in diesem Augenblick der Schaffner, und es sah genauso aus, als ob es wieder weitergehen sollte. Deshalb nahm ich einen Bleistiftstummel aus der Tasche und schrieb auf die Rückseite meines Fahrscheins: ›Liebes Lämmlein‹ – und, da ich ihre Stimme nicht kannte – ›mit den süßen Ohren!‹
In den Fahrschein wickelte ich einen kleinen Stein vom Bahndamm, und als der Zug sich in Bewegung setzte, warf ich ihn zu ihr hinunter. Sie sah ihn kommen, lief ihm ein paar Schritte entgegen und fing ihn auf. Sie las die paar Worte, und ich sah, daß sie lächelte. Dann steckte sie das Papier in ihr Kleid und wandte sich ab. Es war erschütternd. Als wir Meidling erreichten, flog mir eine Mücke ins linke Auge, das sofort zu tränen begann. Ich war sehr froh, daß mein Freund Anton mit einer Cognacflasche auf mich wartete. Er tut immer das Richtige. Er sah mich bloß an und sagte: »Trink.«

»Ich habe mein Herz verloren«, erklärte ich ihm.
»Das kommt vor«, sagte mein Freund.
»Sie ist das wunderbarste Mädchen, das ich nicht kenne.«
»Das du *nicht* kennst?«
Ich nickte.
»Ja dann...«, sagte der Anton.

Das kleine Haus an der großen Grenze

Wo und wie einer Sicherheit findet in unserer Zeit – geschrieben Neujahr 1965.

Jetzt haben wir also die Zeit des erhöhten Alkoholkonsums, der verdorbenen Mägen und der hübschen kleinen erbaulichen Anekdoten und Schwänke. Wer irgend etwas auf sich hält, nimmt sich jetzt vor, im nächsten Jahr ein anständiger Mensch zu werden. So wie er sich das noch jedes Jahr um diese Zeit vorgenommen hat. Wer Charakter hat, geht in sich. Wer keinen hat, empfindet Sehnsucht nach einem solchen. Wir haben alle viel zu tun mit unseren schönen Seelen in dieser Zeit.
Bis vor kurzem gehörte auch mein Freund Günter zu denen, die solche Sehnsucht hatten, Jahr für Jahr und besonders Jahresende für Jahresende. Mein Freund Günter empfand Sehnsucht nach Sicherheit. Man wird verstehen, daß seine Sehnsucht mit jedem neuen Jahr dieser unserer so erfreulichen Gegenwart größer wurde. Plötzlich jedoch ist sie verschwunden. Er verspürt sie nicht mehr. Und er ist beileibe nicht etwa tot. Nein, er lebt und ist ein glücklicher Mensch. Ich denke, es ist nur meine Christenpflicht, seine Geschichte weiterzuerzählen, auf daß andere sich an ihr ergötzen und aufrichten mögen.
Mein Freund Günter war ein kleiner Angestellter in einer kleinen Stadt. Er lebte nicht in der Stadt selbst, sondern an ihrem Rand. In einem kleinen Häuschen, mit drei kleinen Kindern und einer kleinen Frau. Das war seine Familie. Die kleine Stadt, in der er arbeitete, lag nahe einer großen Grenze. Aber das kleine Häuschen, in dem er wohnte, lag noch näher an ihr. Jeden Morgen, wenn mein Freund Günter zu der kleinen Eisenbahnstation ging, um in

die kleine Stadt zu fahren, marschierte er ein Stück Straße entlang, das unmittelbar neben der großen Grenze lag. Und dann sah mein Freund Günter Morgen für Morgen, Monat für Monat durch den Frühnebel riesengroße, entsetzlich drohende Silhouetten: die düsteren Schatten der Panzer und Kanonen, die scharenweise zu beiden Seiten der großen Grenze standen.

Nachdem er diese Silhouetten ein paar Monate lang jeden Morgen gesehen hatte, konnte er nicht mehr schlafen. Nachts lag er wach und grübelte. Von allen unsicheren Gegenden, grübelte er, die es heute auf der Welt gibt, ist diese hier die unsicherste. Es ist überhaupt nicht zu schildern, wie unsicher diese Gegend hier ist. Wenn einmal etwas passiert, dann werden wir alle so schnell tot sein, daß wir nicht einmal Zeit haben, vorher noch »Hoch!« zu rufen. Oder »Nieder!« Aber ich will noch nicht tot sein. Und ich will auch nicht, daß meine kleine Frau und meine kleinen Kinder tot sind. Ich will Sicherheit. Für meine kleine Frau und meine kleinen Kinder. Und für mich selber will ich sie auch. Ich muß hier weg, grübelte mein Freund Günter, ich muß weg von diesem unsichersten Punkt Europas! Aber wie? Er hatte kein Geld, und ohne Geld gibt es keine Sicherheit. Und so lief der arme Kerl weiter Tag für Tag morgens zur Eisenbahnstation und sah die Silhouetten der Panzer und der Kanonen im Frühnebel drohen...

Da starb (so etwas kommt noch vor) eine reiche Tante in Amerika. Sie hinterließ ihrem Neffen Günter eine halbe Million Dollar, und mein Freund beschloß daraufhin, auszuwandern. Mit der kleinen Frau und den drei kleinen Kindern. Jetzt, dachte er, hatte er genug Geld, um es sich leisten zu können, die Sicherheit zu suchen. Er wußte noch nicht genau, wohin er auswandern wollte. Er wollte dorthin gehen, wo die größte Sicherheit gewährleistet war. Zunächst fuhr die Familie nach Amerika. Um dort das viele Geld abzuholen.

Was meinem Freund Günter und den Seinen nun in den nächsten beiden Jahren auf der Suche nach der Sicherheit passierte, das ist schlechthin unvorstellbar. In Nordamerika kamen sie fast in einem Wirbelsturm um. Da zogen sie nach Westen. Im Westen wurden sie fast von Indianern skalpiert. Da zogen sie nach Süden. Im Süden wurden sie in einer der vielen kleinen hübschen Revolutionen fast als Spione hingerichtet. Da gingen sie nach Australien. Dort fielen die Kinder in ein Kaninchenloch und erstickten beinahe. Da versuchten sie es mit Afrika. Dort gab es giftige

Schlangen, die Günters kleine Frau fast ins Jenseits beförderten. Von Asien wollen wir gar nicht reden. Dort stahl man ihnen die Hälfte der halben Million, und dazu wurden sie alle noch schwer krank, denn sie kamen in ein Katastrophengebiet und konnten (mit all ihrem Geld) lange Zeit nichts anderes essen als Reis. Und auch den nur in sehr kleinen Portionen.

So zog mein Freund Günter durch die ganze Welt auf seiner Suche nach Sicherheit, und er bekam schlechte Nerven, Narben am ganzen Körper und weiße Haare dabei. Seiner Frau und seinen Kindern ging es ähnlich. Zuletzt hielten sie es nicht mehr aus und beschlossen, noch einmal zurück in das kleine Haus an der Grenze zu fahren. Nur für kurze Zeit. Um sich einmal richtig auszuschlafen. Denn auch das hatten sie schon lange nicht mehr tun können.

Sie fuhren zu dem kleinen Haus, und sie sind heute noch immer dort. Sie schlafen nicht nur. Nein, sie leben wieder dort, so wie früher. Mein Freund Günter geht jeden Morgen zum Bahnhof, um in die Stadt zu fahren, und wie früher sieht er die Silhouetten der Panzer und Kanonen durch den Frühnebel. Es sind noch mehr Silhouetten geworden. Mein Freund Günter lächelt, wenn er sie sieht. Eine unendliche Beruhigung hat ihn erfaßt. Wenn es irgendwo Sicherheit gibt, schreibt er mir, dann hier, in diesem kleinen Haus an der großen Grenze. Und er fügt hinzu, daß er noch nie so glücklich gewesen ist. Denn nun, meint er, hat er sie gefunden, seine Sicherheit.

Er hat sie nicht gefunden in Europa, und nicht in Asien, Afrika, Australien und Amerika.

Er hat sie gefunden an dem einzigen Ort, an dem man sie heute überhaupt noch finden kann, wenn man Glück hat: in sich selbst.

Gib, Lieber Gott, daß auch wir Sicherheit finden in diesem neuen Jahr, wir alle, die unzähligen Millionen, die heute in ihren kleinen Häusern an der großen Grenze zwischen Tod und Leben wohnen.

Der tägliche Totschlag

Filme machen kann nicht jeder beliebige Blödian.
Wien 1953.

In den Büroräumen einer Filmgesellschaft am Rosenhügel erschien vor einigen Tagen eine Dame und überreichte ein Filmexposé, das sie selbst verfaßt hatte. Das war nicht weiter verwunderlich. Viele Menschen verfassen Filmexposés, und manche überreichen sie auch. Sogar der Inhalt des Exposés vermochte den gelernten Leser derartiger Erzeugnisse nicht zu beunruhigen. Er war ins Mittelalter verlegt. Nun gut, wenn schon! Die Hauptdarstellerin war eine Hexe. Eigentlich war sie sogar zwei Hexen, denn es handelte sich um eine Doppelrolle. Aber auch das besagte nichts. Viele Hauptdarstellerinnen sind Hexen. Das Personenverzeichnis wies die Kleinigkeit von 364 Rollen auf. Na, wenn schon! Die Autorin hatte ihren Film ja von vornherein als ›kostspielig‹ deklariert. Und damit kommen wir zum Kern der Sache, zu dem eigentlich Interessanten, zu dem Verwunderungswerten schlechthin. Die Dame verlangte nämlich, als sie das Dreißig-Seiten-Exposé übergab, gleich einen Vertrag. (Das regte niemanden auf. Alle Leute verlangen immer gleich Verträge. Manche verlangen auch Vorschüsse. Die Leute vom Fach verlangen *immer* Vorschüsse und *niemals* Verträge. Daran sind sie zu erkennen.)

Die erwähnte Dame verlangte keinen Vorschuß. Aber sie sprach sich gleich offen darüber aus, wie sie sich die finanzielle Seite der Angelegenheit vorstellte. Sie pfiffe (sagte sie) auf eine Pauschalhonorierung. Was sie verlangte, war eine prozentuelle Beteiligung an den Gesamteinnahmen. Nicht an den Gestehungskosten. An den Gesamteinnahmen.

Aber wie hoch, erkundigte sich der Mann, mit dem sie sprach, vorsichtig, schätze sie denn die Gesamteinnahmen aus einem durchschnittlichen österreichischen Spielfilm?

Da zierte die Dame sich ein wenig. Und man mußte ihr gut zureden. Und schließlich verbarg sie ihr Gesicht hinter den gespreizten Fingern der einen Hand, errötete lieblich und sagte: »Hundert Millionen!« Und damit machen wir uns von der optimistischen Dame frei und kommen zum Thema.

Es hat sich – wenigstens in Fachkreisen – bereits herumgesprochen, daß der Reingewinn eines Filmes bisher eigentlich noch nie hundert Millionen erreicht hat. Auch dann nicht, wenn er zehn Millionen kostete. Es hat sich im Gegenteil herumgesprochen, daß er eigentlich noch nie auch nur zehn Millionen Reingewinn einbrachte, selbst wenn er zehn Millionen verschlungen hatte... daß er auch nicht acht, sechs, vier, zwei Millionen brachte... ja daß der österreichische Film bisher eigentlich nicht nur keinen Reingewinn, sondern im Gegenteil... Ach, wozu an offene Wunden rühren?

Die Fachleute grinsen traurig. Aber das Publikum läßt sich nichts einreden. Für das Publikum ist der Film noch immer ein gutes Geschäft. Das beste Geschäft.

»Ja, beim Film!« sagen sie und winken mit den Fingern, um anzudeuten, daß sie sehr wohl darüber unterrichtet sind, wie es in dieser Wunderwelt zugeht, wo man mit Hundert-Schilling-Scheinen Zigaretten anzündet und mit dem Auto auf die (mit Purpur ausgeschlagene) Toilette fährt. Weil der Film so ein fabelhaftes Geschäft zu sein scheint, sind viele Menschen dazu übergegangen, sich sozusagen nebenberuflich mit ihm zu beschäftigen. Warum denn nicht, fragen sie. Was andere können, können wir bestimmt auch. Was manchmal sogar stimmt. Wenn es auch noch kein besonders positives Werturteil bedeutet.

In dem Büro der Filmgesellschaft auf dem Rosenhügel laufen wöchentlich sieben bis zehn Filmvorschläge aus Kreisen des Publikums ein. Manchmal sind es viel mehr. Aber sieben bis zehn sind es immer. Sie kommen mit der Post, sie werden persönlich überreicht. Manche Exposés umfassen zwei Schreibmaschinenseiten, manche fünfhundert. Manche sind mit der Hand geschrieben, mit roter und grüner Tinte. Die meisten sind getippt.

Die Autoren gehören sämtlichen Bevölkerungsschichten an. Auf dem Rosenhügel liegen Exposés, Drehbücher, Drehentwürfe, Treatments, Filmnovellen und Filmideen von Rechtsanwälten, Schulkindern, Milchfrauen, Ärzten, Geistlichen, Stenotypistinnen, Musikern, Schauspielern, Versicherungsbeamten, Polizisten und harmlosen, aber echten Verrückten. Die Verrückten sind (wenn nicht anders) daran zu erkennen, daß sie in ihren Werken in irgendeiner Form dauernd von sich selbst und von ihrem eigenen Leben reden. Die anderen tun das nicht. Ein Rechtsanwalt hat noch nie einen Film über einen Rechtsanwalt vorgeschlagen und ein Eisenbahner noch nie einen Film über die Eisenbahn, Polizisten schreiben keine Kriminalfilme und Schauspieler nichts über das Theater. Im Gegenteil: Versicherungsbeamte begeben sich in die Südsee, Oberlehrer verfassen Widerstandsfilme und Musiker solche von Bergsteigern. Es sieht so aus, als wollten die Menschen das, was sie ohnedies jeden Tag beschäftigt, nicht unbedingt noch einmal im Film sehen. Sehen wollen sie das, wonach sie sich sehnen. Das, was sie nicht kennen. Das, was ihnen versagt geblieben ist: Liebe, Abenteuer, Leidenschaft, fremde Länder, Geld, Luxus, Erfolg...

Es ist deshalb eigentlich auch nicht ganz so lustig, die einlaufenden Filmvorschläge aus dem Publikum zu lesen, wie man annehmen sollte. Oder besser gesagt: Es ist lustig und traurig zugleich. Die ganz lustigen Dinge sind alle immer auch ein wenig traurig. Es ist lustig, das Exposé eines Trikotagenhändlers zu lesen, das (in der ersten Person!) seine phantastischen Abenteuer als Agent einer geheimnisvollen Großmacht enthält – womit er gleichzeitig alles das abreagiert, was ihm in seinem ereignislosen Trikotagenhändlerleben an Langeweile, Gewöhnlichkeit und Geschäftssorgen unter die Finger gekommen ist. Der Trikotagenhändler schreibt über sich nicht als von einem tollkühnen Spion, weil er ein tollkühner Spion ist. Er schreibt, weil er ein Trikotagenhändler ist. Mit den kleinen Mädchen, deren Filme in grenzenlosem Luxus, märchenhaften Monsterhotels und unter lauter piekfeinen und steinreichen Herren spielen, ist es dasselbe. Sie sind nicht Prinzessinnen. Aber sie wären es gerne.

Natürlich darf man auch nicht den Fehler begehen, allzu traurig zu werden und mehr hinter den Dingen zu sehen, als hinter ihnen zu finden ist. Über viele der sich zu Bergen türmenden Exposés darf man mit ruhigem Gewissen lachen. Die meisten von ihnen schildern blutige, blutigste und allerblutigste Ereignisse in der eindrücklichen Art des Stummfilms. Die Schurken sind richtige Schurken, die Mädchen durch die Bank reine Jungfrauen, das Böse kommt zu Fall, und das Gute wird belohnt. Die Amateurfilmleute sind in der ganzen Welt zu Hause. Ihre Handlungen verlegen sie auf den Himalaya, an den Äquator, nach Spitzbergen, in die Sandwüsten Afrikas und in die Dschungel Ceylons. Auf dem Rosenhügel finden sich Filme mit mehr als fünfzig verschiedenen Schauplätzen in (mindestens) fünf Kontinenten. Es finden sich Exposés, die so mönchisch keusch sind, daß man sich vor Rührung die Nase putzt. Es finden sich Exposés, die so ungemein unanständig sind, daß man glaubt, nicht richtig gelesen zu haben. Und es finden sich auch – wenn schon nicht häufig – Exposés, nach denen man Filme machen könnte. Diese werden ernsthaft geprüft, von vielen ernsthaften Männern gelesen, und gelegentlich (sehr, sehr selten) ernsthaft erwogen. Die Wahrscheinlichkeit jedoch, daß sie verfilmt werden, ist ungeheuer gering. Beim Film wird mit großen Geldsummen hantiert. Die Männer, die Filme machen, tragen eine große Verantwortung. Die Existenz vieler Menschen hängt von ihren Entscheidungen ab. Man soll nicht glauben, daß sie nicht ganz gern auch ab und zu einen guten Film drehen würden. Aber so einfach, wie wir alle es uns – dem Posteinlauf des Rosenhügels zufolge – vorstellen, ist die Geschichte nun doch wieder nicht. Es ist sinnvoller, einen guten Schuh zu machen oder einen Prozeß zu gewinnen als einen schlechten Film zu schreiben. Dieses überläßt man besser den Professionellen. Das können die nämlich selber.

Nachhilfeunterricht in Liebe

Klappt's nicht mit dem Partner? Nicht verzagen, Simmel fragen! Der schickt euch in die ›Eheschule für jedermann‹.

Wien 1948.

Patricia ist eine alte Freundin von uns.
In allen Fragen, die mit Liebe zusammenhängen, wenden wir uns seit Jahren vertrauensvoll an sie. Patricia ist eine Kapazität auf diesem Gebiet. Sie hört alles, sie weiß alles, sie versteht alles. Sie kennt die Liebe wie ihre eigene Tasche, sozusagen. Seit ein paar Wochen allerdings hat sich die Lage geändert. Patricia läuft traurig und ruhelos umher, trinkt zuviel, schläft zuwenig und ist nervös. Die Analyse des Zustandes ist einfach, und Patricia verbittet sie sich auch. Sie weiß selbst, was mit ihr los ist. Patricia hat sich verliebt. Und der Mann, den das als einzigen interessieren sollte, interessiert sich anscheinend nicht genug. Er dürfte nicht gerade das Prachtexemplar eines Geliebten sein. Patricia (nach allem, was sie für andere getan hat) hätte etwas Besseres verdient. Es sieht so aus, als ob die Liebe vielleicht doch keine Himmelsmacht ist.

Weil sie uns so leid tut, haben wir versucht, Patricia zu trösten. Das ist nicht leicht, denn Patricia ist selbst eine geübte Trösterin und durchschaut die meisten Aufheiterungsversuche sofort. Unseren Aufheiterungsversuch durchschaute sie nicht sofort. Das konnte sie auch nicht. Denn unser Aufheiterungsversuch hing mit einer Einrichtung zusammen, die erst sehr kurz besteht und die möglicherweise zu einer Art von seelsorgerischem Konkurrenzunternehmen für Patricia werden wird.

Also paß auf, sagten wir zu ihr, dieser Dingsda, dein Freund, wie heißt er eigentlich?

Adolf, erklärte sie. Das auch noch.

Also dieser Adolf, sagst du, ist unpünktlich, versteht nichts von Literatur, hat eine gesteigerte Vorliebe für Mehlspeisen und vergißt gelegentlich in Gesellschaft, daß er mit dir ausgegangen ist...

Leider, sagte Patricia. Und schnarchen tut er auch.

Nun, sagten wir, wenn es weiter nichts ist! Adolf muß eben noch einmal in die Schule. Er muß sich die Frage vorlegen: »Wie werde ich ein perfekter Ehepartner?« Oder wenn er sie sich schon nicht vorlegt, dann mußt du zumindest dafür sorgen, daß sie ihm vorgelegt wird.

Wo? fragte Patricia.

In der Volkshochschule Wien-West in der Amerlingstraße, sagten wir. (Es gab also doch noch Tricks und Wege, die Patricia nicht kannte!) Die Volkshochschule Wien-West ist entschlossen, dir und Leuten wie deinem Adolf unter die Arme zu greifen. Gestützt auf die Erfahrungen der modernen Wissenschaft. In einem viermonatigen Kursus mit dem Titel ›Eheschule für jedermann‹. Da kann dein Adolf als blutiger Anfänger, der noch nichts von den Blumen und von den Bienen gehört hat, eintreten, und wenn er herauskommt, kannst du ihn, wenn du willst, als einen Paradegeliebten bester Qualität vermieten und eine Menge Geld mit ihm verdienen.

Das wäre ja noch schöner, sagte Patricia. Das würde dem Kerl so passen. Sich vermieten lassen, ha!

Du mußt ja nicht, sagten wir. Behalte ihn für dich, deinen Adolf. So etwas von einer Kanone auf den Gebieten der Sexualhygiene, Ehegesetzgebung, Erziehungsaufgaben, Gesellschaftsprobleme, Küchenmathematik, Elektro- und Radiotechnik...

Hilfe! rief Patricia.

...Kunstgeschichte, Psychologie, Kinderheilkunde, Gymnastik,

Musik, Literatur und Hausschneiderei wirst du noch nicht gesehen haben, vollendeten wir. Dein Adolf wird Spezialkurse für die Gestaltung häuslicher Feste mitgemacht haben, er wird (falls er es noch nicht tut) über ein gewinnendes Benehmen verfügen sowie über ein sicheres gesellschaftliches Auftreten. Er wird wissen, daß es ungehörig ist, zu vergessen, mit wem man auf eine Party kommt. Selbst wenn man mit der Dame verheiratet ist. Und um dich vollends zu beruhigen, teilen wir dir mit, daß vor allem sogenannte ›Bildungslücken‹, die sich im Eheleben ungünstig auswirken können, unbarmherzig getilgt werden.

Er hat keine Lücken, sagte Patricia.

So, weiß er vielleicht, wann das Konzil von Nizza war?

Gehört das auch zu einer glücklichen Ehe?

Unbedingt, sagten wir. Ein Mann, der heiratet, ohne diese primitivste aller Fragen beantworten zu können, gehört nicht aufs Standesamt, sondern ins Kriminal.

Also wann war es?

Oh, sagte ich, im Jahre 325, und zwar gegen die Arier. Das weiß doch aber wirklich jedes Kind!

Er hat es gestern abend gehört, sagte meine Frau.

Patricia sah mich groß an: Du gehst auch in die Eheschule?

Selbstverständlich, sagte ich.

Ich habe ihn hingeschickt, sagte meine Frau.

Ich gehe freiwillig und ohne Zwang, erklärte ich. In der Schule hatte ich in Physik immer einen Vierer und habe Physik gehaßt. Als ich die Schule verlassen hatte, begann ich mich plötzlich brennend für Physik zu interessieren und habe Privatunterricht genommen. Nur so zum Spaß. Man hatte versucht, mir die Sache im falschen Zeitpunkt einzutrichtern.

Mit der Liebe ist es genauso. Als ich noch in die Schule ging und etwas später, da redete ich mir zwar ein, daß das, wofür ich mich interessierte, Liebe sei. Das schien jedoch nur so. Es war in Wahrheit etwas anderes. Ich war noch zu jung, mich mit der Liebe ernsthaft beschäftigen zu können. Jetzt bin ich älter, jetzt interessiere ich mich erst so richtig für sie. Man kann noch immer etwas dazulernen. Deshalb gehe ich in die Amerlingstraße.

Und wenn er fertig ist mit seinen Studien, sagte meine Frau stolz, dann bekommt er ein Zeugnis. Wie nach dem Abitur. Dann habe ich es endlich schriftlich, daß er ein perfekter Geliebter ist.

Brauchst du das schriftlich? fragte Patricia.

Was man hat, hat man, sagte meine Frau.
Patricia überlegte lange. Sie war tief in Gedanken.
Nun, fragten wir sie, wirst du deinen Adolf auch zur Schule schikken?
Nein, sagte sie.
Nein?
Nein, erklärte Patricia entschlossen. Denn wenn er dann herauskommt mit dem Zeugnis und dem Prädikat und allem, dann hat er doch überhaupt keinen einzigen Fehler mehr, nicht wahr?
Keinen einzigen.
Eben, sagte Patricia. Wollt ihr mir gefälligst erklären, was ich dann noch an ihm lieben soll?

Der Ermordete ist schuldig

1951 gab es in Hamburg eine ungewöhnliche Gerichtsverhandlung.

Herr Konrad Meier ging ins Theater. Es war ein großes Ereignis für ihn. Doch er wird nun lange Zeit nicht wieder gehen. Denn was er im Theater sah, hat ihm nicht gefallen. »So ein Blödsinn«, sagte er. Und war verstimmt. Ein unverkaufter Parkettsitz mehr...
Frau Therese Müller ging ins Kino. Sie freute sich sehr auf den Film, den sie sehen sollte, denn es spielte ein Star mit, den Frau Müller liebte. Doch sie wurde enttäuscht. Der Film gefiel ihr nicht. »So etwas will ich nicht sehen«, sagte sie. Und nahm sich vor, nicht mehr ins Kino zu gehen...
Fräulein Vera Schmidt kaufte ein Buch. (Obwohl sie schon zwei zu Hause hatte!) Sie kaufte es wegen des hübschen Umschlags. Sie wird so bald kein neues Buch mehr kaufen. Denn was sie las, machte sie böse. »Ich habe kein Wort davon verstanden«, sagte sie...
Herr Meier, Frau Müller und Fräulein Schmidt multipliziert mit hunderttausend ergeben das, was man das Publikum nennt. Die Meinungen, die sie über ihnen dargebotene Kunstware äußern, nennt man die Publikumsmeinung. Die Männer, die heute Theater führen, Filme produzieren und Bücher drucken, sind davon über-

zeugt, diese Publikumsmeinung so genau zu kennen wie ihre eigene Tasche. Haben sie einmal mit einem Bauernstück, einem Kinderfilm, einem Zeitbuch Erfolg, dann sagen sie: Tja, das Publikum! Und nicken weise. Geht ihnen einmal die Sache mit einem Bauernstück, einem Kinderfilm oder einem Zeitbuch schief, dann sagen sie: Tja, das Publikum! Und nicken weise. Sie kennen das Publikum und seinen Geschmack genau. Sie wissen, was sie wissen.

Nämlich nichts.

Kein Mensch weiß heute etwas vom Publikumsgeschmack. Alle Leute, die in Kunst machen, tappen im dunkeln. Oder sie spekulieren auf die gewissen todsicheren Sujets, von denen wir hier nicht reden wollen. (Und auch *die* gehen ihnen manchmal daneben!) Wir leben in einer hektischen, wirren Zeit, und deshalb ist auch der Publikumsgeschmack wirr und hektisch. Aber zu sagen, daß es ihn überhaupt nicht gibt, hieße sich die Sache zu leicht machen. Es gibt ihn schon. Man weiß nur nichts von ihm. Der Publikumsgeschmack hat gar nichts dagegen, daß man ihn findet. Nur dagegen, sich selbst von dicken Männern mit dicken Zigarren diktiert zu sehen. Denn was auf diese Weise produziert wird, entspricht nicht dem Geschmack des Publikums, sondern dem Geschmack der dicken Männer mit den dicken Zigarren. So sieht es meistens auch aus.

Und wenn es so weitergeht, wird einer den andern in der Branche zugrunde richten, und die Kinos werden zusperren müssen, und die Theater in Konkurs gehen und die Verleger sich aufhängen, und das Publikum wird nicht schuld an diesem Kulturmord sein, obwohl man es als den Mörder hinstellen wird. Schuld wird der Ermordete sein, denn...

So, da haben wir uns gerade noch ertappt.

Leitartikel gehören hier nicht her. Einseitige schon gar nicht. Deshalb entziehen wir uns selber das Wort und fragen: Was fällt dir eigentlich ein, so etwas zu schreiben? Hast du nicht gehört, was nächste Woche in Hamburg los ist?

Nein, antworten wir uns selbst. Keine Ahnung. Was denn?

Nächste Woche, du Ignorant, erklären wir uns, findet in Hamburg in irgendeinem Theater eine Gerichtsverhandlung statt. Richter ist der Erste Staatsanwalt der Stadt. In Zivil, sozusagen. Denn die Angeklagten sind die Dramaturgen der Hamburger Bühnen. Und

Kläger ist das Publikum. Jeder, der etwas auf dem Herzen hat, ist eingeladen, zu kommen und sein Steinchen zu werfen. Auf die Dramaturgen. Die sind bereit, die Brust hinzuhalten. (Unter kugelsicheren Westen.) Es wird eine unheimlich interessante Verhandlung werden, dieser Prozeß über die Ermordung der Kultur. Autoren, Schauspieler und Bühnenbildner haben gebeten, als Zeugen einvernommen zu werden. Ihre Aussagen versprechen Sensationen. Die Hamburger sind begeistert über die Idee.
Es ist auch eine großartige Idee. Und das Großartigste an ihr ist ihr Hintergrund. Denn der Prozeß ist ja nicht nur so, zum Spaß, anberaumt worden. Und die Dramaturgen sind keine Idioten. Sie sind nicht wirklich angeklagt. Wirklich angeklagt haben sie sich selber. Weil sie erkannt haben, daß es an der Zeit ist, dem Publikum Mut zu machen, sich auszusprechen, zu leben, zu schimpfen, leidenschaftlich zu werden – aber mit einem Resonanzboden. Der hat bisher gefehlt. Herr Meier hatte nie Gelegenheit, Herrn Cocteau zu sprechen. Und Frau Müller kennt Stewart Granger wirklich nur vom Sehen. Von Fräulein Schmidt gar nicht zu reden. Die kauft Kultur nur nach dem Umschlag.
Jetzt aber, in dieser Hamburger Gerichtsverhandlung, werden die Müllers und die Meiers und die Schmidts, die vielen Unbekannten, für welche die Kultur gemacht wird, einmal sagen können, was sie bedrückt. Sie werden viele kluge Sachen sagen. Und vielleicht auch viele dumme. Aber das macht nichts. Die dummen kann man vergessen. Und nach den klugen kann man sich richten. Nicht nur in Hamburg, sondern überall könnte man es. Das System wäre imstande, Mode zu werden. Die dicken Männer mit den dicken Zigarren wären informiert, sie wüßten nun, was Publikumsgeschmack ist. Und sie würden in sich gehen. Und dankbar sein. Und froh.
Und weiter tun, was sie immer getan haben.

Der letzte Satz war natürlich nichts als eine interessante Fehlleistung. Er soll richtig heißen:
Und Dinge tun, die sie noch nie getan haben!

Baby schläft

Voller Ingrimm 1965 zu München geschrieben.
(Der Herr Faber der Geschichte war ich selber.)

»Der Säugling, Herr Faber, der Säugling! Ich hätte niemals gewagt, Sie zu stören, wenn es nicht um den Säugling ginge!« Frau Harrer stand in der Wohnungstür und rang die Hände. Sie war völlig verzweifelt. Ihr Nachbar Faber stand ihr im Pyjama gegenüber und fuhr sich verschlafen durchs Haar. Es war eine halbe Stunde nach Mitternacht.

»Was ist mit dem Säugling, Frau Harrer?« fragte Faber, um Höflichkeit bemüht. Frau Harrer wohnte gegenüber auf der anderen Seite des Flurs, und von dort ertönte herzzerreißendes Gebrüll.

»Sie hören es wohl«, sagte die blonde, zierliche Frau Harrer. »So geht das seit Stunden. Mein Mann und ich werden noch wahnsinnig. Er brüllt und brüllt und brüllt.«

»Der Säugling?«

»Der Säugling.«

»Und warum brüllt er so?« fragte Faber, während er dachte: Warum habe ich Idiot auch öffnen müssen, als sie klingelte!

»Er vermißt seinen Lutscher«, erklärte die junge Mutter.

»Seinen Lutscher?«

»Ja, Herr Faber. Heute nachmittag haben wir meine Schwester besucht. Sie wohnt am anderen Ende der Stadt. Als wir heimkamen, bemerkten wir, daß wir Babys Lutscher dort vergessen hatten. Baby bemerkte es auch. Seither brüllt es.«

Faber schloß die Augen, denn er wußte, was nun kam. Faber hatte seit vierzehn Tagen ein Auto. Er fuhr noch nicht sehr sicher, und er wußte auch noch nicht ganz genau mit dem Wagen umzugehen, aber alle Freunde und Nachbarn betrachteten ihn seit vierzehn Tagen als ihren privaten Taxichauffeur. Auch Frau Harrer…

»Herr Faber, es ist eine Unverschämtheit von mir, aber als guter Nachbar und Freund…«

»Vielleicht«, sagte Faber, »fahren wir nur bis zur nächsten Apotheke und kaufen dem kleinen Liebling einen neuen Lutscher.«

»Ein neuer hat keinen Sinn. Es muß der alte sein. In den hat er ein Loch gebissen. Und an das Loch ist er gewöhnt.«

Es war sinnlos. Faber fand nicht den Dreh, der Frau Harrer ihre Bitte abzuschlagen. Sie fuhren los.

Als sie am anderen Ende der Stadt angekommen waren, erwies es sich, daß Frau Harrers Schwester nicht zu Hause war. Sie übernachtete bei Freunden. Es gelang, die Adresse der Freunde zu ermitteln. Bei ihnen holte man die einigermaßen ungehaltene Schwester aus dem Bett und fuhr sie in ihre Wohnung zurück, wo der Lutscher lag. Unterwegs bekamen die Schwestern Streit. Nachdem der Lutscher in Frau Harrers Besitz war, mußte die Schwester zu den Freunden zurückgebracht werden. Faber konnte vor Müdigkeit und Nervosität kaum mehr den Fuß auf dem Gaspedal halten. Nachdem die Schwester verschwunden war, wollte Faber den Heimweg abkürzen und fuhr durch die Parkstraße. Dabei übersah er ein Verkehrszeichen und knallte in einen Milchwagen. Die Funkstreife kam bald. Die Untersuchung des Unfalls nahm eine knappe Stunde in Anspruch. Dann konnte Fabers Wagen abgeschleppt werden.

Faber blieb ein Gentleman – bis zuletzt. Er fuhr mit Frau Harrer in einem Taxi nach Hause. Als sie sagte, es tue ihr alles so schrecklich leid, winkte er heldenhaft ab: »Ich bitte Sie...«

Herr Harrer stand in der Wohnungstür, als sie die Treppe heraufkamen. »Pst!« machte er. »Leise, leise, nicht so laut!«

»Was heißt ›nicht so laut‹?«

»Baby schläft.«

»Baby schläft?«

»Ja!« Herr Harrer nickte selig. »Gleich nachdem ihr abgefahren seid, ist es eingeschlafen.«

Kleine Passage in Meidling

1946, in Wien, war besagte kleine Passage geradezu lebenswichtig für mich...

Jeder Wiener kennt ganz gewiß den Durchgang, den ich meine. Er verbindet die beiden Perrons der Stadtbahnstation Meidlinger Hauptstraße. Man muß ein paar Stufen zu ihm hinabsteigen, denn er läuft unter den Geleisen und wird gelegentlich von einer elektrischen Lampe erhellt. Gelegentlich ist es dort unten auch finster. Die Passage unter den Schienensträngen der Stadtbahnstation

Meidlinger Hauptstraße wurde, da gibt es gar keinen Zweifel, ursprünglich gebaut, um es Fahrgästen, die aus der Richtung Margaretengürtel ankommen, zu ermöglichen, durch sie in einen Zug der Linie GD hinüberzuwechseln. Oder umgekehrt.
Vor ein paar Tagen marschierte ich selbst über ihren Bretterboden. Es war dunkel, und als ich mich etwa in ihrer Mitte befand, stieß ich an einen Unsichtbaren. Seine Begleiterin sagte »Hoppla!«, und ich entschuldigte mich. Als ich dann auf der anderen Seite die Stufen zum Bahnsteig hinaufkletterte, erinnerte ich mich.
Herrschaften, sagte ich zu mir selbst, während ein WD mit mächtigem Getöse in die Station einfuhr und ein Mann mit einem roten Polohemd die Zeitungen ausschrie, Herrschaften, hat sich denn gar nichts geändert? Ist denn wirklich alles beim alten geblieben?
Warte einmal, überlegte ich, das war vor drei Jahren, nein, vor vieren, damals im Sommer, als du eben beim Abitur durchgefallen warst... damals gingst du auch durch die kleine Passage und bliebst in ihrer Mitte stehen und glaubtest, du seiest im Himmel angekommen. Und dabei befandest du dich bloß im Zwölften Wiener Gemeindebezirk, etwa drei Meter unter der Erde. Aber das tat nichts zur Sache.

Mit dem Glücklichsein ist es so eine Geschichte. Das Glück liegt gar nicht in den Dingen, die wir besitzen, sondern in den Dingen, die zu besitzen wir glauben. Ich hatte einmal einen Freund, der war Einbrecher. Seine Frau hieß Susanne und liebte ihn sehr. Als ihn die Polizisten eines Nachts erwischten, steckten sie ihn für einige Zeit ins Landesgericht. An jedem Besuchstag kam Susanne und brachte ihm Blumen. Mein Freund sagte später, diese Stunden seien die schönsten seines Lebens gewesen.
Die dunkle Passage unter der Meidlinger Stadtbahnstation hat seit ihrer Geburt vielen, sehr vielen Menschen zu dieser Illusion verholfen. Sie hält den Mund. Sie erzählt nicht, was sie hörte und sah. Sie nimmt es an Diskretion mit Beichtvätern und Rechtsanwälten auf.
Natürlich ist die Passage eine Notlösung. Nicht einmal eine besonders schöne. Aber was soll man tun? In einer großen Stadt stehen alle jungen Leute immer vor demselben Problem: Sie wissen nicht, wohin sie gehen sollen, um sich liebzuhaben.
Die Parks sind überfüllt, oder es gibt keine Bänke mehr in ihnen. Zu Hause ist zuviel los. In der Schule läutet mitten in einen Treue-

schwur hinein die Pause ab. Und auf der Straße schämt man sich ein wenig vor den anderen.
Wenn ich viel Geld hätte, würde ich ein paar schöne Häuser mit großen Gärten kaufen und sie all denen zur Verfügung stellen, die nur am Samstagnachmittag und am Sonntag Zeit für ihr Privatleben haben. Nur weil ich weiß, wie man sich fühlt, wenn man nicht weiß, wohin man gehen soll, um allein zu sein.
Die Idee ist nicht neu. Sie kam bestimmt all denen, die je in der Meidlinger Passage stehengeblieben sind, um sich für zwei Minuten liebzuhaben. Aber wie es sich trifft, hatten sie alle kein Geld. So wie ich. Mit 23 Schilling und 50 Groschen – meinem gegenwärtigen Barvermögen – kann man kein wunderschönes Haus kaufen. Höchstens ein paar Blumen. Oder eine Flasche Wein.
Deshalb wird es vermutlich bei der Meidlinger Passage bleiben müssen, wenigstens für die nächste Zukunft. Es tut mir leid, meine Freunde. Aber ich bin machtlos. Außerdem läßt sich ja keiner von uns wirklich einen Rat geben.
Ich kenne einen, der fuhr jede Woche nach Meidling, nur um durch die Passage zu gehen. Er wohnte in Ober-St.-Veit. Das ist, wie man zugeben wird, schon sehr nahe beim Lainzer Tiergarten, nicht wahr? Aber der Kerl fuhr den ganzen weiten Weg in der verkehrten Richtung, weil er an dem Durchgang einen Narren gefressen hatte. Er sagte, er beziehe aus der Bescheidung seiner Ansprüche ein erhöhtes Glücksgefühl.
Eine Zeitlang hieß es, der Wiener Verschönerungsverein habe sich entschlossen, ein paar Bänke in den Gang zu stellen. Aber dieses Gerücht hatte ebensowenig reale Hintergründe wie jenes andere, demzufolge die Passage geschlossen werden sollte. Ich glaube, an der Lage in dem Tunnel wird sich noch lange nichts ändern. Die Liebe ist so alt wie die Welt, also wesentlich älter als die Stadtbahnstation Meidling. Sie hat die besten Aussichten, diese zu überdauern.
Was mich selbst betrifft, so habe ich mir fest vorgenommen, meine Kollegen in Zukunft nicht länger zu stören. Ich werde von nun an den anderen Weg zum Bahnsteig 1 benützen. Ich gehe oben herum. Diesen Rat gebe ich allen, die nur nach Meidling kommen, um mit der Stadtbahn zu fahren. Ich weiß, wie angenehm die Verliebten in der kleinen Passage das empfinden würden.
Ich handele selbstlos. Ich brauche den Durchgang nicht mehr. Ich habe eine andere Lösung gefunden.

Sie fragen, wohin ich fahre? Sie wünschen die Adresse zu hören? Es tut mir leid. Ich bin zum Ende meiner Geschichte gekommen, und es bleibt mir kein Platz mehr, es zu sagen.

Keine Garantie für Monika Müller

Für viele Menschen in Deutschland war auch nach der Geburt des ›Wunders‹ das Leben noch verflucht ernst. Geschrieben 1954.

Monika Müller ist acht Jahre alt. Sie wurde in der Tschechoslowakei geboren. Ihre Eltern leben heute in Backnang, Württemberg. Monika Müller lebt heute als Zögling einer Pflegeanstalt in Schweden. Sie hat dort schon in vielen Pflegeanstalten als Zögling gelebt. Sie kann in Zukunft auch noch in vielen anderen Pflegeanstalten leben. Nur eines kann sie nicht: nach Backnang, Württemberg, zu ihren Eltern kommen. Obwohl das zweifellos das Beste wäre. Denn die Eltern lieben Monika. Und Monika liebt die Eltern. Leider aber sind die sonstigen Umstände weniger günstig.
Die Sache nahm 1945 ihren Anfang. Damals mußten die Müllers die Tschechoslowakei verlassen und fanden sich auf der Landstraße. Wie man weiß, fanden sich zu dieser Zeit eine ganze Menge Leute auf der Landstraße. Monika Müller war neun Monate alt. In diesem Alter ist die Landstraße nicht der ideale Aufenthaltsort. Deshalb schickten die Eltern sie mit Hilfe des Roten Kreuzes zu Tante Olga. Tante Olga, Wohnsitz Malmö, nahm das Kind freundlich auf. Sie hatte Monika gerne.
Die Müllers kamen über zahllose Landstraßen bis nach Württemberg und dort bis nach Backnang. Herr Müller war Dentist. Bisher hatte er tschechoslowakische Zähne repariert. Um deutsche Zähne reparieren zu dürfen, mußte er mit Geschick und Geduld um den Besitz einer Reihe von Dokumenten kämpfen, die gar nicht so leicht zu bekommen waren. Aber er kämpfte erfolgreich, und zuletzt bekam er die Dokumente. Mit ihnen bekam er eine kleine Wohnung. Sein Bohrer begann wieder zu summen. Als er ein paar Plomben an den Mann gebracht und ein wenig Geld verdient hatte, empfand er den verständlichen Wunsch nach Wiederver-

einigung mit seiner Tochter. Frau Müller ging es ähnlich. Also schrieben sie an Tante Olga Hübel, Malmö.
Tante Olga, wir sagten es schon, hatte Monika gern. Sehr gern. Sie hatte sich richtig in sie verliebt. Dabei waren ihr allerdings gewisse grundsätzliche Moralbegriffe abhanden gekommen. Und deshalb weigerte sie sich, die kleine Monika herauszugeben.
Nachdem die Eltern sich von dem Schreck darüber erholt hatten, versuchten sie es noch mit Überredung, mit List, mit Drohung. Und als alles nichts half, schrieben sie an den schwedischen König.
Wer nun glaubt, der schwedische König habe versagt, der irrt. Der schwedische König empfand wie die beiden Müllers, daß ein Kind zu den Eltern gehört, und ordnete an, daß Tante Olga Monika zurückzugeben hatte. Er veranlaßte sogar Monikas Rückführung. Er sorgte in rührender Weise für alles, er war ein guter König. Müllers waren ihm dankbar. Es war nicht seine Schuld, daß Tante Olga (weil sie Monika so lieb hatte) heimlich mit nach Deutschland kam und das Kind auf dem Flughafen in Frankfurt raubte.
Nunmehr griffen die Gerichte ein. Die Müllers sahen, daß man der Tante nicht auf normalem Wege beikommen konnte, und beantragten Monikas Unterbringung bei einer befreundeten schwedischen Familie. Dentist Müller hoffte, mit Geduld und Geschick nach und nach einen Paß, ein Visum, Devisen und ähnliche schöne Dinge zu erhalten, selbst nach Schweden fahren und seine Tochter zurückholen zu können. Leider jedoch ging nun, trotz des guten Königs, der schließlich auch noch ein paar andere Sorgen hatte, nicht mehr alles so glatt. Zunächst wurde Herrn Müllers Antrag auf Monikas Unterbringung bei der befreundeten Familie nicht stattgegeben. Die Behörden steckten Monika in ein Heim.
Tante Olga ging mittlerweile zum Gegenangriff über. Sie behauptete, Monikas Mutter könne wegen ›Gemütsschwierigkeiten‹ das Kind nicht pflegen und erziehen. Das schwedische Gericht, das sich mit der Sache zu beschäftigen hatte, war ein ordentliches Gericht. Und als ordentliches Gericht beantragte es die Einvernahme von Zeugen, die in der Lage waren, Angaben über Frau Müllers ›Gemütsschwierigkeiten‹ zu machen. Die Zeugen lebten da und dort in der Bundesrepublik. Die Sache zog sich in die Länge.
Die kleine Monika wanderte mittlerweile von Heim zu Heim. Es waren keine schlechten Heime, durch die sie wanderte, und daher auch keine billigen. Monikas Aufenthalt in ihnen kostete Anfang 1952 bereits dreitausendfünfhundert Schwedenkronen. Es war

nicht genau abzusehen, bis zu welcher Höhe die Summe noch steigen würde. Denn in letzter Zeit waren in Bayern zwei Zeugen vernommen worden, die mit dem, was sie angaben, in krassem Gegensatz zu dem standen, was die anderen Zeugen ausgesagt hatten. Die bayrischen Zeugen belasteten nicht Frau Müller, sondern Frau Hübel, die Tante. Es war nicht mehr so einfach, sich ein deutliches Bild zu machen. Das Gericht war verwirrt.

Nun griff Rechtsanwalt Brixel von der Eßlinger ›Unabhängigen Vereinigung zur Wahrung demokratischer Rechte‹ ein. Brixel hatte von Monika Müller gehört und war wütend. Das war gut. Denn ein wütender Rechtsanwalt nimmt sich kein Blatt vor den Mund. Ohne das Blatt verstanden die Behörden den Rechtsanwalt Brixel besser und schneller. Die Behörden schämten sich ein bißchen und gaben zu, daß es nicht der natürliche Zustand eines kleinen Mädchens sein könne, von Heim zu Heim geschickt zu werden, bloß weil man sich infolge einander widersprechender Zeugenaussagen kein Bild über die geistige Zurechnungsfähigkeit der Mutter zu machen vermochte. Deshalb kamen die Behörden Brixel entgegen und erklärten, Monika dürfe bis zur endgültigen Regelung des Falles bei den Eltern wohnen. Allerdings, und darauf mußten die Behörden bestehen, nur unter der Voraussetzung, daß jemand die bisher entstandenen Gerichts- und Verpflegungskosten garantierte. Dieser Jemand war selbstverständlich Dentist Müller, der Vater. Er stellte eine Bankgarantie. Er garantierte die Summe mit allem, was er besaß. Nachdem er die Bankgarantie beigestellt hatte, war nun noch eine einzige Formalität zu erledigen: Die deutsche Bundesregierung mußte gegenüber Schweden eine Garantie dafür geben, daß die von Müller garantierte Summe bezahlt wurde. Die Regierung war sozusagen Müllers Bürge.

In diesem Stadium der Affäre erklärte das Auswärtige Amt in Bonn auf eine Anfrage der deutschen Gesandtschaft in Schweden den dortigen Rechtsanwälten, daß es ›aus prinzipiellen Gründen‹ keinerlei Garantien für die bisher entstandenen Kosten übernehmen könne. Man muß den Staat verstehen. Wenn er die Garantie für Monika Müller übernahm, dann kam morgen vielleicht Petra Maier, die aus Afrika zurück zu ihren Eltern in Freilassing wollte, oder Heinz Wagner, der aus Frankreich nach Övelgönne zurückzukehren wünschte. Mit einer solchen Garantie war einer Kinderinvasion Tür und Tor geöffnet.

Aus diesem Grunde entschloß sich Bonn, den Antrag prinzipiell abzulehnen. Monika Müller wird weiterhin in Schweden bleiben und von Heim zu Heim wandern, die so entstehenden Kosten werden größer und größer werden, und eine Garantie für sie wird schwerer und schwerer zu erstellen sein. Vielleicht gelingt es dem Dentisten Müller, sich illegal in den Besitz von Devisen zu setzen und diese außer Landes zu schmuggeln. Dann allerdings erhebt sich die Frage, ob die schwedischen Behörden einer solchen ungesetzlichen Transaktion zustimmen und das Lösegeld annehmen werden. Vielleicht aber entschließt sich Dentist Müller auch, seine Zelte in Backnang, Württemberg, abzubrechen und sich – Einreisevisum und Arbeitserlaubnis vorausgesetzt – nach Schweden aufzumachen. Das Herumziehen ist er ja schon gewöhnt. Und Landstraßen kennt er auch schon.

Columbus in der Lobau

Frau Winkler hat dreißig Kaninchen und ein gutes Herz.

Wien 1947.

Am besten fahren Sie mit der Ostbahn. Drei Stationen. Die Fahrkarte kostet zwei Schilling. Wenn Sie nicht in der Nähe des Bahnhofs wohnen, benützen Sie zweckmäßig den Autobus, der alle vierzig Minuten von Kaisermühlen abfährt. Der Autobus ist billiger. Aber man sollte nicht mit Groschen rechnen, wenn man sich entschlossen hat, ins Paradies zu ziehen.
Sie meinen, Paradies sei ein großes Wort? Ich möge gefälligst den Mund nicht so voll nehmen? Und was die ganze Propaganda solle? Liebwerte gnädige Frau, verehrter Herr, betrachten Sie, ich bitte Sie, diese Zeilen nicht als Text zu einem noch ungedruckten Werbeprospekt. Betrachten Sie sie vielmehr als das halblyrische Gestammel eines Menschen, der sich wie Christoph Columbus vorkommt und sich jeden Morgen nach dem Erwachen in die Nase kneift (oder in die Nase kneifen läßt), um festzustellen, ob er nicht etwa doch noch schläft und das, was er um sich sieht und hört und riecht, nicht vielleicht nur in seiner Vorstellung besteht. Im übrigen bleiben Sie bitte zu Hause, lassen Sie sich nicht animieren, gleichfalls auf Entdeckungsreisen zu gehen, hören Sie nicht auf

mich! Sehen Sie davon ab, mich zu besuchen! Sie wissen doch: Die meisten Paradiese gehen an Übervölkerung zugrunde...

Aber davon reden möchte ich doch. Denn vielleicht regt das Gerede Sie an, sich ein eigenes Paradies zu suchen. Es gibt ohne Zweifel noch andere. Dagegen wäre gar nichts einzuwenden. Im Gegenteil!

Ja, also: Sie kommen an. Sie merken sofort, daß Sie angekommen sind, auch wenn Sie den Strom und die Auen und die kleinen mausgrauen Wolken noch gar nicht gesehen haben. Ihre Nase sagt es Ihnen. Denn hier unten riecht alles anders. Es riecht paradiesisch. Oder genauer gesagt: Es riecht nach Teer, Schiffen, Wasser, Algen, heißem Sand, verfaultem Holz und Sonnenblumen. Es riecht so unerhört, daß Sie auf einmal nach der Hand Ihrer Begleiterin tasten und leise seufzen. Während sie nur nickt und sagt: »Ich dich auch!« (Weil sie nämlich sofort verstanden hat, daß Sie sagen wollten: »Ich hab' dich lieb!«) Sie werden zugeben, daß die Luft der Lobau eine ganz außerordentliche Luft sein muß...

Sie gehen vom Bahndamm oder von der Straße fort, quer durch eine Wiese mit gelben, blauen und roten Blumen, durch ein schmales Stück Sand und hinunter in eine langgezogene flache Mulde, die zum Teil mit Wasser gefüllt ist. Um das Wasser herum steht in großen Mengen Schilf. Auf dem Wasser schwimmen Seerosen. Und über das Wasser und seine vielen krummen und dünnen Arme führen Holzknüppelbrücken, die bei jedem Schritt wakkeln und krachen und nachgeben, aber niemals einbrechen (oder doch nur sehr selten).

Nun tun Sie wohl daran, sich kurz in das Schilf zu setzen. Die Sonne scheint durch die Halme, das Wasser gluckst, und von der Donau dringt das langgezogene, sehnsüchtige Tuten eines Dampfers an Ihr Ohr. Sie sehen kleine Fische Drittabschlagen spielen und viele bunte Spinnen seidene Strümpfe stricken. Der Wind spielt mit dem Laub der alten, weißgewaschenen Bäume und erzählt den Buschwindröschen drüben an der Straße Geschichten zum Einschlafen. Auf einem umgestürzten Telegrafenmast, der sich anläßlich des letzten großen Gewitters seiner Verpflichtungen entledigte, erblicken Sie plötzlich ein Kaninchen. Es sitzt hochaufgerichtet auf den Hinterbeinen und hat die Ohren gespitzt. Und es schnuppert mit der Nase. Ein ganz wundervolles Kaninchen. Vielleicht ist es übrigens auch ein Hase. Für einen Städter ist das schwer festzustellen. Aber die meisten Leute, die hier wohnen, züchten Kaninchen, und es wird deshalb wahrscheinlich auch ein solches sein. Ein ausgerissenes Kaninchen. Das ausgerissene Kaninchen sieht Sie unverwandt an. Schon lange. Sie scheinen das Kaninchen zu interessieren. Sie erwidern seinen Blick. Sie sehen in geheimnisvolle grün-grau-braune Augen. Sie sehen in die Augen und – wie Sie sich einreden – in die Seele eines kleinen stummen Tieres. Und dann senken Sie plötzlich den Blick und werden rot und ein wenig traurig. Es ist gar nicht so leicht, einem Kaninchen in die Augen zu sehen.

Kommen Sie weiter! Auf dem Streifen Wiese, der neben dem Wasser liegt, grasen Ziegen. Sie grasen langsam und machen hochmütige Gesichter dazu. Zwischen ihnen sitzt ein Mann. Er hat nur eine Hose und ein Hemd an. Die nackten Beine läßt er ins Wasser hängen. Der Mann gibt auf die Ziegen acht. Vielleicht – wer weiß? – geben auch die Ziegen auf den Mann acht. Auf jeden Fall sind sie sehr rücksichtsvoll zueinander. Alle gehen sie ihren eigenen, hintergründigen und sonderbaren Gedanken nach. Die Ziegen. Und die Menschen. Der Mann, der hier mit einem Zigarettenstummel zwischen den Zähnen sitzt und ins Wasser starrt, sitzt seit drei Stunden hier. Wenn Sie am Abend wieder vorbeikommen, wird er noch immer hier sitzen. Mit seinen Ziegen.

Das ist übrigens eine Erscheinung, der Sie noch oft begegnen werden, ob es sich um kleine Mädchen mit Gänsen, kleine Jungen mit Kühen oder alte Frauen mit Pferden handelt: Sie alle gehen nachdenklich und in sich gekehrt umher, oder sie sitzen träumerisch und abwesend auf einem Stein und betrachten den Himmel, die Blumen, die Wolken und die Tiere. Woran sie denken? Niemand weiß es. Niemand hat den Mut, sich zu erkundigen. Vielleicht denken sie an das Leben. Vielleicht denken sie an den Tod. Vielleicht denken sie an gar nichts.

Es gibt hier keine Hast, keine Eile – der Begriff der Zeit ist unbekannt. Es gibt keine Gitter und nur wenige Zäune. Keinen Stacheldraht. Und wenige Schlösser. Am Eingang einer kleinen Siedlung hängt ein Kasten. In ihn legt der Postbote Briefe und Zeitungen für alle die Leute, die in der Umgebung wohnen. Und jeder holt sich, was ihm gehört. Die Menschen reden langsam und freundlich miteinander. Die meisten duzen sich.

Wenn Sie Glück haben, finden Sie jemanden, der Sie in seinem Haus leben läßt. Wenn Sie sehr viel Glück haben, finden Sie jemanden wie Frau Winkler. Frau Winkler hat dreißig Kaninchen und ein gutes Herz. Weil sie dreißig Kaninchen hat, versteht sie die Sprache der Tiere und weiß, was ihnen fehlt und wonach sie sich sehnen. Weil sie ein gutes Herz hat, fühlen sich nicht nur Tiere, sondern auch Menschen bei ihr wohl. Sie wohnt – wie viele Leute hier – in einem kleinen Haus, das in einem großen Garten steht. In dem kleinen Haus kann man essen, trinken, lachen, lesen, nachdenken und schlafen. Aber *wie* schlafen! So, wie man es in der Stadt niemals könnte. So tief. Und so fest. Und so lange. Wenn Sie nachts munter werden, liegen Sie ganz still und hören den Wind und die kleinen Wellen, die an das Ufer schlagen, und manchmal das Rollen der Züge, die sich pfeifend im Unendlichen verlieren. Und am Morgen gibt es heißen Kaffee und Buttersemmeln.

Irgendwann aber werden Sie zum Strom hinübergehen, der schweigend und majestätisch vorüberfließt, Tag und Nacht, Stunde um Stunde, Jahr für Jahr. Das helle Licht der Sonne wird funkelnd auf ihm liegen, und Sie werden geblendet die Augen schließen. Sie werden tief Atem holen und das Blut an Ihren Schläfen rauschen hören. Die großen Ströme tragen ein Geheimnis. Es gibt Menschen, die beginnen bei ihrem Anblick laut zu singen und zu grölen. Weil sie Angst vor dem großen Wasser haben. Und dann gibt es Menschen, die schweigen und lauschen. Es sind jene, denen das Wasser Trost gibt und Stärke.

Verschwörung der Zündhölzer

Eine Phantasie über den Aufstand der sogenannten toten Dinge.

Wien 1948.

Meine Freundin Evi ist erst sieben Jahre alt und lebt im allgemeinen getreu jenem pädagogischen Merksatz, demzufolge Messer, Gabel, Scher' und Licht sind für kleine Kinder nicht. Sie meint, daß jenes Licht, das als Folge von mäßiger Reibung an den mit Phosphor (oder Phosphor-Ersatz – ich weiß es nicht) beschmierten Enden der sogenannten Haushalts- oder Sicherheitszünder aufflammt, nicht nur nichts für Kinder sei, sondern auch nichts für Erwachsene. Oder nur für Erwachsene mit Schutzbrillen und Asbestanzügen. Sie meint (die Evi), daß sie in ständiger Sorge um das Leben ihrer lieben Mami schwebt, wenn diese des Morgens den Kaffee aufs Gas setzt oder zu Mittag die Kartoffeln oder des Abends die Bandnudeln. Meine Freundin Evi verkriecht sich in dem Augenblick, da die Mami sich anschickt, ein Zündholz anzureißen, unter dem Küchentisch oder hinter dem Speisekasten, steckt die Finger in die Ohren, kneift die Augen zu und reißt den Mund auf, um dem fürchterlichen Getöse der Detonation einiges von seinem Grauen zu nehmen. Der Liebe Gott sucht meine Freundin Evi dreimal täglich heim mit fürchterlichen Plagen. Wenn jemand kommt und Pfeife raucht, auch öfter. Eigentlich ist es natürlich gar nicht der Liebe Gott, sondern die Zündholzindustrie.

Meine Freundin Evi meint, ihre geliebte Mami werde eines Tages in Flammen aufgehen wie das Kind im ›Struwwelpeter‹, um das die schwarzen Katzen weinen mußten: »Miau, mio!« Sie hat schreckliche Angst vor den sogenannten Sicherheitszündhölzern und bittet inständig um ein Feuerzeug, damit ihrer Mami endlich die Qual stündlicher Todesnähe erspart bleiben möge. Man wird begreifen, daß die zu Herzen gehenden Klagen eines kleinen Mädchens nicht ungehört verhallen dürfen. Meine Freundin Evi ist ein kluges Kind. Sie jammert nicht über fehlerhafte Aufschlagzünder bei Brisanzgranaten oder über stets heiß werdende Kühlwassermäntel bei irgendwelchen Maschinengewehrtypen. Sie weiß, daß man nicht gegen den Strom der Zeit und der Feuerwaffen schwimmen kann. Aber gegen die ungesetzliche, neumodische, sozusagen wilde Methode, die Unbekannte ersonnen haben, um uns um die Ecke zu bringen, indem sie uns in einer kleinen Schachtel – zu siebzehn Groschen im Detailhandel erhältlich – den Tod per Nachnahme ins Haus liefern, sollte man protestieren. Meint die Evi.

So billig das Augenlicht zu verlieren oder in Flammen aufzugehen, wäre geschmacklos und kann niemandem zugemutet werden. Es wäre in der Tat lächerlich, auf einem Grabstein lesen zu müssen:

Er starb an einem Zündholz.
Friede seiner Asche!

Und darunter als Reklamenotiz: Verbrenne dich selbst! Jedermann sein eigenes Krematorium... Auf diese unseriöse Weise möchte keiner aus dem Leben scheiden.

Dazu kommt, daß man niemals sagen kann, ob die Sache auch funktionieren wird. Trägt sich einer wegen einer unglücklichen Liebe, eines unbezahlten Wechsels oder wegen der abscheulichen Temperaturschwankungen des letzten Sommers mit dem Gedanken, aus dem Leben zu scheiden, und öffnet er zu diesem Zweck den Mund, um sich von einer vorgehaltenen Reibfläche mit einer kleinen Phosphorkugel ein Loch in den Schlund zu schießen, so kann es gut sein, daß er Pech hat und am Leben bleibt. Denn manchmal benimmt sich so ein infernalisches Hölzchen wider alles Erwarten ruhig und rauchlos. Und glüht, wie es auf der Schachtel heißt, nicht nach.
Manchen hingegen hat schon bei sanftem Streichen der Tod ereilt, der mitten im Leben stand, geliebt und geachtet von Freunden und Frauen, zweitausend Schilling in der rechten Hosentasche und gefüllten Magens. Es ist uns keine Frist gegeben, das wissen wir. Durch die sogenannten Sicherheitszündhölzer – der Name ist böse Ironie – ist uns nicht nur jede Frist, sondern auch jede Chance, auch jene berühmte letzte, genommen.
Der Mutige, heißt es, stirbt nur einmal, der Feigling hundertmal. Wenn sie Zündhölzer verwenden (und das tun die Mutigen ebenso wie die Feigen), dann sind die Chancen annähernd gleich. Sie wenden ein, man stürbe nicht so leicht. Ich erwidere: Gut gegeben! Aber ist ein verätztes Auge, ein ausgebrochener Eckzahn, ein abgeschossenes Ohrläppchen oder eine verbrannte Hose etwa eine Annehmlichkeit? Sind die erwähnten Dinge solcherart, daß man darüber lachen kann, oder muß man – miau, mio! – nicht vielmehr über sie weinen? Oder sich bittere Vorwürfe machen auf Lebenszeit? Denn nicht nur die eigene Person ist gefährdet durch die raketenhafte, explosive, scheußlich gewaltige Natur unserer Zündhölzer, sondern auch jene aller Umstehenden, ob Freund, ob Feind, ob Gaskassier, Stubenmädchen, Geliebte, ob Tramwayschaffner, Oberkellner, Pressechef. Das grausame Zündholz des Jahres 1948 schont weder ehrwürdige Greise noch füllige Matronen, werdende Mütter nicht und nicht das Kind in der Wiege. In einer Zeit ohne Gnade kennt auch das Zündholz keine. Man kann sagen, daß man für siebzehn Groschen eine ungemein preiswerte Menge von Schlechtigkeit, Zerstörungssucht und Heimtücke erwirbt, wenn man eine Schachtel jener Hölzchen kauft, für die der gute Hans Christian Andersen noch so rührende Worte fand. Es hat sich eine große Wandlung begeben in den Herzen der Schwe-

felhölzchen. Sie sind zynisch, mordlustig, mitleidlos geworden und trachten gierig nach der Zerstörung vieler schöner Dinge.
Es gibt keine toten Dinge!
Auch ein Zündholz ist nur das Produkt seiner Umgebung. Sollte man ihm so übel mitgespielt haben?
Was ist geschehen, fragen wir, was ist geschehen?
Ach, daß die Streichhölzer uns ein Zeichen gäben, auf das wir verstünden, was sie bewegt. Ach, daß sie sich entschlössen, Frieden zu schließen mit ihren betrübten Opfern, den Menschen, die sie nur noch zaudernd und schweren Herzens in die Hand nehmen! Eine unendliche Erleichterung erfüllte die Seelen von Hunderttausenden, wenn sie in die Lage kämen zu erkennen, daß es sich bei der neurotischen Beschaffenheit unserer Zündhölzer nur um einen Streik, eine Protestkundgebung, einen Aufschrei stummer Wesen handelt, die leiden aus irgendeinem Grund und die uns ihre Unzufriedenheit auf diese Weise zeigen wollen. Die vielleicht nur einer anderen beklebten Schachtel, eines anderen Ladenpreises bedürften, um seelisch ausgeglichene, zufriedene, glückliche Zündhölzer zu werden.
Denn man bedenke: Wie leicht könnte es sein, daß wir eines Morgens in dieser verwirrten und verfehlten Welt erwachen und uns einer geschlossenen, feindlichen Phalanx, dem mörderischen Heer einer *zweiten Welt* der stummen Dinge gegenüber sähen, die uns Tod und Untergang geschworen hat! Einer Welt, in der Automobile und Eisenbahnen darauf ausgehen, uns zu rädern, in der sich Zahnbürsten in unseren Schlund und Küchenmesser in unser Herz bohren, in der sich Betten mit uns auf den Kopf stellen, in der Badewannen uns ersäufen wie Hunde und Ziegelsteine sich auf uns herabfallen lassen wie grüne Äpfel, in der die Blitzableiter Blitze anziehen und die Regenrinnen gräßliche Unwetter, in der alle Buchstaben des Alphabets und der Setzkästen sich gegen uns verbrüdern, in der die Häuser mit den Brücken Fasching feiern und die Straßen zu Kanälen werden...
Wie leicht könnte dies sein: eine Revolution der ›toten‹ Dinge!
Niemand könnte ihr begegnen – das Chaos wäre gekommen.
Es ist aus diesem Grund von unendlicher Wichtigkeit, alles zu tun, um ein Umsichgreifen oder Populärwerden der Methoden der renitenten Streichhölzer zu verhindern und dafür zu sorgen, daß – wenn schon nicht die ›lebenden‹ – so doch die ›toten‹ Dinge mit uns in Frieden leben. Wir brauchen sie mehr als sie uns. Sie brau-

chen uns überhaupt nicht. Sie waren bereits vorhanden, als es uns noch nicht gab, und sie werden vorhanden sein, wenn von uns keine Spur mehr zu erblicken ist. Ein Aufruhr aller ihrer Vertreter brächte vielleicht als letztes und einziges Mittel einen Zusammenschluß der Menschen aller Nationen zu einer großen Schutzgemeinschaft gegen Nähnadeln, Tabaksbeutel, Wolkenkratzer und Taucherglocken zustande – jedoch, ebenso gewiß, das Ende der Welt. Denn die toten Dinge sind stärker als die lebenden, sie sind beständiger, sie haben mehr Zeit und bessere Nerven. Die toten Dinge werden uns alle überleben.

Deshalb lasset uns freundlich und mildtätig sein – auch gegen die Zündhölzer, denn sie sind ein Teil jenes tollen Karnevals, in den wir alle gestoßen wurden, die wir im All leben, unendlich nichtig und klein. Wir sind nicht länger die Herren der Schöpfung. Es ist eine traurige Geschichte. Miau, mio!

Der Tag des Gerichts

›Das Gesetz in seiner grandiosen Gerechtigkeit verbietet es Armen wie Reichen, unter Brücken zu schlafen, auf Straßen zu betteln und Brot zu stehlen.‹

Wien 1948.

Es war der Tag des Gerichts.

Und siehe, ein Mann trat hin vor den weisen Richter von Bagdad und sprach also: »Herr, ich führe Klage gegen meinen Schneider. Ich bin ein armer Arbeiter. Seit Jahren sehnte ich mich nach einem neuen Anzug. Allein, ihn zu kaufen fehlten mir die Mittel. Da traf ich mit einem Schneider (jenem, gegen den ich nun Klage führe) ein Abkommen. Er versprach, mir einen Anzug zu liefern, und da er einsah, daß ich den Preis, den außerordentlichen, nicht auf einmal bezahlen konnte, ließ er sich herbei, mir Monatsraten zu gewähren. Der Anzug kostete zweitausendvierhundert Drachmen. Ich sollte ihn in zwei Jahren abzahlen.«

»Wohlan denn«, sprach der weise Richter, »und weshalb führest du dann Klage?«

»Weil, o Herr«, erwiderte der Mann, »der Schneider sich nicht an

unsere Abmachung gehalten hat. Ein Jahr lang ging alles gut, ich bezahlte an jedem Monatsersten hundert Drachmen. Doch nun, plötzlich und unvermutet, trat der Unbegreifliche, Rätselhafte vor mich hin, nun, da ich noch zwölfhundert Drachmen zu bezahlen habe, und sagte, Umstände zwängen ihn, die Höhe der Monatsraten von hundert Drachmen auf dreihundert Drachmen zu erhöhen. Die Zeit sei schwer, so sprach er. Jeder müsse selbst sehen, wo er bleibe, und alle anderen täten ähnliches. O Herr, wie haben sie deinen Knecht in den Staub getreten und ihn gleich geachtet dem Dreck und der Asche! Ein Sprung von hundert auf dreihundert Drachmen! Niemals kann ich dergleichen Begehren erfüllen. Und niemals (wiewohl ich ihn notwendig brauchte) hätte ich den Anzug bestellt bei dem Ungetreuen, wenn er mir alsogleich angedeutet hätte, in der Absicht zu leben, nach einem Jahr den Preis zu erhöhen. O Herr, hilf mir und sprich Recht, denn ich weiß nicht mehr aus noch ein!«
Da erhob sich der weise Richter von Bagdad, und also sprach er: »Der Schneider wird verurteilt, seine ungerechte Forderung zurückzunehmen. Der Anzug darf nicht mehr kosten, als anfangs ausgehandelt wurde. Der Kläger hat ihn im Vertrauen auf einen Betrag, der für ihn erschwinglich ist, in Auftrag gegeben. Er hat ein Recht darauf, sein Vertrauen nicht getäuscht zu sehen. Und außerdem hat ein jeder Mensch ein Anrecht auf einen gelegentlichen neuen Anzug. Wir dürfen der Willkür eines Schneiders nicht Vorschub leisten und damit die Rechte der Armen schmälern.«
Also sprach der weise Richter von Bagdad.

Und wieder war es der Tag des Gerichts.
Und siehe, ein anderer Mann trat hin vor den weisen Richter von Bagdad und sprach also:
»Herr, ich führe Klage gegen den Staat. Ich bin ein armer Student und studiere Chemie. Ich bin nicht mehr der Student deiner Jugend, o Herr, denn damals waren Studenten im allgemeinen etwa achtzehn bis zwanzig Jahre alt. Ich, o Herr, mußte noch vier Jahre mithelfen, einen Weltkrieg zu verlieren, und drei weitere Jahre saß ich in Gefangenschaft wie viele meiner Freunde. So daß wir heute im Alter zwischen fünfundzwanzig und siebenundzwanzig Jahren stehen. Dies ist ein bißchen alt für einen Studenten, findest du nicht, o Herr?«
»Sprich weiter, Mann«, erwiderte der weise Richter.

»Wohlan denn«, nahm der Student wieder seine Rede auf. »Ich habe also mit dem Staat (jenem, gegen den ich nun Klage führe) ein Abkommen getroffen vor Jahren. Er versprach, mir eine Ausbildung angedeihen zu lassen, die mich einführte in die Geheimnisse der Chemie. Dafür, das versprach ich, bezahle ich für jedes Semester, das ich am Chemischen Institut der Universität verbracht habe, eine normale Vorlesungsgebühr von hundertfünfzig Drachmen einschließlich der Laboratoriumstaxen und weitere zweihundert Schilling – Verzeihung, ich meine natürlich Drachmen! – für den Chemikalienverbrauch.«
»Wohlan denn«, so sprach der weise Richter, »und weshalb führest du Klage?«
»Weil, o Herr«, so sprach der Student, »der Staat sich nicht mehr an unsere Abmachung hält. Noch im letzten Semester war alles in Ordnung. Doch nun, plötzlich und unvermutet, tritt der Unbegreifliche, der Rätselhafte vor mich hin und teilt mir mit, daß die Inskriptions- und sonstigen Gebühren an der Universität auf das Drei- bis Sechsfache erhöht worden sind. Ich müßte nun für Vorlesungsgebühren mindestens vierhundertfünfzig Drachmen pro Semester bezahlen und für den Chemikalienverbrauch etwa vierhundert Drachmen. Die Zeit ist schwer, so sprach der Staat, die Weltmarktsituation hat diesen Entschluß ebenso erzwungen wie die Lage der Lehrenden, die unterbezahlt sind, und die Lage der Universität, die ein Defizit hat. O Herr, wie haben sie deinen Knecht in den Staub getreten und ihn gleichgeachtet dem Dreck und der Asche. Ein Sprung von dreihundertfünfzig auf achthundertfünfzig Drachmen! Niemals kann ich dergleichen Begehren erfüllen! Und niemals (wiewohl ich denke, daß mir das Recht zusteht) hätte ich eine wissenschaftliche Laufbahn ergriffen und die Absicht gehabt, mit meiner Arbeit dem größeren Ruhm des Vaterlandes zu dienen, wenn der Staat, der Ungetreue, mir sogleich angedeutet hätte, was zu tun er in meinem sechsten Semester die Absicht habe. O Herr, hilf mir und sprich Recht, denn ich weiß nicht mehr aus noch ein!«
Da erhob sich der weise Richter von Bagdad, und also sprach er: »Der Staat hat recht, o Mann, und du hast unrecht. Seine Forderung ist billig, und du mußt bezahlen. Denke an die Hochschulprofessoren, die von tausendfünfhundert Drachmen im Monat leben müssen, und sei nicht eigensüchtig, o Mann.«
»O Herr«, sprach der Student, »die Hochschulprofessoren wer-

den aber nur einen kleinen Teil der erwarteten Gelder zu sehen bekommen und stehen auf unserer Seite.«
»Wohlan denn«, sprach der weise Richter, »dann wird der Mehrbetrag das Defizit der Hochschulen mindern.«
»O Herr«, sprach der Student, »das Defizit ist gewaltig, nicht nur bei den Hochschulen, sondern auch anderswo. Ich finde, daß ein Betrag von zwei bis drei Millionen Drachmen, wie er hier erwartet wird, wirklich keine Rolle mehr spielt. Und wenn er doch eine spielt, dann dürfte er bei den Hochschulen keine spielen.«
»Du redest irre, Mann«, sprach der weise Richter.
»Herr«, rief der Student, »bedenke, die meisten von uns können die Erhöhung doch nicht bezahlen! Es wird überhaupt nicht mehr Geld einkommen! Es wird nur weniger Studenten geben! Die Erhöhung schafft so etwas wie einen *sozialen Numerus clausus*. Wer bezahlen kann, darf studieren, die andern dürfen es nicht! Das Gesetz macht also einen Unterschied zwischen Arm und Reich.«
»Oh«, sagte der weise Richter, »wie töricht du doch sprichst. Höre, was der große Anatole France, ein Dichter des Abendlandes, zu diesem Punkt sagt: ›Das Gesetz in seiner majestätischen Gerechtigkeit verbietet Armen wie Reichen auf Straßen zu betteln, unter Brücken zu schlafen und Brot zu stehlen.‹«
Also sprach der weise Richter von Bagdad. Und es war der Tag des Gerichts.

Märchen 1951

Dieses Märchen von einer jungen, wunderschönen Dame erhielt den Buchmacherpreis von 1951 – nicht.

Wien.

Frau Pfotenhauer läßt sich scheiden.
Herr Pfotenhauer ist sehr verzweifelt darüber, denn er liebt seine Frau. Er weiß nicht, was er tun soll, um sie zu versöhnen. Alle Versuche, die er bisher in dieser Richtung unternommen hat, sind gescheitert. Herr Pfotenhauer ist völlig fertig mit den Nerven. Nicht nur seiner Frau wegen. Auch sonst. Er versteht die Welt nicht mehr. Er hat mir seine Geschichte erzählt, und ich erzähle sie hier

wieder, nicht etwa aus schnöder Lust an einem Skandal oder aus Gründen der persönlichen Bereicherung, sondern vielmehr aus dem lauteren Motiv, Herrn Pfotenhauer wieder zur Selbstachtung zu verhelfen und ihn heimkehren zu lassen in die große und glückliche Gemeinde zufriedener und geliebter Ehemänner.

Zu den Mitgliedern dieser Gemeinde zählte noch vor einer Woche auch Herr Pfotenhauer. Er führte das geregelte Leben eines braven Bürgers, er hatte im Diesseits (als Prokurist eines alteingesessenen Unternehmens) und im Jenseits (als pünktlich zahlendes Mitglied einer Sterbekasse und als guter Christ) für seine Frau und sich selbst ausgesorgt. Solange er lebte, bekam er fünftausend Schilling, und sie fuhr im Sommer an den Ossiacher See. Wenn er starb, bekam sie fünfzigtausend Schilling, und er fuhr, so hoffte er, in den Himmel. Herr Pfotenhauer: ein harmonischer, ausgeglichener Charakter.

Das war genau vor einer Woche.

Frau Pfotenhauers Schwester in Graz erkrankte und telegrafierte, sie bedürfe nächtlicher Betreuung. Frau Pfotenhauer verabschiedete sich von ihrem Mann am Samstagnachmittag mit drei Küssen und allen jenen Ermahnungen, die man in der Einleitung zum ›Struwwelpeter‹ nachlesen kann (Sei hübsch ordentlich und fromm, bis nach Haus ich wiederkomm!). Dann entführte ein Triebwagen sie in die Ferne.

Herr Pfotenhauer winkte ihr nach. Vom Winken wurde er durstig. (Es war ein sehr heißer Tag.) Er trank ein Stehviertel in der Restauration. Einen Grünen Veltliner, der es in sich hatte. Beim nächsten Viertel setzte Herr Pfotenhauer sich. Man verrichtet wichtige Arbeiten nicht im Stehen...

Wer glaubt, es sei an diesem Tage etwas Außerordentliches geschehen, der irrt. Herr Pfotenhauer trank ein bißchen, das war alles. Dann ging er nach Hause, schlief ein und träumte von seiner Frau. Das Außerordentliche geschah erst am nächsten Abend.

Am nächsten Abend fuhr Herr Pfotenhauer nach Grinzing. Allein, nur mit ein paar Zigarren. Er rauchte die paar Zigarren und trank ein paar Viertel dazu. Als er sich auf den Heimweg machte, war es halb zwei.

Der Mond schien hell. Die Grinzinger Allee lag in seinem grünen Licht, und Herr Pfotenhauer schritt nachdenklich und in sich gekehrt fürbaß. Alles war in bester Ordnung. Er dachte an seine

Frau, die gute, und fand, daß Gott es wohl mit ihm meinte und ihn in Döbling wohnen ließ. Denn er hätte es auch böse mit ihm meinen können und ihn in Simmering wohnen lassen können. Solchen erbaulichen Gedanken hing Herr Pfotenhauer nach, als er plötzlich eine weibliche Stimme vernahm. Es war eine zarte und süße Stimme, eine Stimme voll Jugend, Schmelz und Wärme, und sie sagte: »Servus, Liebling!«
Man wird es Herrn Pfotenhauer nicht verdenken, daß er stehenblieb und sich umsah. Wer wäre nicht stehengeblieben? Die Stimme schien hinter einem Baum hervorzukommen, und Herr Pfotenhauer ging um diesen herum. Erfolglos herum. Es stand niemand dahinter. Herr Pfotenhauer schüttelte den Kopf und wollte gerade weitergehen, als die Stimme wieder sagte: »Servus, Liebling!«
Diesmal sagte sie es wärmer und drängender. Herr Pfotenhauer suchte wie besessen. Woher kam die Stimme? Woher?
Bei seinem besessenen Suchen blieb er plötzlich wie angewurzelt stehen. Vor ihm, im Gras neben einem Baum, saß ein kleiner grüner Frosch und sah ihn an. Der Frosch nickte Herrn Pfotenhauer freundlich zu und sagte mit der diesem nun schon bekannten süßen Mädchenstimme: »Ja, du hast recht gehört, ich habe dich angesprochen!«
Herr Pfotenhauer überschlug im Geist die Zahl seiner Viertel, dann sagte er energisch: »Frösche können nicht sprechen! Erzähl mir nichts!«
»Ich bin auch kein Frosch«, sprach die süße Mädchenstimme. »Ich bin eine wunderschöne, reiche Prinzessin, die ein böser Zauberer verhext hat.«
»Wie alt?« fragte Herr Pfotenhauer ebenso staunend wie wißbegierig.
»Einundzwanzig«, erwiderte der Frosch, der keiner war, und legte den Kopf schief. »Blond, blauäugig«, fügte er ungefragt hinzu.
»Was kann ich dagegen tun?« fragte Herr Pfotenhauer schwankend.
»Du könntest mich erlösen, Liebling«, sagte die Prinzessin.
»Wie das?«
»Indem du mich nach Hause nimmst und eine Nacht in deinem Bett schlafen läßt. Dann werde ich am Morgen erlöst sein und in meiner ganzen Schönheit vor dir stehen, dir angehören und dich lieben bis an der Welt Ende!«

Herr Pfotenhauer holte Atem. Seine Augen füllten sich mit Tränen. Er wurde sentimental. Das arme Tierchen, dachte er. Mein Gott, mein Gott, das arme Tierchen...
»Also gut«, sagte er schnell und steckte die Prinzessin in die Tasche. »Wenn ich dir damit einen Gefallen tue! Was kann schon passieren?«
»Danke, Liebling«, sagte die Prinzessin leise.

Frau Pfotenhauers Schwester wurde ganz schnell gesund, also traf Frau Pfotenhauer selbst schon am Montagmorgen wieder in Wien ein. Ihr Mann lag noch im Bett, als sie ankam. Er erzählte ihr wahrheitsgetreu alles, was sich ereignet hatte. Er beschönigte nichts, und er verschwieg nichts.
Er versuchte nicht, sich zu rechtfertigen.
Er sagte die Wahrheit, die reine Wahrheit.
Aber Frau Pfotenhauer hat ihm nicht geglaubt.
Sie läßt sich scheiden.

Knapp am Tod vorbei

Kinder, Kinder, Sachen gibt's! Diese hier erzählte mir eine verzweifelte Dame 1947 in Wien.

Wenn Sie in der Zeitung Filmkritiken lesen, gibt's immer zwei Möglichkeiten: Entweder Sie haben den Film, der kritisiert wird, schon gesehen und teilen das Urteil des Kritikers – dann finden Sie, daß er ein intelligenter, kultivierter und schöngeistiger Mensch ist. Oder Sie haben den Film schon gesehen und teilen das Urteil des Kritikers nicht – dann finden Sie, daß er kein intelligenter, kein kultivierter und kein schöngeistiger Mensch ist. Die dritte Möglichkeit, daß Sie nämlich die Kritik lesen, ohne den Film gesehen zu haben, können wir praktisch vernachlässigen. Das tut kein Mensch. Höchstens die Angehörigen des Kritikers. (Sprechen wir es aus: Kritiker überschätzen die pädagogische Tiefenwirkung ihrer Arbeit. Wenn sie es auch nicht gerne haben, darauf aufmerksam gemacht zu werden.)
Undank ist der Welt Lohn. Wissen Sie, daß ein Wiener Zeitungs-

mann in Erfüllung seiner beschworenen Pflicht, über Filme, die er sieht, die Wahrheit, die ganze Wahrheit und nichts als die Wahrheit zu schreiben, am Dienstag fast das Leben eingebüßt hätte? Sie wissen es nicht. Lassen Sie es mich erzählen.

Zunächst müssen wir ihm einen Namen geben. Sagen wir Toni. Er heißt nicht Toni. Natürlich heißt er nicht Toni. Aber was ist schon ein Name, solange er nur falsch ist?

Also: Toni ist ein überarbeiteter, ernster Mann. Er lacht selten. Manchmal schmunzelt er. Am Dienstag schmunzelte er nicht. Um 14 Uhr mußte er zur Kritikerpremiere zweier neuer Filme. Als er sich in den Vorführungsraum des ersten Films setzte und das Licht erlosch, war er weit davon entfernt, zu schmunzeln beziehungsweise zu lachen. Er dachte an die zweite Premiere, in die er noch zu gehen hatte, an Telefonrechnungen, Steuerbescheide, den hübschen Zustand der Mariahilferstraße – an lauter Dinge, über die man kaum schmunzeln beziehungsweise lachen kann. Er war ganz friedlich, der Toni. Und ein bißchen schläfrig.

Das änderte sich schnell. Der Film, den er sah, ließ ihn munter werden. Tonis Frau sagte später, es müsse ein ganz unglaublich komischer Film gewesen sein, denn sie kennt ihren Mann, und sie weiß (was auch wir nun schon wissen), daß er sehr selten lacht und nur manchmal schmunzelt.

An diesem Dienstagnachmittag brach Toni, wie es scheint, mit jahrelangen Gewohnheiten. Zuerst schmunzelte er über das, was er sah. Dann lachte er. Dann begann er zu röhren. Und schließlich übertönte er den Dialog und die Untermalungsmusik. Nicht, daß das etwas machte: Der Film war untertitelt. Aber Toni ist ein feinfühliger Mensch. Er hatte das Gefühl, genug gelacht und geröhrt zu haben. Die Konkurrenz sah schon herüber. Er beschloß, mit dem Lachen und Röhren aufzuhören.

Dabei machte er eine unangenehme Feststellung: Er konnte nicht aufhören. Das klingt übertrieben, wenn man es aufschreibt, aber der Toni schwört, daß es die reine Wahrheit ist. Er lachte und lachte und lachte, und sosehr er auch bremste und druckste, die Luft anhielt und die Augen schloß – die Lacherei nahm kein Ende. Sie machte sich sozusagen selbständig. Sie lachte allein. Auf eigene Rechnung. Ohne den Wirt. Man wird verstehen, daß Toni nervös wurde. Er neigte sich vor, dachte an ernste und würdige Dinge, holte tief Atem und konzentrierte sich. Einzige Wirkung: Er bekam zusätzlich einen Schluckauf.

Jetzt wurde es der Umgebung ein bißchen zuviel, und Stimmen erhoben sich, die ihn zur Ordnung mahnten. Toni, feinfühlig, wie er ist, erhob sich betreten mit rotem Kopf und verließ die Vorführung. Du wirst dich, sagte er zu sich, fünf Minuten draußen im Vorraum hinsetzen, dann geht es vorüber.

Draußen, im Vorraum, setzte er sich fünf Minuten hin. Aber es ging nicht vorüber. Im Gegenteil. Jetzt fing es erst richtig an. Er lachte, daß die Wände wackelten. Zwischen den Lachern belästigte ihn der Schluckauf. Die Situation war jetzt noch viel unangenehmer geworden. Drinnen, in der Vorführung, wußten die Menschen um ihn wenigstens noch, *warum* er lachte – wenn es ihnen auch auf die Nerven ging. Hier, in dem kahlen Vorraum, wußte es niemand. Und alle, die vorbeikamen, sahen Toni ganz sonderbar an. So als ob, wissen Sie…

Das ist ja zu blöd, sagte sich Toni. Ich muß an die frische Luft. An der frischen Luft wurde es noch ärger. Um 16 Uhr marschierte Toni durch die Stadt und lachte. Das Lachen tat ihm nun schon richtig weh, und er war ehrlich verzweifelt. Tränen rannen ihm über die Wangen, und er machte ein todtrauriges Gesicht. Dazu lachte er. Er konnte schon kaum mehr gerade gehen. Er nahm ein Taxi, um nach Hause zu kommen, aber der Chauffeur hatte Angst und verweigerte den Transport. Toni ging lachend in ein Lokal und verlangte Kaffee. Aber das Fräulein an der Theke verbat sich seine Frechheit, und man wies ihn hinaus. Am Ring angekommen, fühlte Toni, während er weiterlachte, wie ihn eine große Übelkeit ankam. Der Schweiß trat ihm auf die Stirn, er wankte, eine dicke Dame fing ihn auf – dann wurde er ohnmächtig.

Als er wieder zu sich kam, lag er auf einer Bank, und ein paar Neugierige standen um ihn herum. Toni holte Atem, richtete sich mühsam auf. Danke sagen konnte er nicht mehr. Denn er mußte schon wieder lachen.

Er wäre gern nach Hause gegangen, denn ihm war sehr übel, aber er mußte doch noch in die zweite Premiere! Er nahm sich zusammen, hielt die Luft an und konzentrierte sich nach Kräften. Tatsächlich ließ das Lachen sich unterdrücken. Der Schluckauf allerdings nicht. Aber das war eine Kleinigkeit. Er fühlte sich – hick –, fühlte sich – hick –, fühlte sich wie im siebenten – hick – Himmel.

Der zweite Film war ernst und feierlich. Alle Menschen machten ernste und feierliche Gesichter. An der erstesten und feierlichsten Stelle passierte es dann. Aus der einundzwanzigsten Reihe stieg ein

hoher Quietschton auf. Alle drehten sich erschrocken um. Der Quietschton ging über in ein haltloses Gelächter. Toni hatte sich an den ersten Film erinnert. Aber das wußte niemand.
Die Menschen dachten, er lache über den zweiten. Sie wurden sehr böse. Und man warf Toni hinaus. (Die Konkurrenz hatte gehetzt.)
Auf der Straße setzte sich Toni auf eine Bank und weinte bitterlich, soweit das Lachen ihm dazu Zeit und Platz ließ. Sie brachten ihn in einem Rettungsauto nach Hause und gaben ihm eine Spritze. Er schlief zwölf Stunden. Acht Stunden davon lachte er im Schlaf. Dann war der Krampf vorüber, und er fühlte sich nur maßlos müde und erschöpft.
Seine Frau erzählte mir am nächsten Tag die Geschichte, und ich besuchte ihn und fragte höflich, ob ich wohl etwas darüber schreiben dürfte. Er sagte, er gebe mir die Erlaubnis dazu. Aber hatte ich denn überhaupt den Film gesehen? »Nein«, sagte ich. »Passen Sie auf«, sagte er, »angefangen hat die Sache bei der Szene auf dem Hühnerhof. Da kommt dieser Dingsda, und er sagt zu der Bäuerin...«
In diesem Augenblick geschah etwas Entsetzliches. Toni konnte nicht weiterreden. Er erinnerte sich. Und er begann wieder zu lachen, daß das Bett krachte.
Ich verließ erschüttert die Wohnung. Das war am Mittwoch. Ich wage nicht mehr, Toni anzurufen.

Klein-Shirleys Schwanengesang

Diese Geschichte, die ich 1946 in Wien schrieb, wurde dreißig Jahre später zur Ausgangssituation meines Romans ›Hurra – wir leben noch‹.

»Manchmal, wenn ich die Menschen betrachte«, sagte das weiße Kaninchen, »vermag ich mir fast vorzustellen, daß sie so sprechen können wie wir.«
(Aus Lewis Carrol: ›Alice im Wunderland‹)

Ich heiße Shirley.
Ich bin jetzt genau achtzehn Stunden alt.
Und ich kann nichts dafür.

Ich bin nicht allein mit meinem Unglück. Es gibt noch 70000 andere, denen es genauso geht. Exakt gesagt 69999. Wir sind die erste Rate einer Sendung von 240000 Kücken, die im Rahmen der Hilfsaktion für österreichische Hühnerzüchter den Ozean überfliegen sollen. Wir stammen alle aus Connecticut. Oh, wären wir doch dort geblieben!
Wir sind es nicht. Wir befinden uns im Augenblick im Laderaum einer viermotorigen ›Skymaster‹-Maschine, hoch über dem wilden Ozean. Und die Zeit vergeht. Bald wird es zu spät für uns sein. Bald werden wir Hungers sterben, alle 70000. O Gott, o Gott, ist das alles traurig!
Dabei liegt unsere ganze Schuld (wenn man überhaupt von einer solchen sprechen kann) in dem Umstand, daß wir vier Stunden zu spät aus dem Ei beziehungsweise aus 70000 Eiern gekrochen sind. Diese Unpünktlichkeit kann uns jetzt das Leben kosten. Ich sage ›kann‹, denn zur Zeit, da ich all dies herausjammere (und auch zur Zeit, da es mitstenografiert wird), ist unser Schicksal noch völlig ungewiß.
Erlauben Sie, daß ich Sie kurz informiere: Wir Kücken sind ein starkes Geschlecht von Fressern, aber wir haben unsere Eigenheiten. Zunächst darf man uns erst *nach* dem Ausschlüpfen transportieren. Dann darf man uns aber nicht füttern. Allerdings müssen wir 48 Stunden nach der Geburt dort eingetroffen sein, wo wir unser Leben verbringen sollen. Und dort wieder *muß* man uns füttern. Sonst gehen wir zugrunde. Sie sehen, es ist alles nicht so einfach.
Doch der Mensch, im Siegeslauf seiner vollendeten Technik, hat es geschafft. Er baute riesige Brutschränke, in denen unser 70000 zugleich das zweifelhafte Licht dieser zweifelhaften Welt erblicken können. Er baute Flugzeuge, die den Ozean überqueren in wenigen Stunden, und Autos, die uns vom Flughafen weg weitertransportieren. Das alles tat er, der Mensch, der große, der wunderbare.
Und dann, weil jemand den Regler des Brutofens nicht richtig eingestellt hat, will es der Teufel, und wir kriechen vier Stunden später aus als vorgesehen. Sofort bricht die Hölle los; die ›Skymaster‹ muß warten. Sie tut es. Man telefoniert über den Ozean, mit der Landwirtschaftskammer in Wien. (Denn auch dieses Wunder ist noch möglich). Aber dann folgt Schlag auf Schlag. Wegen unserer verspäteten Geburt wird die ›Skymaster‹ erst nach Einbruch der

Dunkelheit über Österreich sein. Eine Bestimmung im Kontrollabkommen der Alliierten legt jedoch fest, daß der Flughafen Tulln (unser Bestimmungsort) nachts durch den niederösterreichischen Flugkorridor nicht angeflogen werden darf. Also müssen wir auf dem amerikanischen Militärflugplatz Linz-Hörsching landen. Tja, aber die Landwirtschaftskammer hat die Autos, jene wunderbaren Maschinen, die das Genie des Menschen schuf, nach Tulln dirigiert, um uns abzuholen! Na schön, wird man sie eben nach Linz-Hörsching dirigieren. Nach Linz-Hörsching? Aber das ist doch ein Militärflugplatz! Und zum Betreten desselben sind Spezialausweise notwendig. Die werden gelegentlich ausgestellt. Wenn man Glück hat. Und vor allem Zeit. Aber wir haben keine Zeit. Wenn wir in 48 Stunden nicht auf niederösterreichischen Bauernhöfen sind, kann man uns gleich mitsamt der Verpackung auf den Müll werfen.
Und glauben Sie nur nicht, daß das der Schwierigkeiten alle sind. In Österreich herrscht Maul- und Klauenseuche. Deshalb ist der Kückentransport auf Bahn und Post beschränkt. Nur in besonderen Fällen gibt der Landeshauptmann die Erlaubnis für den Transport per Auto. Für den Fall der Landung in Tulln hat er sie gegeben. Samt der genauen Reiseroute. Aber wir werden in Tulln nicht landen! Wegen des alliierten Kontrollabkommens. Und für Linz-Hörsching hat der Landeshauptmann keine Sondererlaubnis gegeben, uns zu transportieren. Er kann es auch gar nicht. Denn das ist eine andere Zone. Und dort herrscht ein anderer Hauptmann...
Ich sitze in meiner ›Skymaster‹ und bekomme allmählich Hunger. Ich denke über den Menschen nach, der sich unseretwegen in solchen Schwierigkeiten, in einem solchen Labyrinth befindet. Und es scheint mir, als müßte ich meine Definition von vorhin korrigieren: Der Mensch ist nicht groß, wunderbar und genial. Er ist arm, hilflos, klein und rettungslos verstrickt in die vielen entsetzlichen Vorschriften, die uns das Leben unmöglich und das Sterben zu keiner Wochenend-Erholung machen werden.
Der Mensch dieser Tage kann die Erde umkreisen, auf weiteste Entfernungen den Tod versenden, das Gewicht der Sterne bestimmen, aus den Eingeweiden der Erde Öl emporpumpen, einen Hund dressieren, daß er Pfeife raucht, und einen Löwen, daß er Ball spielt. Aber zeige ihm fünf Brotlaibe und zwei Fische, die zu verkaufen sind, und fünf hungrige Erwachsene und zwei kleine

Kinder ohne Geld oder 70000 unglückliche Kücken und einen alliierten Flugkorridor bei Nacht – und er bestellt Konferenzen, beruft Komitees und Unterkomitees, veranstaltet Wahlen und schreit wehklagend: Oh, welche Krise schlägt uns in Fesseln! Nichts als unnützes Zeug tut er, und dann zieht er sich zurück und läßt die fünf Erwachsenen und die zwei kleinen Kinder weiterhungern und die Kücken sterben, dieweilen die fünf Laibe Brot und die beiden Fische sowie die Oberhoheit des niederösterreichischen Flugkorridors unberührt bleiben.
Ich weiß noch nicht, ob ich und meine 69999 Freunde diesmal mit dem Leben, in das wir vier Stunden zu spät getreten sind, davonkommen werden. Ich weiß nicht einmal mehr, ob ich es wünsche. Vor meinen Augen ersteht ein anderes, ein viel größeres Flugzeug, das eine andere, viel größere Passagierfracht mit sich führt. Die Passagiere sind nicht Kücken. Und es sind nicht nur 70000. Das Flugzeug ist groß wie die Welt. Der Flughafen heißt Frieden. Ob die Alliierten es landen lassen werden?

Legende 1956

Und immer, immer wieder die Hoffnung auf das Gute im Menschen. Geschrieben in Wien 1956, im Jahr der Suez- und der Ungarn-Krise.

Sie gingen zu dritt.
Dicht nebeneinander stapften sie durch den Schnee, die Pelzkragen der schweren Lederjacken hochgeschlagen, die Maschinenpistolen auf dem Rücken. Früher hatte man sie allein oder zu zweit ausgeschickt, aber seit dem Aufstand drüben herrschte an der ganzen Grenze Alarmbereitschaft, und alle Streifen waren verstärkt.
Es dämmerte. Schwarz und tief segelten die Wolken über dem verschneiten Land dahin. Starker Ostwind wehte. Auf dem nahen See lagerten violette Eisnebel. Die drei Männer gingen quer über die Felder nach Norden. Rechts von ihnen verlief die Grenze, irgendwo im Dunkel. Von Zeit zu Zeit hörten sie einzelne Gewehrschüsse.
Jedesmal, wenn sie die Schüsse hörten, vermieden es die drei Män-

ner, einander anzusehen. Zwei waren älter und Unteroffiziere, der Jüngste war ein Gefreiter.
»Flüchten wieder ein paar«, sagte der erste Unteroffizier.
»Wenigstens heute abend könnte Ruhe sein«, sagte der Gefreite, während er über einen zugefrorenen Wassergraben sprang.
»Warum ausgerechnet heute abend?« brummte der erste Unteroffizier, der ein Funksprechgerät trug. »Kannst du mir das sagen?«
»Weil heute doch der Vierundzwanzigste ist«, antwortete der Jüngste bedrückt.
»Na und?« Der erste Unteroffizier spuckte in den Schnee. Er war ein großer, schwerer Mann mit grauen Schläfen. »Was stellst du dir vor? Sollen die armen Luder da drüben vielleicht Weihnachtslieder singen und sich Pfefferkuchen schenken?«
»Scheiße«, sagte der zweite Unteroffizier, der kleiner und dick war und einen herabhängenden Schnurrbart trug. Er fügte hinzu: »Sie hätten es am besten abgesagt, das Fest. ›Friede den Menschen auf Erden!‹ Daß ich nicht lache.«
Nun war es ganz dunkel geworden. Die Männer wanderten durch einen schmalen Waldstreifen. Drüben knatterten plötzlich wieder Schüsse auf.
Die beiden Unteroffiziere kannten die Gegend wie ihre Tasche. Der Gefreite machte zum erstenmal hier Dienst. Er war seit drei Tagen bei dieser Einheit. Die Unteroffiziere zeigten ihm die einzelnen Merkpunkte in ihrem Grenzabschnitt: die Bäume, Kilometersteine und Telegrafenmasten, die er anvisieren mußte, wenn er in Zukunft Streife ging. Der Gefreite paßte genau auf. Er war höflich und still und hatte nachdenkliche, graue Augen. Am Ende des Waldstreifens stand ein alter Ziehbrunnen.
»Von hier rufen wir immer das Stationskommando«, erklärte der erste Unteroffizier. Er blieb stehen, setzte das Funksprechgerät nieder und zog die Antenne heraus. Dann nahm er den Hörer ans Ohr. »Hier Sonnenblume drei. Rufe Stationskommando. Bitte melden!« Seine beiden Kameraden traten von einem Bein aufs andere, um sich warm zu halten, während der erste Unteroffizier mit dem Stationskommando sprach.

Es hatte zu schneien begonnen, dünn und stetig. Irgendwo bellte ein Hund. Dann heulte verloren eine Zugsirene. Und dann kam wieder der Lärm der Schüsse von drüben.

Der erste Unteroffizier schob die Antenne des Funkgeräts zurück und hob den ledergeschützten kleinen Kasten auf. »Alles in Ordnung«, sagte er.
»Gibt's was Neues?« fragte der stille Gefreite.
»Es sind wirklich noch welche rübergekommen«, sagte der erste Unteroffizier. »Sechs Männer und fünf Frauen in den letzten drei Stunden.«
»Fröhliche Weihnachten«, sagte der Gefreite.
»Kommen sicher noch mehr«, sagte der zweite Unteroffizier. »Die anderen passen heute vielleicht nicht so auf. Oder die, die herüber wollen, denken, daß die andern nicht so aufpassen.«
»Dann denken sie aber falsch«, sagte der erste Unteroffizier und spuckte wieder in den Schnee.
»Und was meldet das Radio?« fragte der zweite Unteroffizier. »Es gibt doch ein Radio beim Kommando.«
»Sie verhandeln. Sie verhandeln überall. In der ganzen Welt verhandeln sie, meldet das Radio. Die Aussichten sind nicht ungünstig.«
»Meldet das Radio«, sagte der zweite Unteroffizier und gähnte laut.
Auf der anderen Seite der Grenze bellte plötzlich eine Maschinenpistole in schneller Schußfolge.
»Verdammter Mist«, schimpfte der zweite Unteroffizier.
»Paß auf«, sagte der erste Unteroffizier zu dem Gefreiten. »Der nächste Merkpunkt ist das Licht da drüben.« Er wies mit der Hand. In einer Entfernung von etwa zwei Kilometern leuchtete ein Licht durch die Dunkelheit.
»Sieht aus wie ein Stern«, sagte der Gefreite langsam. »Was ist das? Eine Lampe?«
»Ja.«
»Muß aber hoch hängen.«
»In einem Baum. Neben einem Heuschober.«
»Was ist das für ein Heuschober?«
»Die Bauern haben ihn gebaut. Für die Tiere im Winter. Die kommen an die Krippen und fressen, wenn draußen der Schnee zu hoch liegt. Wir haben eine Leitung gelegt bis zu dem Schober. Ich finde, es ist eine gute Lampe.«
»Ich hab' sie auch gerne«, sagte der zweite Unteroffizier.
»Sieht aus wie ein Stern«, sagte der Gefreite noch einmal. Dann stapften sie weiter auf das kleine Licht zu. Nach zehn Minuten

sagte der Gefreite plötzlich: »Kann sich einer von euch erinnern, wie das war, in der Weihnachtserzählung?«
»In was für einer Weihnachtserzählung?« fragte der erste Unteroffizier.
»Na, die in der Bibel«, sagte der Gefreite.
»Keine Ahnung mehr«, sagte der erste Unteroffizier. Der zweite Unteroffizier mahnte väterlich den Jüngsten: »Paß auf, deine Knarre rutscht dir gleich in den Dreck.«
»Ich mußte nur gerade daran denken«, sagte der Gefreite, während er seine Maschinenpistole zurechtschob, »weil das Licht da drüben wie ein Stern aussieht.«
»War eine hübsche Geschichte«, sagte der zweite Unteroffizier. »Ich habe sie gern gelesen, als Kind. Mit den Engeln vom Himmel und den Hirten auf dem Felde und den Heiligen Drei Königen aus dem Mohrenlande.«
»Aus dem Morgenlande«, sagte der erste Unteroffizier.
»Was?«
»Nicht aus dem Mohrenlande, aus dem Morgenlande.«
»Ja, natürlich. Es ist schon so lange her. Ich bringe alles durcheinander.«
»Nur einer von den Heiligen Drei Königen war ein Mohr«, sagte der junge Gefreite. »Oder?«
»Kann mich nicht mehr erinnern«, sagte der erste Unteroffizier. »Ich weiß nur noch, daß es drei waren. Drei waren es auf alle Fälle.«

Der Heuschober lag dunkel und verlassen da, als sie ankamen. Das stille Licht der Lampe im Baum fiel auf seinen geöffneten Eingang.
»Kommt hinein«, sagte der erste Unteroffizier. »Das ist jetzt der halbe Weg. Hier rauchen wir immer eine Zigarette.«
Sie setzten sich auf das Stroh, das vor den gefüllten Krippen lag. Von draußen drang ein schwacher Lichtschein in den Schober. Die Männer sahen den silbernen Schnee, der zur Erde sank. Und sie hörten das Knallen auf der anderen Seite der Grenze. Sie rauchten schweigend. Die Glutringe ihrer Zigaretten leuchteten manchmal auf.
»Es riecht nach Tieren«, sagte der zweite Unteroffizier. »Es müssen vor kurzem noch Tiere hier gewesen sein. Vielleicht haben wir sie verscheucht.«

»Was für Tiere?« fragte der Gefreite, der neu in der Gegend war.
»Es gibt eine Menge Rehe hier. Und Hirsche.«
»Was waren das für Tiere in der Weihnachtsgeschichte?« fragte der erste Unteroffizier plötzlich. »Könnt ihr euch erinnern?«
»Esel und Kuh«, sagte der zweite Unteroffizier.
»Esel und Ochse«, korrigierte der Gefreite. »An den Ochsen kann ich mich genau erinnern.«
»Ich glaube, du irrst dich«, sagte der zweite Unteroffizier.
»Es waren Esel, Ochse und Kuh«, sagte der erste Unteroffizier.
»Glaube ich nicht.«
»Wollen wir beim Kommando anrufen?«
»Du bist wohl verrückt«, sagte der zweite Unteroffizier.
Dann schwiegen sie und lauschten auf das harte Stakkato der Schüsse und sahen in den silbernen Schneefall hinaus.
»Das Baby lag in einer Krippe«, sagte der Gefreite zuletzt.
»Ja, das ist richtig«, sagte der erste Unteroffizier. »Und die Eltern saßen daneben und froren sehr. Da gab es auch ein Lied. ›Ach Josef, lieber Josef mein‹, und so weiter.«
»Weil die Maria die Finger nicht mehr biegen konnte vor Kälte«, sagte der Gefreite. »Ich erinnere mich: ›Wie soll ich denn nur mein Kindchen wiegen, ich kann ja kaum selber die Finger biegen...‹«
Der erste Unteroffizier fuhr plötzlich herum: »Da ist jemand!«
Sie sprangen alle drei auf. Die Maschinenpistolen flogen von den Schultern. Der erste Unteroffizier ließ seine Taschenlampe aufflammen. Ihr Lichtkegel glitt blitzschnell durch den Schober, über die Wände, über die Krippen. Der Kegel hielt auf einem zerlumptem Jungen, der in der letzten Krippe lag. Er war etwa acht Jahre alt, schmutzig, mager und blaß. Er mußte geschlafen haben. Jetzt war er erwacht. Mit Augen, in denen Entsetzen saß, starrte er in die Taschenlampe. Dazu hob er die kleinen Hände über den Kopf. Er zitterte am ganzen Körper.
Die drei Männer ließen ihre Maschinenpistolen sinken und kamen näher.
»Ich gut«, sagte der Junge und reckte die Hände noch höher.
»Verstehn? Ich gut. Nix böse. Verstehn?«
»Ja, mein Junge«, sagte der erste Unteroffizier. »Nimm die Hände runter, wir tun dir nichts.«
»Nicht verstehn«, sagte der Junge. Als der erste Unteroffizier ihm über das Haar streichen wollte, zuckte er zurück. Aber er nahm die Hände herunter.

»Wo kommst du her?« fragte der erste Unteroffizier.
Der Junge schwieg.
»Sprichst du Deutsch?«
»Sehr schlecht.«
»Also, wo kommst du her? Von drüben?«
Der Junge nickte. Jetzt zitterte er wieder. Er hatte stoppeliges braunes Haar und große braune Augen. Sein Gebiß war unregelmäßig.
»Du bist geflüchtet, ja?«
Der Junge nickte.
»Allein?«
Der Junge schüttelte den Kopf.
»Mit den Eltern?«
Der Junge nickte.
»Heute nachmittag?«
»Ja, bitte.«
»Hör auf zu zittern«, sagte der zweite Unteroffizier. »Wir tun dir nichts, wir sind Freunde. Hier, schau!« Er zog ein Stück Schokolade aus der Tasche und reichte es dem Jungen. »Du hast doch sicher gern Schokolade? Alle Jungen haben gern Schokolade. Na, nimm schon!«
»Danke«, sagte der Junge. Er biß in die Rippe und begann zu kauen.
»Wo sind deine Eltern?« fragte der Gefreite leise.
»Ich weiß nicht.«
»Hast du sie verloren?«
»Ja.«
»Drüben?«
»Ja, bitte.«
»Wie kam das?«
»Vater und Mutter gehen mit mir. Verstehn?«
»Wir verstehen.«
»Auf einmal bumbum. Verstehn? Vater sagen: Lauf! Ich laufen.«
»Und deine Eltern hast du nicht wiedergesehen?«
»Nein, bitte. Ich sehr müde. Ich hier schlafen. Ich gut, bitte. Ich nicht böse.«
Die drei Männer der Streife sahen einander an. Weit entfernt begannen Kirchenglocken zu läuten.
»O verflucht«, sagte der zweite Unteroffizier.
Der erste Unteroffizier nahm das Funksprechgerät, ging ins Freie

und sprach mit dem Stationskommando. Er bat um Weisungen. Dann kam er zurück. Zu dem kleinen Jungen sagte er: »Komm, steh auf. Du gehst mit.«

»Wohin, bitte?«

»Na, eben mit uns.«

»Ja, aber wo ist das?«

»Herrgott, auf unsere Station. Du kannst doch nicht hierbleiben.«

»Ich möchte zu meinen Eltern.«

»Klar möchtest du zu deinen Eltern! Wir werden deine Eltern schon finden! Aber dazu mußt du mit uns kommen. Sonst finden wir deine Eltern nicht, verstehst du das?«

»Ja, bitte.«

»Dann komm jetzt!« Der kleine Junge kletterte aus dem Heu und steckte den Rest der Schokoladenrippe in den Mund. Der erste Unteroffizier nahm ihn an der Hand. In der Ferne läuteten noch immer die Glocken. Sie läuteten an diesem Abend besonders lange.

»Das schon Weihnachtsglocken?« fragte der kleine, schmutzige Junge, während er an der Seite des ersten Unteroffiziers in den Schnee und die Dunkelheit hineinstapfte.

»Ja«, sagte der erste Unteroffizier. »Das sind schon die Weihnachtsglocken.«

»Ich wünsche Ihnen frohes Fest«, sagte der kleine Junge.

»Danke«, sagten die drei Männer. Der Gefreite fragte: »Wie heißt du eigentlich?«

Der Junge nannte seinen Namen.

»Und wie heißen deine Eltern?«

Wieder antwortete der Junge.

»Und wie heißen sie mit Vornamen?

»Vater heißen Josef«, sagte der Junge. »Mutter heißen Maria. Glauben Sie, wir sie finden wieder?«

Der erste Unteroffizier blieb stehen. Er lauschte dem Rattern der Maschinenpistolen und dem Geläute der Glocken. Er dachte: Maria und Josef sind für so viele, viele verschwunden.

Der erste Unteroffizier sah zu der dunklen Erde nieder. Dann sah er zu dem dunklen Himmel auf. Dann antwortete er leise: »Wir werden sie wiederfinden, mein Junge. Wir *müssen* sie wiederfinden!«

Die Schweine in Uniform

Die Nachrichtenagentur Agence France Press meldete im August 1946, der Außerordentliche Ausschuß amerikanischer Atomwissenschaftler, in dem Albert Einstein den Vorsitz führte, habe beschlossen, seine Tätigkeit im wesentlichen einzustellen, ohne sich jedoch aufzulösen. Ich schrieb eine Geschichte zu dieser Meldung.

In den Monaten Mai und Juni des Jahres 1946 versammelten sich in der Lagune des Bikini-Atolls, einer kleinen, beinahe öden Insel im Stillen Ozean, mehrere Panzerschiffe, Kreuzer und Flugzeugträger amerikanischer Herkunft. Eine Gelehrtenkommission, gebildet aus vierzehn Biologen, Botanikern und Ozeanographen (sowie zwei Fischhändlern), stellte ein Verzeichnis aller auf der Insel vorkommenden Lebewesen auf. Kameramänner installierten ihre Apparate in entsprechenden Positionen, denn hier wurde eine moderne Sintflut vorbereitet, die zu Studienzwecken gefilmt werden sollte.

Am Tage ›B‹, dem Tag, an dem eine Atombombe abgeworfen werden sollte, hatten die hundert Schiffe, die man der Vernichtung preisgeben wollte, ihren vollen Bemannungsstand an Bord. Aber diese Bemannung wurde nur aus Tieren gebildet. Zweihundert Ziegen, zweihundert Schweine und viertausend Ratten befanden sich auf den Gefechtsstationen, den Türmen, in den Maschinenräumen und auf den verschiedenen Decks.

Gewissenhafte Männer hatten mittlerweile festgestellt, daß Schweinehaut große Ähnlichkeit mit Menschenhaut aufweist. Aus der Empfindlichkeit der einen kann man also Schlüsse auf die der anderen ziehen. Deshalb wurden bei der Gelegenheit des Bikini-Experiments die zweihundert Matrosen-Ersatz-Schweine und Schweine-Ersatz-Kapitäne in vorschriftsmäßige Marineuniformen gesteckt, die mit einer Substanz imprägniert waren, welche Gammastrahlen absorbiert. (Die, wie jedermann weiß, tödlich sind.) Auf diese Weise gedachte man ein gutes Bild von der Feuerdisziplin dieser Schweine und ihrer Todesbereitschaft zu gewinnen. Zwei Lazarettschiffe standen bereit, um Überlebende – falls es solche geben sollte – aufzunehmen.

Das Resultat des Experiments ist der Öffentlichkeit bekannt, *so-*

weit es bekanntgegeben wurde. Es war, wenn wir das hier festhalten wollen, zum erstenmal in der Geschichte der Welt der Fall eingetreten, daß Schweine – in der streng wissenschaftlichen Bedeutung des Wortes – Uniform trugen. Die Gelehrten hatten ihren Zweck (nämlich den Respekt vor der Uniform zu untergraben) nicht verfehlt.

Der Tierschutzverein eines Großstaates warnte die Öffentlichkeit bereits *vor* dem Experiment auf recht ungewöhnliche Weise. Er verlangte, man solle, anstatt viele unschuldige Schweine zu opfern – noch dazu in einer so ridikülen Aufmachung –, auf die Schiffe jene Männer setzen, die sich zugunsten der künstlichen Sintflut von Bikini ausgesprochen hatten.

Im Rausch der Möglichkeiten, die ein atomares Zeitalter zu bieten schien, entstanden in dieser und vor dieser Zeit unzählige Zeitungsmeldungen, von denen hier einige wiedergegeben werden:

Alomogordo (New Mexico). Die Bevölkerung ist äußerst erregt über die Nachricht, daß die rotscheckigen Kühe infolge des allerersten Experiments mit einer Atombombe schlohweiß geworden sind.

Carrizolo (New Mexico). Eine schwarze Katze ist zur Hälfte weiß geworden. Ein Cowboy im Dorfe Brigham behauptet, daß das Atom seinen Bart ergrauen ließ.

Boston (Mass.). Ein Gelehrter sieht voraus, daß man durch Klavierspiel eine Stadt in die Luft sprengen wird.

Washington (D.C.). Mehr als fünftausend neue Fabrikate und industrielle Herstellungsverfahren sind im Laufe der Arbeiten an der Atombombe in Oak Ridge, Tenn., erfunden worden.

San Francisco (Kalifornien). Unter den Flüchtlingen von Hiroshima gerieten mehrere Frauen, die als unfruchtbar galten, in andere Umstände. Die amerikanischen Ärzte sind der Ansicht, daß diese Tatsache mehr auf die Einstellung der Feindseligkeiten als auf die Atombombe zurückzuführen sei...

Der Außerordentliche Ausschuß der Atomwissenschaftler, der zu dieser Zeit ins Leben gerufen wurde, hatte viel zu tun. Die Männer, die ihm angehörten, erschraken vor der fürchterlichen, mit keinen Worten zu beschreibenden Größe der Gefahr, die sie – ohne es zu wollen – durch ihre Arbeit heraufbeschworen hatten. Sie erschraken des weiteren vor der Größe der Dummheit, die es den Menschen nicht gestattet, die Gefahr, in der sie schweben, zu bemerken

und zu bekämpfen, obwohl sie bereits im Begriff stehen, in ihr umzukommen.
Ein gewisser Doktor Oppenheimer, Chef des Atomforschungsdienstes von Los Alamos, wurde durch eine Kommission des Senats befragt.
»Ist es wahrscheinlich«, erkundigte man sich, »daß durch einen einzigen Atombombenangriff auf die bevölkerungsstarken Zentren der Vereinigten Staaten vierzig Millionen Menschen umkommen können?«
Auf diese Frage antwortete Oppenheimer, ein aufrechter Mann und ein Gelehrter von Weltruf: »Ich fürchte – ja.«
Und hier hört eine Geschichte, über die eigentlich niemals jemand mit gutem Gewissen lachen konnte, vollends auf, lustig zu sein.
Einer der größten Militärkritiker der Gegenwart veröffentlichte einen Artikel, in dem es ungefähr hieß: ›Strategie, Kommandoführung, Tapferkeit, Disziplin, geordnete Organisation und Versorgung der Truppe sowie alle physischen und moralischen Eigenschaften zählen nichts mehr gegenüber einer ausgesprochenen Rüstungsüberlegenheit. Dabei wird die jetzige Auffassung der Rüstung absurd. In der ›atomaren‹ Schlacht ist die Zahl der Kämpfenden auf ein striktes Minimum reduziert. Der Soldat wird nur noch der entsetzte Zuschauer in einem von Robotern geführten Krieg sein. Und der Sieg wird dem zufallen, der über die größere Anzahl Bomben verfügt. Welche Rolle werden in einem solchen Krieg der Laboratorien noch Panzer, Artillerie, Festungen, strategische Eisenbahnen, Militärakademien und Offiziersschulen, Generäle des Landheeres und der Luftwaffe spielen? Gar keine...
Niemand wird wissen, wer kämpft und gegen wen gekämpft wird (und vor allem, warum). Der Krieg wird in einer Art von kriegerischer Überspanntheit ablaufen bis zu dem Augenblick, in dem das letzte Laboratorium in die Luft fliegt.
Sollte es dann noch Überlebende auf unserer Erde geben, so wird ganz gewiß eine Konferenz einberufen werden müssen, um zu entscheiden, wer Sieger und wer Besiegter ist...‹

Der Außerordentliche Ausschuß der Atomwissenschaftler hat beschlossen, seine Tätigkeit einzustellen. Ist das ein gutes oder ist das ein böses Zeichen?
Bedeutet es, daß die Wissenschaftler vor den Geistern, die sie rie-

fen, resignieren? Unser Gewissen regt sich im allgemeinen nur infolge einer raschen Bewertung der unangenehmen Folgen, die unsere Handlungen für uns selber haben könnten. Wenn die Verwendung der Atombombe von entscheidender Bedeutung ist, wird keine Vergeltung zu befürchten sein. Heißt das also, daß man sie anwenden wird?
Oder heißt es, um mit Denis de Rougemont, der sich mehr als andere über seine Zeit und ihre Gefahren Gedanken machte, zu sprechen: »Wenn man die Atombombe in Ruhe läßt, wird sie nichts tun, das ist klar. Sie wird sich in ihrer Kiste schön ruhig verhalten. Man erzähle uns also keine Geschichten! Das, was not tut, ist *eine Überwachung des Menschen...*«
Und sollte daher, um zu einem Ende zu kommen, der Außerordentliche Ausschuß der Atomwissenschaftler nicht doch – und mehr denn je – sein Interesse der Überwachung der Menschen zuwenden?

Ein Brief an die unsterbliche Marlene

1949 schrieb ich diese Geschichte. 1979 lernte ich Marlene Dietrich kennen. Mir geht es wie dem Wotruba Ferdinand.

Alle meine Freinde sagn, ich bin ein Idiot, aber ich kan nicht anders – ich *muß* Dir schreibn und dir sagn, das ich Dich libe wie ich noch ni eine Frau gelipt habe. Ich heiße Wotruba Ferdinand und lebe in Wien. Du wirst mich nicht kenen, ich bin fir Dich ein nahmenloser Unbekahnter – aber du bist fir mich die Frau, die von heite an durch ale meine Treime get wie ein Wuhnder! Nein, nicht erst seit heite, bereits seit Dienstag, den 13. dieses, denn am Dienstag habe ich den Film ›Destry reitet wider‹ gesehen. Mit dem Wanderer Karli, der was mein Freind ist. Der Wanderer hat einem Presse-Fertreter zwei Eintritskartn gezogn – es war eine große Drengelei for dem Kino, und wie der Presse-Fertreter es gemerkt hat, waren wir beide schon weg und wie im Foaje der Wirbel losgegangen ist, sind wir schon dringesessn.
Es waren viele Bekahnte fon mir da, lauter feine Burschn, aber ni-

mand, der dich mit sohlcher Inbruhnst lipt wie ich, teire Marlene! Wie der Film angefangen hat, is es mir kalt ieber den Rickn gelaufn und ich hab ein ganz feierlichs Gefihl gehabt, wie bei der Komuhniohn. Der Wanderer Karli hat gesagt, du bist ja eine fesche Katz, aber die Mitzi vom Finferhaus ist ihm lieber, da weiß er, wie er dran is, wärend man bei Dir in Holliwud ni sagn kan, was Du machst, wenn du vom Gscheft nach Haus kohmst. Aber das ist natierlich ein Bleedsin und ich hab auch den Wanderer sofort aufgefordert, die Goschn zu haltn. Denn wie kan er sohlche Fergleiche ziehen? Die Mitzi ist eine Ferkeiferin bei dem Ankerbrotgscheft am Eck, Du aber bist eine Kinstlerin.

Gelipte Marlene, ich lege Dir mein Herz zu Fießn, auch wen du keine Ferwendung dafier hast und vileicht lecheln wirst ieber mich. Wir werdn uns ni sehen und dennoch libe ich Dich! Ich hab Dein Bild ieber meinem Bett aufgehengt, und den Kerl, der was mit dir auf der Fotografie war, hab ich herausgeschnittn, weil ich ihn nicht hab sehn wolln. Du hast doch einmal in Wien gefiehlmt! Oh, warum muhste ich dahmals noch klein sein und Kugerln spiln, anstat dich zu bezaubern und heimzufiern in den Fünfzehnten Wiener Gemeindebezirk, wo wir glicklich gewordn weren?

Aber ich will nicht sentimenthal werdn, sondern hard und ernst bleibn. Wir müssn beide unsere Wege gehn – getrehnt durch ein unerbitliches Schigsal – vileicht sehn wir uns nimals, und denoch wil ich imer an Dich denkn und dich libn solang ich lebe, und wen das meglich is, will ich dich besser libn nach dem Tod. (Das ist nicht fon mir, das hab ich aus einem Gedichtbüchl, weil es so schen is.)

Gelipte Marlene, ferleicht findest du es komisch, aber ich hab zuerst eine furchtbare Wut gehabt, wie der Film angefangn hat und Du mit diesem Hundianer den alten Teppn beim Kartenspiln betaklt hast, und wie Dich der Hundianer aufs Kni genohmen und abgegriffn hat – da hab ich angeblich mit die Zehne geknirscht. Sagt der Wanderer Karli. Denn ich bin ein rasend eifersiechtiger Mensch und kann meine Tribe nicht beherrschn. Im Kino schon gar nicht.

Ich hab die ganze Zeit gehoft, das du ihm eine schmiren wirst, teire Marlene, aber stat dessn is der dicke Scherif erschossn worn, und Du hast Dich mitschuhldig gemacht an einem furchtbaren Ferbrechen. Du hast den Mahn, der im wirklichen Lebn Mischa Auer heißt, dazu gebracht, in der Efentlichkeit seine Hosn auszuziehn und sie dir zu gebn, und dann, wie man ihn in Schimpf und Unterhosen aus dem Lokahl gejagt hat, hast du gelacht! Das war sehr schmerzlich fir mich, weil ich nicht glaube, das eine Dame einem Hern in der Efentlichkeit seine Hosn wegnehmen darf. Und in einem Lokahl schon gar nicht. Es ist aber noch viel schlimer gekohmen.

Du hast zu saufn angefangn wie dem Wanderer Karli sein Onkl, der was die Drogerie und den schlechtn Fuhs hat, und du hast eine andere Frau ferpriegelt, wi ich das ieberhaupt noch nicht im Film gesehn hab – so lang und so grindlich, und dabei hast Du Dich ungebiehrlich entblesst. Ich hab es gern, wen eine Frau sich entblesst, aber dann mecht ich, bitte, liber mit ihr alein sein – und die ganzn Teppn im Kino geht es nix an, daß du schwarze Unterwäsche tragn tust. Aber ich eile weiter: du hast auf den Scherif Destry mit Flaschn geworfn wegn nix und wider nix und du bist ihm auf das Gnack gesprungn und du hast auf der Budl von dem fettn Wirt getanzt.

Das ahles hat mich unmessig erregt und ich hab zu transperirn begohnen wie ein Ferkl und der Wanderer Karli hat gesagt: Ferdinand kanst du nicht ruhig sitzn? Und ich habe geantwortet: Nein, wenn sich doch mein Herzblut verstremt, Karl! Und weil ich so aufgeregt war, haben die Leite um uns gezischt und der Wanderer Karli hat sich wegen meiner geschemt.

Und da pletzlich – in meiner tifsten Verwirung, hat man zum ersten Mahl gesehn, das du doch ein guter Mensch bist, und das Du dem Destry helfn wilst und das du hast loskohmen wolln von den Schurkn und Betriegern in der Kaschehme.

Da hat mich eine große Rierung ergriefen und wie ich imer mer gesehn habe, was fir eine wunderbare und edle Frau Du bist, da hab ich zu weinen begonnen – ganz, ganz leise, damit der Wanderer Karli nix merkt. Es hat mir so wolgetan zu sehn, wie eine ihnere Wandlung mit dir vor sich gegangn ist, gelipte Marlene, und ich habe begonnen, Beses zu anen, weil ich ein erfarener Kinobesucher bin und weiß, was Leitn mit einer ihneren Wandlung zu pasieren pflegt. Es ist dann auch ales ganz genau so gekomen, wie ich befirchtete und ich habe den Kopf in den Hendn vergrabn, um nicht sehn zu miessn, wie du in Dein Unheil rennst. Und dann hab ich doch wieder hingeschaut und da bist Du dem Destry bereits im Arm gelegn, eine leblohse Gestahlt – es war so furchtbar, das ich gedacht hab, ich kahn es nicht ieberstehn.

Der Wanderer Karli wohlte mich trestn, aber es war nix mehr zu machn.
Ich habe noch immer geweint, wie wir schon wider vor dem Kino gestandn sind, wo alle meine Freinde und ein paar Schlurfs von der Presse zu sehn waren und ich hab mich meiner Trenen nicht geschemt. Der Tobler Pepi hat gesagt: »Schaut's euch den an!« Aber da hat der Wanderer Karli bewiesn, was fier ein klasser Bursch er ist, denn er hat gerufn: »Wenn es einer lustig findet, daß der Ferdinand heult, dann hau ich ihm die Goschn ein!«
Gelipte Marlene, es hat keiner lustig gefundn, den der Wanderer Karli ist Ehrenmitglied vom Ringverein ›Mistelbacher Eiche‹ und versteht in solchenen Sachen keinen Spaß nicht.
Ich bin nachhause gegangn und hab mich so entsetzlich verlassn gefiehlt, daß ich gedacht hab, ich muß sterbn. Ich bin nicht gestorbn. Aber ich habe diesen Brief geschriebn, und Du weihst, warum. In diesem Siene grießt Dich dein Dir ewig treier

Wotruba Ferdinand aus Wien

Die Reise nach Alland

Meine liebe Mutter hat viele Geschichten erlebt.
Die folgende erlebte sie in Wien 1951.

Es steht Ihnen frei, diese Geschichte zu glauben oder nicht zu glauben. Meine Mutter hat sie mir erzählt, und ich gebe selber zu, daß sie ein wenig unglaubwürdig klingt. Allerdings erzählt meine Mutter viele unglaubwürdige Geschichten. Sie unterscheiden sich von den unglaubwürdigen Geschichten, die ich manchmal erzähle, jedoch stets dadurch, daß sie wirklich wahr sind. So wahr wie diese Geschichte von einer Reise nach Alland.
Alland liegt in der Nähe von Baden bei Wien und ist bekannt durch seine Lungenheilstätte. Die Lobau liegt östlich der Donau und ist bekannt durch jenen Teil, in dem man nackt baden kann. Der Schwarzenbergplatz endlich liegt am Ring und ist um seiner selbst willen bekannt. Die Geschichte, die meine Mutter erzählte, begann auf dem Schwarzenbergplatz. Die beiden anderen Orte

spielten erst später eine Rolle. Um 22.15 Uhr am vergangenen Mittwoch bestieg meine Mutter beim Schwarzenbergplatz einen Ak, um zum Schottenring zu fahren. Der Ak war nicht sehr voll. Meiner Mutter gegenüber saß ein dicker Mann mit einem steifen Hut, der Zeitung las. Der Sitz neben ihm und der Sitz neben meiner Mutter waren frei. Gerade als der Ak abfuhr, sprangen noch zwei Leute in den Wagen: eine Frau und ein Mann. Die Frau war etwa sechzig Jahre alt, trug ein Kopftuch, schwarze, altmodische Schnürstiefel und eine kurze, abgeschabte Pelzjacke. Der Mann schien ihr Sohn zu sein. Er trug einen grünen Ami-Regenmantel und einen roten Wollschal. Einen bekümmerten Gesichtsausdruck trugen sie beide, Mutter und Sohn.

Die Mutter seufzte schwer. Sie saß meiner Mutter diagonal gegenüber und sah sie an. Meine Mutter lächelte ihr zu. Die Mutter des Mannes im Ami-Mantel nickte ein paarmal mit dem Kopf und sagte: »Ach Gott, ach Gott!« Bei der Oper fing sie dann an, meiner Mutter zu erzählen, was passiert war. Viele fremde Leute erzählen meiner Mutter, was ihnen passiert ist, denn ich habe eine Mutter, die Vertrauen einflößt. Besonders einfache Leute scheinen das zu empfinden. Die Mutter in dem Ak war eine sehr einfache Mutter. Sie schüttete meiner Mutter sofort ihr Herz aus.

Es war ein übervolles Herz. Die Mutter hatte viele Sorgen, einen Sohn, eine Schwiegertochter und vier Enkelkinder. Das war die ganze Familie. Der Sohn und die Schwiegertochter hatten in der Lobau in einer Fabrik gearbeitet. Die Schwiegertochter arbeitete noch immer. Aber der Sohn hatte seinen Posten verloren. Er kam vom Land, er war kein Facharbeiter. Er war bei Bauern aufgewachsen; das einzige, worauf er sich wirklich verstand, waren Tiere. Deshalb fand er auch in der Lobau keine Arbeit mehr. Die Leute, die dort leben, verstehen sich alle selbst auf Tiere. Und so kamen die Sorgen ins Haus, sagte die Mutter mit dem Kopftuch. Was die Schwiegertochter verdiente, war nicht genug. Und sie waren alle schon ziemlich verzweifelt, als sie das Inserat in der Zeitung lasen. In dem Inserat stand, daß ein Kutscher gesucht wurde. In Alland bei Baden. Der Sohn beantwortete das Inserat am Montag. Bis Freitag, rechneten sie aus, mußte die Antwort dasein. Der Freitag kam. Die Antwort kam nicht. Da sagte die Mutter zu ihrem Sohn, es werde wohl das beste sein, wenn sie nach Alland führen...

Der Ak erreichte die Bellaria. Meine Mutter lauschte gespannt.

Der Sohn saß reglos da und sah auf seine großen Hände. Der dicke Mann mit dem steifen Hut, der Zeitung las, räusperte sich lange und laut. Der ganze Wagen hörte jetzt zu. Die Mutter mit dem schweren Herzen erzählte weiter.
Sie waren noch nie in Alland gewesen, sagte sie. Sie wußte gar nicht, wie man von der Lobau aus dorthin kam. Sie fragten sich durch, sie fuhren mit der Südbahn bis Baden. Dort kamen sie um 16 Uhr an. Der nächste Autobus nach Alland, erfuhren sie, fuhr erst um 19 Uhr. Das würde wohl zu spät werden, überlegten sie. Es schneite heftig, die Straßen waren knietief verweht, aber sie sahen keine andere Möglichkeit als die, zu Fuß zu gehen. Sie gingen zu Fuß. Sieben Kilometer weit. Die sechzigjährige Mutter und der dreißigjährige Sohn. Sie waren fast erfroren, als sie ankamen. Und zunächst fanden sie niemanden, der ihnen Auskunft geben konnte. Als sie endlich den Verwalter aufstöberten, war es keine gute Auskunft, die er ihnen gab: Der Posten war schon besetzt worden mit einem Einheimischen. Es tue ihm leid, sagte der Verwalter, als er sah, wie traurig Mutter und Sohn wurden, aber er könne ihnen nicht helfen. Und dann gab er ihnen noch etwas heißen Tee.
Nun war es ganz still in dem Ak, der dem Burgtheater entgegenfuhr. Alle Menschen hörten zu. Nur der Mann mit der Zeitung brummte ab und zu verärgert.
Dadurch, sagte die Mutter mit dem Kopftuch, daß sie den Tee tranken, versäumten sie den Autobus, der zurückfuhr. Sie mußten die sieben Kilometer noch einmal durch den Schnee laufen. Diesmal, mit der großen Enttäuschung im Magen, war es, als wären es nicht sieben, sondern vierzehn Kilometer. Zuletzt überholte sie ein Schlitten. Der nahm sie mit bis Mödling. Dort erreichten sie die Bahn. Und nun fuhren sie nach Hause in die Lobau. In einer Stunde würden sie daheim sein, sagte die Mutter. Sie sagte es sehr leise und sah auf die großen Hände ihres Sohnes. Dann schwieg sie. Und meine Mutter überlegte, daß es eigentlich eine sehr scheußliche und niederträchtige Welt ist, in der wir leben. Und die anderen Leute in dem Ak (sagt meine Mutter) dachten wohl alle das gleiche. Sie dachten an die Schwiegertochter in der Fabrik und an die vier hungrigen Kinder in der Lobau und an die Kutscherstelle, die ein anderer erhalten hatte...
Dann aber (sagt meine Mutter) geschah so etwas wie ein kleines Wunder: Der Mann mit der Zeitung, der sich immer nur mißbilligend geräuspert hatte, räusperte sich noch einmal und sah die

arme Mutter an. Dann sagte er, daß er, hm, Landwirt sei. In Niederösterreich. Und nur zu Besuch in Wien. Und daß er eigentlich nicht gekommen sei, um einen Kutscher zu suchen, wenngleich er jetzt, wo er darüber nachgedacht habe, plötzlich sehe, daß er auf seinem Hof ganz gut einen Kutscher brauchen könne...
Nun hörten die anderen so aufgeregt zu, daß man nur noch den Landwirt hörte. Der Schaffner vergaß, »Schottenring!« zu rufen, und meine Mutter vergaß, auszusteigen. Sie fuhr bis zum Franz-Josefs-Kai mit. Beim Franz-Josefs-Kai war die Situation geklärt. Der dicke Mann und der Sohn waren einig. Der dicke Mann hatte einen Kutscher, der Sohn einen Posten und die alte Mutter keine Sorgen mehr. Der dicke Mann fuhr mit der Stadtbahn weiter. Er gab dem Sohn seine Adresse und hundert Schilling für die Eisenbahnfahrkarte. In zwei Tagen erwarte er ihn auf dem Gut, sagte er. Dann stieg er aus. Und alle Leute lächelten. Die Mutter hielt die Hand ihres Sohnes und lächelte auch. Es war ein Augenblick, in dem alle fühlten, daß diese unsere Welt manchmal doch nicht so scheußlich und niederträchtig ist, sagt meine Mutter. Sie stieg auch aus. Und sie brachte mir eine Knackwurst mit, die sie noch schnell bei einem Würstelstand erwarb, weil sie weiß, daß ich Knackwurst so gerne esse. Und weil sie, wie sie sagt, auf einmal so unendlich vergnügt war.

Die Naturgeschichte des Unsinns

Das Buch mit dem Titel dieser Geschichte ist eines der schönsten Bücher der Welt.

Wien 1946.

Vor einiger Zeit erschien in den Vereinigten Staaten ein Buch mit dem Titel ›Die Naturgeschichte des Unsinns‹. Sein Autor ist Bergen Evans, Professor der Anglistik an einer amerikanischen Universität. Das Buch gehört zu den geistreichsten, die in den letzten Jahren gedruckt wurden. Es hat sich zur Aufgabe gemacht, einen großen Teil all jener Irrtümer, an die Millionen glauben und die so zu einem Teil unseres Lebens geworden sind, aufzuklären und bloßzustellen. Bergen Evans versucht, der Vernunft in einer Zeit

auf die Beine zu helfen, in der die Vernunft das dringend notwendig hat. Evans ist der Autor des gesunden Menschenverstandes. Des weiteren ist er der Chronist und gewissenhafte Sammler des gebräuchlichsten Unsinns, der auf allen Gebieten des Daseins, vom Altertum an bis hinein in unsere so überaus erquickliche Gegenwart, eben dieses Dasein unsicher gemacht hat.
Evans' Skeptizismus wurde schon vor einigen Jahren akut. »Ich begann«, sagte er, »Menschen, die mich zum Essen einluden, ins Kreuzverhör zu nehmen, und überprüfte ihre Berichte über Wunder, einmalige Zufälle, ›unglaubliche‹ Ereignisse und ›Welträtsel‹, mit denen sie ihre Gäste zu unterhalten pflegten.« Daraufhin wurde er zunächst nicht mehr zum Essen eingeladen. Als er sein gesammeltes Material zu öffentlichen Vorlesungen unter dem Titel ›Warum erzählen die Menschen bloß so gräßliche Lügen?‹ verwendete, kam es zu kleinen Skandalen, Rededuellen und erbitterten Korrespondenzen. Als Evans schließlich eines Tages auf einer Landstraße einen Tramp in seinem Wagen mitnahm, da schlug die Unterhaltung mit diesem, wie er sagt, dem Faß die Krone aus. Der Tramp war gesprächig. Und Evans war zunächst amüsiert, bald jedoch schon entsetzt darüber, wie grenzenlos dessen Unwissen war. Nicht die Quantität des Unsinns, den der Tramp erzählte, erschreckte den Professor der Englischen Sprache am meisten, sondern die Farbenpracht, die Überzeugungskraft, die Zuversicht, mit der das alles vorgebracht wurde.
Jetzt beschloß Evans, der menschlichen Dummheit den Kampf anzusagen. Er wußte, daß dies ein fast aussichtsloses Unternehmen war. Aber ein *paar* Leute, so dachte er, würden vielleicht doch *ein wenig* klüger werden, und damit war schon viel gewonnen. Er wanderte umher, sammelte Material (das sich ihm in ungeheurer Fülle bot) und begann, seine ›Naturgeschichte des Unsinns‹ zu schreiben, in der er mit Güte, viel Humor und Takt die Maske des Vorurteils, des Aberglaubens und der Verhetzung vom Gesicht des ›armen, dummen menschlichen Lebens‹ nimmt.
›Dieses Buch‹, schreibt er in seinem Vorwort, ›ist eine Art Anleitung für junge Rekruten im Kampf um die fröhliche Sache des gesunden Menschenverstandes. Es zeigt, wo die Hauptarmeen der Unwissenheit heute lagern, und teilt in einem Geheimcode mit, welche ihrer Garnisonen schwach oder unzuverlässig sind. Es zeigt die Vorteile der Verteidigung, der Tarnung und die Techniken des Einsickerns und des Rückzuges. Es warnt vor Gegenspionage und

gibt – ebenfalls in Code – die fünf unfehlbaren Zeichen bekannt, an denen man einen Idioten erkennen mag. Wenn der Rekrut es ausgelesen hat, kann er es – wie eine Handgranate – über die Wand ins feindliche Lager werfen. Das wird Desertionen zur Folge haben…‹

Vielleicht glauben auch Sie, die Sie diese Zeilen lesen, noch daran, daß menschliches Haar über Nacht weiß werden kann; daß Stiere durch rote Farbe in Wut geraten; daß Männer ein größeres Gehirn als Frauen besitzen; daß die Vögel ein vorbildliches Familienleben führen und daß Alkoholiker früh sterben. Vielleicht glauben auch Sie an den ›stolzen und herrlichen Kampf der Natur‹; an ›Herrenrassen‹ und ›Untermenschen‹; oder daran, daß Brieftauben einen angeborenen Sinn für geographische Positionen besitzen. Vielleicht sind auch Sie noch ›auf der anderen Seite der Mauer‹.

Evans versucht, was in seiner Macht steht. Er spricht über das Universum, über Zeit und Raum, über das Wetter, über Frauenkrankheiten, Wolfskinder, Fische, den Tod, über Rassen, Badewannen und ihre Entstehung, Vorurteile gegen Menschen und Tiere, über tote und lebendige Dinge – über eine ganze Welt voll Unsinn. Auf Seite 7 seines Buches findet sich die Geschichte von Adams Nabel, die wir hier erzählen, weil sie uns besonders gut gefiel.

Vor fünfhundert Jahren war Adams Nabel ein Problem von brennendem Interesse. Der Sündenfall, bildlich dargestellt, beschäftigte damals viele Maler ebenso wie das unmittelbar auf ihn Folgende – als unsere Ur-Eltern immer noch verhältnismäßig nackt umherliefen. Sie trugen Feigenblätter. Aber die Feigenblätter waren außerstande, auf den Bildern *alle* Schwierigkeiten zu beseitigen. Es blieb nämlich das Problem des Nabels. Hatte Adam einen? Hatte Eva keinen? Wenn nicht, waren sie dann nicht als menschliche Wesen unvollkommen? Und hätte Gott etwas Unvollkommenes schaffen können? Hatten sie aber einen Nabel, dann mußte man sich fragen, *woher* sie den hatten.

Während die Theologen noch stritten, halfen die Maler sich wenigstens bei Eva durch geschicktes Verwenden ihres lang wallenden Haares. Aber dem Problem Adam mußte man sich stellen. Also hatte er manchmal einen Nabel, und manchmal hatte er keinen. Michelangelo stattete ihn in der Privatkapelle des Papstes mit einem solchen aus. Aber damit war der Fall keineswegs erledigt! 1646 finden wir Sir Thomas Browne als wütenden Verfechter der

Antinabeltheorie. Seine Gegner argumentierten, Gott habe *absichtlich* etwas auf den ersten Blick Sinnloses geschaffen, um den Glauben der Menschen an ihn auf die Probe zu stellen – um zu sehen, ob sie zweifeln oder vertrauen. Diese Erklärung fand noch 1857 (zwei Jahre vor Darwin!) in dem Naturwissenschaftler Philip Henry Gosse einen neuen Verteidiger, der behauptete, der Liebe Gott habe die Sache mit dem Nabel sowie die Sache mit gewissen, gerade von den Paläontologen entdeckten versteinerten Tieren nur arrangiert, um die Skeptiker des neunzehnten Jahrhunderts der Verdammnis zu überweisen. Seine Gegner erwiderten, es sei doch unwahrscheinlich, daß Gott der Allmächtige ausgerechnet einer so ehrenwerten Vereinigung wie der Royal Society eine Falle stellen wolle. Zweifellos ließen auch sie sich nicht träumen, daß die Geschichte nochmals, und zwar fast hundert Jahre später – zu einer Zeit, wo die meisten Menschen andere Sorgen hatten –, noch einmal aufgerollt werden sollte: 1944 kam sie im Kongreß der USA zur Sprache, als ein Unterausschuß des ›House Military Affairs Committee‹ unter dem Vorsitz des Vertreters von Nord-Carolina sich gegen die Verteilung des Buches ›Die Rassen der Menschheit‹ bei den Truppen der Vereinigten Staaten aussprach, mit der Begründung, das Werk weise eine Abbildung von Adam und Eva ›mit Nabel‹ auf!

Möglicherweise kam dieser überraschende Entschluß, meint Evans, dadurch zustande, daß einige der Herren Volksvertreter in Orthographie nicht ganz sicher waren und das englische Wort ›navel‹ (Nabel) mit ›naval‹ (Marine) verwechselten und also meinten, es liege ein Eingriff in militärische Bereiche vor. Viel wahrscheinlicher jedoch war der Inhalt des Buches über die Rassen maßgebend für den Protest. Zwei Professoren stellen hier nämlich fest, daß alle bisherigen Rassentheorien auf reinen Vorurteilen beruhen, daß die allermeisten Menschen gemischtes ›Blut‹ haben und daß nichtkörperliche Rasseneigentümlichkeiten aller Wahrscheinlichkeit nach nichts anderes darstellen als das Produkt eines bestimmten Milieus...

PS: Wir können diesen Bericht nicht abschließen, ohne – um den Appetit auf die Lektüre des Buches von Professor Evans zu wecken – anzumerken, daß in der ersten Ausgabe der ›Encyclopaedia Britannica‹ (1768 bis 1771) noch keinerlei Zweifel an der Existenz der Arche Noah und nur Unstimmigkeit über die Unterbringung der verschiedenen Tiere herrschte, und daß ein russischer Flieger im

Ersten Weltkrieg auf der Spitze des Berges Ararat, ›eingebettet in ewiges Eis‹, die ›echte Arche Noah‹ entdeckte, wie die Zeitschrift ›Pathfinder‹ im Jahre 1944 mitteilte. Die absolut unvoreingenommene Geisteshaltung des Piloten wird dadurch gesichert, daß er zuerst glaubte, ›ein Unterseeboot erblickt zu haben‹...

Kaninchen, Rosegger und König Eduard

Der Wiener Gabelsberger-Stenographen-Zentralverein veranstaltete 1948 eine Ausstellung ›stenographischer Zeichnungen und Skizzen‹.

Herr Hubert Pilch, wohnhaft in Kindberg, Steiermark, ging im Jahre 1943 als Justizsekretär in Pension. Damals hatten die meisten von uns einen Haufen Sorgen. Einige von uns hatten daneben noch immer ihre Liebhaberbeschäftigung, ihre Privatleidenschaft, ihr Steckenpferd. (Das Wort ›Hobby‹ war damals unerwünscht.) Zu diesen Liebhabern gehörte Herr Pilch.

Es war viele Jahre seine Aufgabe gewesen, bei Gericht Zeugenaussagen, Sachverständigengutachten, Meineide, Wahrheitsbeteuerungen, Selbstbezichtigungen, komplizierte Lügen und gelegentlich auch die Wahrheit, sehr traurige und sehr komische Dinge zu Protokoll zu nehmen. Da er sie im gleichen Tempo zu Protokoll zu nehmen hatte, in dem sie hervorgesprudelt, hervorgestottert, hervorgestammelt oder hervorgepreßt wurden, bediente er sich eines Hilfsmittels der modernen Zivilisation, das den Laien wie den Fachleuten unter dem Namen ›Kurzschrift‹, auch Stenographie genannt, und zwar nach dem System des Herrn Gabelsberger, Franz Xaver (1789–1849), bekannt ist. Mit Hilfe dieser Kurzschrift war es Herrn Pilch möglich, stets mit dem Mitteilungsbedürfnis seiner Kunden Schritt zu halten. Es war ihm daneben sogar noch möglich, sich einige interessante Gedanken zu machen.

Um diese Gedanken zu verstehen, muß ergänzend mitgeteilt werden, daß er, weil er die Malerei gerne erlernen wollte, eine Zeitlang Fernunterricht in den Grundregeln dieser Kunstbetätigung nahm. In dreißig Briefen teilte ihm ein sich den schönen Künsten widmendes Institut alles Wissenswerte mit, und damit war sozusagen die Grundlage geschaffen für jene Gedanken, von denen wir weiter oben sprachen. Herr Pilch, auch literarisch interessiert, ging daran, zu zeichnen. Seine Zeichnungen waren ganz besonderer und ungemein origineller Natur und setzten jedermann in Erstaunen, der sie sah. Sie scheinen auch den Wiener Gabelsberger-Stenographenverein in Erstaunen gesetzt zu haben, denn er ließ Herrn Pilch mit etwa vier Dutzend seiner sonderbaren Zeichnungen nach Wien kommen und sorgte dafür, daß sie in einem großen Raum des Hotels ›Österreichischer Hof‹ an den Wänden befestigt wurden. Sodann verständigte er die Öffentlichkeit von der Tatsache einer Ausstellung. Auf diese Weise wurde auch die Leitung des geschätzten Blattes, dessen Spalten zu füllen uns die Ehre zukommt, informiert und entsandte, da wir keine Ahnung von Stenographie haben, zum Zwecke der Berichterstattung über jene Ausstellung stenographischer Zeichnungen natürlich uns oder, da es allerhöchste Zeit geworden ist, den Majestätsplural endgültig über Bord zu werfen, mich.

Stellen Sie sich vor:
Eine Federzeichnung des Bundespräsidenten Renner, eine von Grillparzer, vier von kleinen Kaninchen, drei von Rosegger, ein ballspielendes Mädchen, König Eduard von England, einen Jäger, der schießt, einen hübschen kleinen Spatz von vorn... Haben Sie sich das vorgestellt? Gut. Und nun passen Sie auf: Wenn Sie nicht stenographieren können, dann sehen Sie eben, zusammengesetzt aus vielen kleinen Linien, Schnörkeln, Haken und Schleifen, wie man sie auf Federzeichnungen immer sieht, den Bundespräsidenten, vier Kaninchen, drei Rosegger, einen Grillparzer usw., siehe oben. Wenn Sie aber stenographieren können, dann beginnt die Geschichte aufregend zu werden! Dann sehen Sie nämlich bei genauer Betrachtung der Bilder noch viel mehr! Sie sehen, daß sie sich aus stenographischen Symbolen und Zeichen zusammensetzen, daß man sie nicht nur anschauen, sondern auch lesen kann, daß sie sozusagen eine Symbiose aus Literatur und Malerei, ein Bild *und* ein Gedicht darstellen. Die Zeichen sind natürlich so arrangiert, wie der Zeichner sie brauchte, und nicht im chronologischen Ablauf der Sätze, die sie gekürzt wiedergeben. Aber wenn jemand nicht nur stenographieren, sondern auch ein bißchen suchen und nachdenken kann, dann, so wird mir versichert, fällt es ihm nicht allzu schwer, der Sache auf den Grund zu kommen und

herauszufinden, wo die Zeichen, beispielsweise der Zeile ›Das Wandern ist des Müllers Lust‹, verteilt sind und sich verborgen halten.
Auf diese Weise kann der Fachmann ohne weiteres buchstäblich von den Lippen (und anderen Kopfteilen) des Herrn Bundespräsidenten Renner die neue österreichische Bundeshymne ablesen, aus Roseggers Zügen irgendeine charakteristische Stelle des ›Waldbauernbuben‹, bei König Eduard ›Britannia rules the waves‹ und so weiter.
Sie verstehen: Man kann diese Zeichnungen auch als Vexierbilder ansehen, denn sie sind natürlich ausnahmslos Rätsel, wie sie gelegentlich in stenographischen Zeitschriften mit dem Vermerk ›Auflösung in der nächsten Nummer‹ veröffentlicht werden. Nun wäre es möglich, daß jemand, der sich die ganze Zeit, während er ein Porträt entwirft, daran erinnern und darüber nachdenken muß, wie er, nebenbei noch, ein Gedicht oder ein berühmtes Zitat unterbringt, dadurch ein bißchen aus dem Konzept gerät und zum Schluß zwar das Gedicht dasteht, aber die Ähnlichkeit flötengegangen ist – so daß man das Gedicht gleich besser in mehreren zueinander parallelen horizontalen Zeichenreihen angeordnet hätte. Das ist aber hier durchaus nicht der Fall! Jeder, der schon einmal Dr. Renner persönlich gesehen hat, wird ihn sogleich wiedererkennen, wenn er sein stenographiertes Gesicht erblickt. Er wird darüber hinaus, wenn er stenographieren kann, Bekanntschaft mit dem offiziellen Dichtwerk einer Dame namens Paula von Preradović machen, das er wahrscheinlich noch nicht gut kennt (nämlich die neue österreichische Bundeshymne). Wenn er schon einmal ein Kaninchen gesehen hat, dann wird er es hier mit Freude an die Wand geklebt sehen, und König Eduard hätte bestimmt sein Vernügen an dem feschen Schnurrbart, mit dem er, prächtig über das Grab hinaus konserviert, im Empfangsraum des Hotels ›Österreichischer Hof‹ dem Besucher entgegentritt...

Ich kann mich erinnern, daß ich in der Schule immer sehr unglücklich war, wenn wir Stenographie hatten. Weil diese Stunde mir (und meinen Freunden) sehr fad erschien und wir die ganzen fünfundvierzig Minuten lang an die Turnstunde und die jungen Damen aus dem Mädchenlyzeum gegenüber denken mußten. Ich glaube heute, daß es weder an dem Zauber der Turnstunde noch an den (mittlerweile bekannten) Geheimnissen der jungen Damen

lag, sondern vielmehr daran, daß man uns damals Stenographie nicht richtig beibrachte. Ja, wenn wir schon etwas von Männern wie Herrn Pilch und seinen Versbildern gewußt hätten! Ich bin ganz sicher, daß wir mit einem unerhört gesteigerten Interesse und Vergnügen an sie und ihre Geheimnisse herangegangen wären.
Ich habe heute die Ausrede, daß ich zu alt bin, noch stenographieren zu lernen. (Obwohl man das, wie ich im Hotel ›Österreichischer Hof‹ erfuhr, niemals ist.) Aber vielleicht könnten andere Jungen, die sehnsüchtig aus dem Fenster starren, wenn der Schnörkel für das gewöhnliche E geübt wird, davon profitieren. Vielleicht könnte man sie mit den Rätselbildern bekannt machen. Oder tut man das am Ende schon?

Übrigens: Es wäre eine dankbare Aufgabe für irgend jemanden, der Zeit und Begabung dazu mitbringt, die Schöpfungen einer Reihe von modernen Künstlern daraufhin zu untersuchen, ob sie nicht vielleicht nur so sonderbar aussehen, weil auch sie geheimnisvolle Botschaften und Zeichen enthalten.

Hinweis für Leute mit Müttern

Und immer mal wieder Muttertag! (Dieses Mal war's 1951.)

Sie könnten der Meinung sein, an diesem Montagmorgen sei es noch zu früh, über die Angelegenheit zu sprechen. Wir geben Ihnen recht, weisen jedoch darauf hin, daß es am nächsten Montagmorgen bereits zu spät wäre. Sie wissen schon, wozu.
Sie wissen es nicht? Nun, stellen Sie sich doch, bitte, nicht dumm! Machen wir uns nichts vor. Sehen wir den Tatsachen ins Auge. Kommen Sie, lassen Sie uns die Geschichte leidenschaftslos und nüchtern erörtern. Also: Die allermeisten Menschen kommen mit einer Mutter zur Welt. In meinem Bekanntenkreis eigentlich alle Leute. Zwei kamen ohne Vater. Einer kam mit zwei Vätern. Aber mit einer Mutter sind sie alle gekommen. Die Mütter sind die ersten Menschen, zu denen wir eine Beziehung auf dieser Welt finden. Die Mütter sind die ersten Menschen, die sich um uns küm-

mern. Zu einer Zeit, wo weder Augenärzte noch junge Mädchen noch Gerichtsvollzieher an uns interessiert sind. Niemand befiehlt es ihnen. Sie tun es ganz allein. Aus Liebe.
Deshalb sind Mütter auch so bemerkenswerte Erscheinungen. Weil sie aus Liebe handeln. Augenärzte tun das selten. Junge Mädchen nicht immer. Gerichtsvollzieher überhaupt nicht. Man könnte meinen, daß einen Gerichtsvollzieher gar nichts mit der Liebe verbindet. Aber das ist ein Irrtum! Denn auch bei ihm ist es todsicher seine Mami, die ihn liebhat. Auf diese Weise hat, wie man sieht, der Liebe Gott vorgesorgt. Nicht hundertprozentig natürlich. Aber eine Sorge hat er uns abgenommen: Am Anfang unseres Lebens ist immer jemand da, der uns liebhat. Unsere Mutter.
Die Mütter aller Länder sind deshalb auch zu allen Zeiten von den normal gearteten Menschen in Ehren gehalten worden. In der Schule legte man uns nahe, sie gut zu behandeln, und die meisten Menschen haben sich diese Aufforderung auch zu Herzen genommen. Wenn sie sich gelegentlich schlecht betrugen, tat es ihnen leid, und sie entschuldigten sich.
»Man kann immer gleich sehen, was ein Mensch wert ist, wenn man darauf achtet, wie er von seiner Mutter spricht«, sagte vor langer Zeit jemand. Es ist anzunehmen, daß dieser Jemand auch eine Mutter war. Aber es stimmt auf alle Fälle! Und ist wirklich eine sehr gute Probe. Und nun lassen Sie uns zur Sache kommen.
Als es in Amerika im Geschäftsleben einmal nicht besonders ging, da setzten sich ein paar Kaufleute zusammen und sagten sich: Wir müßten einen guten Grund finden, der die Leute davon überzeugt, daß sie bei uns einkaufen sollen! Nicht nur zu Ostern, zu Weihnachten und zu Geburtstagen. Sondern auch an einem weiteren Tag des Jahres. Wir müssen ein neues Fest erfinden...
Und weil es gerade Ende April war und sie schon dringend Geld brauchten, sagten sie: Beispielsweise den zweiten Sonntag im Mai!
»Na ja«, meinte einer – er hatte eine Glatze und rauchte eine dicke Zigarre –, »aber was für ein Fest soll das denn sein?«
Darauf wußte keiner eine Antwort, und sie legten sich alle in ihren Stühlen zurück und dachten angestrengt nach. Einer ging ans Telefon und rief zu Hause an.
»Wir haben eine wichtige Besprechung«, sagte er, »ich komme nicht zum Mittagessen. Auf Wiedersehen, meine Liebe!«
»Mit wem haben Sie denn da gesprochen?« fragte ein anderer.
»Mit meiner Mutter«, sagte der, der telefoniert hatte. »Bei uns

gibt's heute nämlich Linsensuppe mit Würstchen, meine Lieblingsspeise, und meine Mutter kann es nicht leiden, wenn ich zu spät komme, weil dann nämlich ...«

»Ja, ja, ja«, sagte der andere träumerisch. »Mit Ihrer Mutter, wie? Haben Sie Ihre Mutter gerne?«

»Und ob!« antwortete der erste.

»Und Sie?« fragte der zweite und wandte sich zu den andern.

»Und ob!« riefen sie alle.

»Na also, meine Herren«, sagte der Mann mit der Zigarre und erhob sich, »dann müssen wir selbstverständlich einen *Muttertag* einführen!«

Sie sehen: So war es. Oder so ähnlich. Jedenfalls wurde der Muttertag eingeführt. Nicht nur in Amerika. Sondern überall. Auf allen fünf Kontinenten. Weil es nämlich auf allen fünf Kontinenten Mütter gibt. (Worüber man einmal genauer nachdenken sollte.)

Der Muttertag war da, und Kinder im Alter von drei, dreiundzwanzig und hundertdreizehn Jahren rannten, was sie konnten, um jenes chronisch schlechte Gewissen, das Kinder zu jeder Tages- und Nachtzeit gefangenhält, durch Ankauf von Nylonstrümpfen, Bonbonnieren, Blumenstöcken, Taschentüchern, Schaukelpferden, Briefbeschwerern, Schnapsservicen, Motorrädern – Moment, ich muß nur schnell Atem holen! –, Zahnbürsten also, Grammophonplatten, Zitronenpressen, Nagelfeilen, Aschenbechern, Buntstiften, Mentholzigaretten und Knallbonbons zu kompensieren.

An jenem gewissen Sonntag überreichten sie dann gerührt und mit gesenktem Kopf ihr Angebinde, schluckten schwer und sagten: »Alles Gute, liebe Mami!«

Die Mamis nahmen die Angebinde mit gesenktem Kopf entgegen, schluckten gleichfalls schwer und sagten: »Ich danke schön, mein Kind.« Womit die Feierlichkeiten eröffnet waren.

Wo die Mutter jeden Morgen um halb sieben aufstehen mußte, um das Frühstück herzurichten, stand an diesem Tag der Vater auf und bediente die Kaffeemühle, mit Bohnenkaffee, versteht sich. Wo die Mutter jeden Mittag kochen mußte, ging man an diesem Tag in ein Restaurant und legte ihr die Speisekarte vor, damit sie Suppenhuhn bestellen konnte. Und wo man sich aus Zeitmangel nicht entschließen konnte, der Mutter beim Weggehen einen Kuß zu geben, gab man ihr an diesem Tag gleich zweihundert. A conto.

Unser Leben ist zehnmal teurer geworden. Viele Mamis werden deshalb heuer vielleicht Malzkaffee zum Frühstück ans Bett serviert bekommen. Andere Mamis werden Leberknödelsuppe statt Suppenhuhn essen müssen und Brunnenkresse und Flieder aus einer öffentlichen Parkanlage auf ihrem Gabentisch begrüßen. (An Stelle von Rosen und Orchideen.) Nur mit den Küssen ist alles beim alten geblieben. Die kosten nach wie vor dasselbe, nämlich nichts. Und auch eine Reihe von anderen Dingen, wie zum Beispiel die Aufmerksamkeit, der Takt und die Güte – eine ganze Wundertüte voll – ist im Preis gleichgeblieben. Daß sie dennoch seltener zu bemerken sind, ist nicht ihre Schuld.
Die erwähnten Tatsachen werden die Geschäftsleute verärgern, die den Muttertag erfunden haben. Aber das macht nichts. Denn der Muttertag ist in erster Linie für die Mütter da und erst in zweiter für die Kaufhäuser.
Und wenn wir uns noch überlegen, daß es ja eigentlich nichts kostet, sich gegen die Mamis gut zu benehmen, und daß sie es ja eigentlich auch verdienen, dann ist nicht einzusehen, warum wir unsere Zärtlichkeiten unbedingt auf diesen einen Sonntag im Mai konzentrieren zu müssen glauben. Kein Zweifel kann darüber bestehen, daß wir uns alle – die Mütter inklusive – wohler fühlen würden, wenn wir die Sache schön gleichmäßig über das ganze Jahr verteilen könnten. So daß unsere Mamis am Muttertag von all der Aufmerksamkeit gar nichts merkten, weil sie das so gewohnt wären. Dann würden wir sagen: »Was denn, was denn! Heute ist doch Muttertag!« Und die Mamis würden antworten: »Na so was, ich habe gedacht, das wäre ein Tag wie jeder andere!«

Die großen und die kleinen Schweine

Auch ein Gerichtssaal-Reporter hat ein Herz.
Hamburg 1963.

Nun haben sie die Anna W. Gott sei Dank endlich erwischt und verhaftet und ihr den Prozeß gemacht und sie eingesperrt, und die Bürger können Gott sei Dank endlich wieder ruhig schlafen. Die Anna W. wird in den nächsten zehn Jahren kein Unheil mehr anrichten. So lange muß sie nämlich im Gefängnis sitzen. Und es ist sehr fraglich, ob sie danach noch Lust zum Fassadenklettern haben wird. Fassadenklettern war ihre Spezialität. Sie hatte dabei eine eigene Methode entwickelt. Sie kletterte nicht von unten nach oben, sondern von oben nach unten. Vom Dach in den sechsten Stock hinab, beispielsweise. Die Stockwerke unter dem Dach waren ihr hauptsächliches Arbeitsgebiet. Sie wurde eine ganz große und berühmte Einbrecherin, die Anna W. In der Verhandlung konnte man ihr in der Zeit zwischen 1945 und 1963 567 Einbrüche nachweisen. Kein Mensch weiß, wie viele weitere Einbrüche man ihr nicht nachweisen konnte. Sie war sehr fleißig in den letzten Jahren, die Anna W.

Sie arbeitete immer allein. Um in der Dunkelheit weniger aufzufallen, zog sie stets, wenn sie auf Einbruch ging, ein schwarzes Trikot an. Ein Trikot, sonst nichts. Sie muß sehr aufregend ausgesehen haben in dem Trikot, denn sie ist sehr hübsch, die Anna W. Die Polizei konnte sich zuerst überhaupt nicht vorstellen, daß eine Frau derartig halsbrecherische Klettereien unternahm, und suchte deshalb lange Zeit einen Mann als Täter. Allerdings fanden sich ein paarmal Haarnadeln, Frauenhaare und abgebrochene Stückchen Nagellack in den ausgeraubten Wohnungen, und die Kriminalbeamten vermuteten darum, daß der Täter eine Komplizin habe. Den Täter fanden sie nie. Natürlich nicht! Denn es gab ihn ja nicht. Aber als sie zum erstenmal die Anna W. verhafteten in der Meinung, sie sei die Komplizin, da machte diese sich das Mißverständnis zunutze und sagte ja, natürlich, sie habe einen Kompagnon. Der Kompagnon (sagte die Anna W.) verbarg sich im Wald. Sie wollte aber (sagte die Anna W.) die Polizei zu seinem Versteck führen. Denn sie war (sagte die Anna W.) eifersüchtig auf ihn. Wegen einer Frauengeschichte (sagte sie). Die Kriminalpolizisten führten sie in den Wald, und im Wald schlug die Anna W. einem von ihnen mit einem Knüppel über den Schädel, stahl ihm die Pistole und entkam noch einmal. So eine war sie, die Anna W.!

Sie lebte auf großem Fuß, sie wohnte in den vornehmsten Hotels, und sie besuchte die feinsten Kurorte. Das machte ihr – auch was die guten Manieren betraf – keine Schwierigkeiten. Denn die Anna W. kam aus einer feinen Familie. Aus einer Familie mit einer Menge blauen Blutes in den Adern. Eigentlich hieß sie Anna v. W. Das ›von‹ ließ man in der Verhandlung und im Gefängnis beiseite. Die Anna v. W. ließ es nicht beiseite. Sie reiste damit.

Was in der Verhandlung zutage kam, war, daß eine schöne Frau ein Doppelleben geführt hatte: tags als umworbene, hinreißende Dame der besten Gesellschaft, nachts als Einbrecherin im schwarzen Trikot. Was in der Verhandlung nur wenig zutage kam, war, wie die Anna W. überhaupt ihre Verbrecherlaufbahn ergriffen hatte – und warum. Das aber ist auch ganz interessant.
1942 saß die Anna v. W. in Ostpreußen auf einem Rittergut. Damals lebten die Eltern noch. Und die Anna v. W. war sehr reich. Unendlich reich. So reich wie der König Drosselbart im Märchen. Dann, 1945, war die Anna v. W. plötzlich arm. Unendlich arm. So arm wie die Prinzessin im Märchen, die den König Drosselbart verschmähte. Das kam, weil man ihr alles weggenommen hatte: das Rittergut, die Kleider, das Geld – und die Eltern. Die Eltern hatte man erschossen. Der Besitz der Familie wurde konfisziert. Es wurde damals eine ganze Menge konfisziert. So ein Rittergut war dabei nicht mehr als eine zu vernachlässigende Kleinigkeit. Damals lebten wir in einer sehr, sehr großen Zeit.
Als die Anna v. W. dann auch noch flüchten mußte, hatte sie nur noch ein Taschentuch mit Familienschmuck. Das trug sie unter dem Kleid, zwischen den Brüsten. Auf der Flucht lernte sie einen Mann kennen. Er war fünfunddreißig Jahre alt und hieß Harold R. Sie war einundzwanzig Jahre alt. Sie hatte große Angst, und in der Nacht fror sie entsetzlich. So kam es, daß sie einander liebten. Am Morgen, nachdem sie einander geliebt hatten, war der Mann fort. Das Tuch mit dem Schmuck war auch fort. Die Anna v. W. weinte sehr und nahm einen Strick, um sich in einer alten Mühle aufzuhängen.
Sie hängte sich auch auf – aber ein kleiner Rotzjunge schnitt sie wieder ab. Der Rotzjunge hieß Paul und kam gerade noch rechtzeitig in die Mühle. Er war acht Jahre alt. Seine Eltern waren auch tot. Paul las der Anna v. W. die Leviten.
»Du bist wohl verrückt geworden«, sagte er. »Aufhängen, wie? Das wäre ja noch schöner! Hornhaut mußt du kriegen! Wenn die Menschen Schweine sind, dann mußt du auch ein Schwein sein! Wehren mußt du dich! Dir haben sie alles genommen – schön, dann nimm du den anderen auch alles! Was heißt denn das? Heute stehlen die Kerle Länder und Staaten und Währungen und Millionen Menschen – und da sollen wir zusehen? Mensch, Mädchen, genauso machen müssen wir's!«
Das hinterließ einen großen Eindruck auf die Anna v. W. In den

folgenden Jahren machte sie es genauso wie die anderen. Sie nahm den Mächtigen, die ihr alles fortgenommen hatten, ihrerseits alles fort. Sie empfand niemals auch nur einen Augenblick ein Schuldgefühl dabei, es war alles völlig in Ordnung. Männern ging sie aus dem Wege. Sie hielt nichts mehr von ihnen, sie war gern allein. Den Paul schickte sie nach Lausanne, in ein piekfeines Internat. Dort wuchs er mit lauter piekfeinen Kindern heran. Kein Mensch merkte, daß er selber nicht ganz so piekfein war. Womit die Anna v. W. gewisse Vererbungstheorien widerlegt hat.
Der Anna v. W. selber ging es großartig in diesen Jahren. Niemals erwischte man sie, und als man sie einmal erwischte, entkam sie wieder. Die Umstände ihrer eigentlichen Verhaftung sind sehr komisch. Die Anna v. W. fand nämlich eines Tages Harold R. wieder, der ihr den Schmuck gestohlen hatte, damals, nachdem sie einander geliebt hatten. Harold war inzwischen ein großer und feiner Mann geworden, der Direktor einer Riesenfabrik. Die Anna v. W. erfuhr, daß er noch zwei Stück ihres Schmuckes besaß. Da ging sie hin, am hellen Tag und ohne Trikot, um ihr Eigentum zurückzuverlangen. Harold R. hatte Frau und Kinder. Er wollte von der Anna v. W. nichts wissen. Er wollte den Schmuck nicht zurückgeben. Und er wollte sie hinauswerfen. Die Anna v. W. drohte, ihn anzuzeigen. Harold R. lachte. Er wußte, wer sie war. Sie konnte ihn nicht anzeigen, ohne selbst ins Gefängnis zu kommen, meinte er. Aber da täuschte er sich. Denn die Anna v. W. fand plötzlich, daß ihr das Leben keinen Spaß mehr machte angesichts der Tatsache, daß ein Schwein wie Harold R. Direktor war. Da ging sie lieber ins Gefängnis. Und so zeigte sie ihn an. Und es gab einen Skandal. Und der Direktor Harold R. verlor seine Stellung. Und die Anna v. W. ging als Anna W. ins Gefängnis. Sie ging für ein Prinzip. Und eigentlich auch für einen Denkfehler. Solange sie sich an fremdem Gut vergangen hatte, war alles in Ordnung. Aber dann wollte sie ihren eigenen Besitz zurück. Und das mußte natürlich schiefgehen.
PS: Der kleine Paul fährt heuer im Sommer nach England. Sein Freund, der Earl of Battingham, hat ihn eingeladen.

Erkenne dich selbst!

Nun denken Sie mal schön nach!

Wien 1965.

Eigentlich ist es eine Schande, sagte der Feuilletonredakteur. In allen besseren Zeitungen erscheinen jetzt wieder die mit Recht allseits so beliebten Tests, nach deren Beantwortung der geschätzte Leser ein durchaus übersichtliches Bild seines Charakters gewonnen hat. Hier ist noch nie ein Test erschienen. Ist das vielleicht keine bessere Zeitung?

Ich habe Suggestivfragen nicht gern. Ich antwortete deshalb nicht. Ich ging nach Hause und schrieb, was von mir verlangt worden war. Meinen eigenen originalen Spezialtest. Patent angemeldet. Ich hoffe, er ist genau das, was Sie sich ersehnt, wovon Sie in Ihren schlaflosen Nächten geträumt haben. Und ich hoffe, daß durch diese meine Pionierarbeit auch unsere Zeitung eingeht in die große Gemeinde charakterbildender Medien.

Lesen Sie meine Geschichte. Wir wollen ihre einzelnen wesentlichen Abschnitte numerieren, ganz, wie das bei einem Test üblich ist. Wenn Sie fertig sind, werden wir Ihnen eine Frage vorlegen. Und dann – aber nur langsam, schön der Reihe nach!

1. Ort der Handlung: Eine kleine Stadt im Süden Frankreichs. Zeit: Spät nachts, während eines entsetzlichen Unwetters. Blitze zucken, der Sturm tobt, der Donner rollt, der Regen prasselt usw. An das Tor der kleinen Herberge trommeln Fäuste. Der Wirt öffnet zögernd. Draußen stehen 4 (vier) Wanderburschen. Jung, stark, gesund. Naß bis auf die Haut, erschöpft. Sie suchen Quartier für die Nacht. Die Herberge ist übervoll besetzt. Kein einziges Bett zu haben. Die vier Wanderburschen beschwören den Patron. Zuletzt hat er ein Einsehen. Drüben im Hof steht ein Heuschuppen. Wenn sie dort schlafen wollen…

Begeisterung. Dankbarkeitsbezeigungen. Händeschütteln. Die vier gehen hinüber ins Heu.

2. Ort: Derselbe. Zeit: Dreißig Minuten später. Wieder trommeln Fäuste an das Tor. Wieder öffnet der Wirt. Draußen stehen 4 (vier) Nonnen. Jung, zart, scheu. Naß bis auf die Haut. Sie suchen Quartier für die Nacht.

Die Herberge ist übervoll besetzt. Die vier Nonnen betteln. Sie beschwören, Verzeihung, sie bestürmen den Patron. Zuletzt hat er ein Einsehen. Drüben im Hof steht ein Heuschuppen. Wenn sie dort... Aber es schlafen in ihm schon vier Wanderburschen. Verlegenheit. Hastiges Flüstern. (Es regnet noch immer.) Zuletzt nehmen die Nonnen dankbar an. Sie werden auf der anderen Seite des Schobers schlafen. Sie gehen ab.

3. Ort: Noch immer derselbe. Zeit: Dreiunddreißig Minuten später. Zum dritten Male öffnet der Wirt. Draußen steht 1 (ein) Priester. In mittleren Jahren. Naß bis auf die Haut. Er sucht Quartier für die Nacht.

Um das Verfahren abzukürzen: Die ganze Szene wie gehabt, der Priester wird aufmerksam gemacht, daß der Schober bereits Besucher hat, überlegt, akzeptiert, dankt. Ab ins Heu.

4. Ort: Wie früher. Zeit: Fünfunddreißig Minuten später. Zum vierten Male trommeln Fäuste ans Tor. Als der Patron öffnet, sieht er sich vis-à-vis 1 (einer) weiblichen Landstreicherin. Jung, hübsch, naß bis auf die Haut. Sie hat dieselbe Bitte, er dieselbe Erwiderung. Über diese Erwiderung lacht sie nur. Und geht dann, munter pfeifend, den Weg aller anderen.

Abblenden! hieße es jetzt, wenn dies ein Drehbuch wäre.

Aufblenden!

Nächster Morgen. Die Sonne scheint, die Vögel singen usw.

5. In der großen Stube erscheinen die 4 (vier) Wanderburschen. Sie möchten frühstücken. Was können sie haben? Der Wirt offeriert: Kaffee, Tee, Kakao, Rotwein, Coca-Cola, Bier, Milch. Die vier (4) überlegen gewissenhaft.

»Bringen Sie uns Coca-Cola«, sagen sie schließlich.

6. In der großen Stube erscheinen die 4 (vier) Nonnen. Sie möchten frühstücken. Was können sie haben? Der Wirt offeriert: Kaffee, Tee – geistige Getränke fallen natürlich fort –, Milch, Coca-Cola, Joghurt...

Die vier (4) überlegen gewissenhaft.

Zuletzt bestellen sie Coca-Cola.

7. Der Priester erscheint. Will frühstücken. Der Wirt offeriert. Der Priester überlegt. Dann bestellt er: Coca-Cola.

Fanfaren! Denn nun erscheint

8. der weibliche Landstreicher. Will gleichfalls frühstücken. Schminkt sich die Lippen, während der Wirt offeriert. Und sagt

dann: »Also, passen Sie auf: Mir bringen Sie zuerst ein Glas Tomatensaft, dann Bohnenkaffee, Ham and eggs, Butter, Weißbrot, Marmelade und danach ein großes Glas Rotwein, verstanden?«

Die leere Zeile oben wird Sie vielleicht verwirren. Aber sie muß dort stehen, denn unser Test ist zu Ende. Hier angekommen, stellen wir an Sie nun die eine und einzige Charakterfrage:
Was schließen Sie aus dem bisher Erzählten?
Lassen Sie sich Zeit. Überlegen Sie ruhig. Werden Sie nicht nervös. Bedenken Sie: Die Antwort gibt Aufschluß über Ihren Charakter. Lesen Sie den Test Ihren Lieben vor, holen Sie ihre Meinung ein, gehen Sie in sich, prüfen Sie gewissenhaft: Was schließen Sie aus dem bisher Erzählten?
Wenn Sie sich genieren, es zu sagen, schreiben Sie es auf ein Blatt Papier und halten die Hand drauf.
Und dann sehen Sie die Auflösung nach, die wir, aus Gründen der Stilreinheit, weiter unten verkehrt herum drucken werden. Ist Ihre Vermutung falsch gewesen, dann ist mit Ihrem Charakter alles in Ordnung.
War sie aber richtig und stimmt sie mit unserer Erklärung überein, dann gehen Sie schleunigst zum Arzt!

Die richtige Schlußfolgerung aus der Geschichte ist, daß neun (9) von zehn (10) Menschen Coca-Cola trinken.

Der böse, böse Charlie Chaplin

Verfaßt voller Wut im Bauch auf Fräulein Perrick.
München 1952.

Herr Charles Spencer Chaplin hat es nicht nötig, daß man ihn verteidigt.
Und Fräulein Eva Perrick verdient eigentlich gar nicht, daß man sie angreift. Wir greifen sie auch nicht an, weil sie es etwa verdiente, sondern weil das, was sie geschrieben hat, symptomatisch ist. Symptomatisch dafür, wie zu allen Zeiten ganz kleine Leute über ganz große Leute geurteilt und gedacht haben – wobei sich

das ›ganz klein‹ und das ›ganz groß‹ auf den Charakter bezieht und nicht etwa auf Körpermaße. Und außerdem zitieren wir Fräulein Eva Perrick, weil ihr Artikel gut in den allgemeinen Rahmen eines Kapitels über Niedertracht paßt.

Fräulein Perrick veröffentlichte am 25. Februar in einer Münchner Boulevardzeitung einen Beitrag unter der Überschrift: ›Chaplin versteckt sich‹. Der Untertitel lautete: ›Der Mythos vom ‚Armen Mann‘ darf nicht zerstört werden.‹ Auf der linken Seite des Beitrags zeigte ein Bild Chaplin als Landstreicher in seinem berühmten Kostüm. Darunter stand: ›Charlie, Symbol der armen, gequälten Kreatur, dessen Menschlichkeit aber immer wieder über die Tücke und Bosheit der Welt siegt.‹ Auf der rechten Seite des Beitrags zeigte ein zweites Bild einen zweiten, weißhaarigen und soignierten Chaplin. Darunter stand: ›Chaplin, der Multimillionär, spricht nicht gern von seinem Geld.‹ Zwischen diesen beiden Bildern berichtete Fräulein Perrick: ›Ich bin nicht ganz ohne Vorurteil, wenn ich auf den merkwürdigen Fall Charles Spencer Chaplin zu sprechen komme. Das möchte ich von vornherein zugeben, bevor man mir sagt, dies alles sei nur das Geschreibsel einer verärgerten Journalistin, die den Mann, den sie interviewen wollte, nicht auffinden konnte.‹ Damit hat sie uns neugierig gemacht, und interessiert nehmen wir zur Kenntnis: ›Ich will aber auch gestehen, daß mir jetzt, nach einer zehnstündigen Bahnfahrt, nicht besonders rosig zumute ist.‹ Was, denken wir, ist der Ärmsten wohl zugestoßen? Und wir lesen weiter: ›Als ich über die Berge von St. Moritz zu jener prächtigen, hoch über dem Genfer See thronenden Villa kam, ahnte ich irgendwie bereits, daß Charlie Chaplin, der neue Herr des Manoir de Ban, nicht zu Hause sein würde.‹ Sie ahnte es irgendwie, und irgendwie ahnte sie recht. Charlie Chaplin war tatsächlich nicht zu Hause. Das war seine erste Taktlosigkeit. Wie konnte er nicht zu Hause sein, wenn Fräulein Perrick ihn besuchen kam? Immerhin traf sie auf einen ›sehr freundlichen‹ Sekretär, der ihr mitteilte, daß Mr. und Mrs. Chaplin vor dem Ansturm der Reporter in ein Berghotel unbekannten Ortes ausgewichen seien.
›‚Verstehen Sie das?‘ fragte er.
‚Vollkommen‘, erklärte ich, und ich hatte dafür wirklich Verständnis. Derselbe kleine Mann, der vor wenigen Wochen in London den Photographen sein lächelndes Gesicht zeigte – seinem

Film ‚Rampenlicht‘ die Reklame zu geben, die er wirklich verdient –, dieser Mann wurde außergewöhnlich menschenscheu, als man sich für sein Vermögen interessierte.‹

Hier beginnt uns übel zu werden. Fräulein Perrick – vielleicht ist sie auch eine Frau, wir wissen es nicht – meint, daß ›Rampenlicht‹ Chaplins Reklame wirklich verdient habe. Fräulein Perrick vermerkt, daß Chaplin menschenscheu wurde, als die Rede auf sein Vermögen kam. Sie weiß natürlich, daß Chaplins Vermögen ausschließlich und allein in eigener, harter, lebenslanger Arbeit geschaffen worden ist; daß Chaplin aus dem Londoner Elendsviertel stammt; und daß er somit durchaus nicht mit den Besitzern anderer Vermögen, wie Rothschild, Krupp oder Vanderbilt, gleichzustellen ist. Fräulein Perrick berichtet indigniert weiter: ›Er‹ (Chaplin) ›zog es vor, sich in die Berge zurückzuziehen, statt der Öffentlichkeit etwas zu der Meldung aus Hollywood zu sagen, wonach er ganz legal fünf Millionen Dollar von Amerika nach Europa herübergebracht hatte.‹

Der böse, böse Charlie! Wie konnte er nur? Wo die Öffentlichkeit doch ein so großes und gutes Recht besitzt, zu erfahren, was es mit den fünf Millionen für eine Bewandtnis hat! Mit Recht verärgert, konstatiert Fräulein Perrick: ›Seit mehr als vierzig Jahren gibt es eine Chaplin-Legende. Der Chaplin auf der Leinwand und der wirkliche Chaplin sind in den Augen der Öffentlichkeit zu einer sagenhaften Figur verschmolzen. So sieht die Welt den Multimillionär Chaplin stets als den armen, unbeholfenen Mann in ausgetretenen Schuhen, als den weichherzigen Landstreicher, der immer ‚draußen vor der Tür‘ steht. Dies Bild von sich hat Chaplin bewußt zu unterstreichen versucht. Bei einer Pressekonferenz erschien er zum Beispiel in einem zerschlissenen Anzug..., selbst seine schöne Frau versteht es, ihren Pelz so zu tragen, als bitte sie dauernd um Verzeihung dafür, daß sie ihn besitzt. Und die kleinen Chaplins sehen wie wohlgenährte Straßenkinder aus.‹

Hier *ist* uns bereits übel. Wir glauben uns zu erinnern, daß Karl Kraus über Berichterstatterinnen wie diese dazu kam, ein Leben lang seinen Kampf gegen die Infamie der Presse zu führen. Uns wird rot und schwarz vor den Augen über die Niedertracht von Sätzen wie dem über den Pelzmantel und dem über die Chaplin-Kinder. Wir haben eigentlich unter der Vorstellung gelebt, daß solche Sätze nicht mehr durch die Setzmaschinen gingen. Aber das scheint ein Irrtum gewesen zu sein, denn: ›Charlie Chaplin kann und will es sich nicht leisten, über sein Vermögen zu sprechen. Das nämlich würde den Menschen von dem Mythos trennen. Darum sitzt er jetzt mit seiner Familie in irgendeinem unbekannten Berghotel und wartet, bis die Neugier der Welt für dieses Thema abgeklungen ist.‹ Fräulein Perrick, welche die Neugier dieser Welt vertritt, kommt zu dem Schluß: ›Ich habe nicht versucht, ihm nachzuspüren. Ich fahre nach St. Moritz zurück, wo die anderen Millionäre sitzen – jene, die es nicht nötig haben, über ihren Reichtum zu schweigen. Dort redet das Geld, und zwar sehr laut.‹

Das war also Fräulein Perricks Erfahrung mit Herrn Chaplin. Wir haben sie im Originaltext zitiert. Fräulein Perrick ist wieder in St. Moritz bei den anderen Millionären, bei jenen, die ihren Reichtum ererbt oder erschoben haben und die sich seiner deshalb auch nicht schämen müssen; bei den liebenswürdigeren, freundlicheren Millionären, die sich vor Fräulein Perrick nicht in Berghotels zurückziehen, sondern ihr, bei Champagner und Kaviar, gelassen und wohlerzogen Rede und Antwort stehen zu allem, was sie wissen will. Es ist leider nicht zu leugnen: Chaplin ist der Prolet geblieben, der er einmal war. Mit Recht wendet sich Fräulein Perrick verärgert von ihm ab. Diese neuen Reichen sind in der Tat für Menschen mit Geschmack unerträglich. Da lobt Fräulein Perrick sich einen charmanten Kanonenkönig! Der redet doch wenigstens noch ihre Sprache!

Aber es läßt sich gar nicht ausdenken, *wie* sympathisch der widerliche Charlie diesem Fräulein Perrick wäre, wenn er beispielsweise mit ›Lichter der Großstadt‹, ›Die neue Zeit‹, ›Goldrausch‹ und ›Rampenlicht‹ *keine* Meisterwerke geschaffen hätte, die ihn und Fräulein Perrick überdauern werden…

Das Wunder

Warum wir Zeitungen brauchen wie das liebe Brot.

Wien 1948.

Mit vierzehn Jahren bin ich ein ungemein aufgewecktes und kluges Kind gewesen. Später habe ich viele Verdummungsprozesse mitgemacht, aber mit vierzehn Jahren berechtigte ich noch zu den allerschönsten Hoffnungen. Damals erwiderte ich auf die Frage, was ich werden wolle, stets: Bäcker, Friseur oder Zeitungsreporter. Die Zeiten waren schlecht. In Europa saßen viele Millionen Arbeitslose in der Sonne und wärmten sich, die Politiker redeten von Frieden und Völkerversöhnung, während in geheimen Waffenfabriken Tag und Nacht die Maschinen liefen, und in den Auslagen aller Geschäfte gab es die wunderbarsten Dinge – und niemand kaufte sie. Denn wir waren arm. (Oder jedenfalls hielten wir uns schon für arm, weil wir das dicke Ende nicht kannten, das noch nachkommen sollte.) Mit der Aufgeschlossenheit meiner vierzehn Jahre entdeckte ich damals, daß auch die Leute, die kein Geld hatten, gelegentlich einen Laib Brot holten; und daß sie zum Friseur gingen; und daß sie eine Zeitung lasen. Es schien, als ob man so arm nicht sein konnte, sich diese drei Extravaganzen nicht leisten zu wollen, nicht den Wunsch nach diesen drei Dingen zu haben: den Wunsch nach einem befriedigten Hungergefühl, den Wunsch nach geschnittenen Haaren und den Wunsch, informiert zu sein.

Natürlich war der erste dieser drei Wünsche der stärkste, aber auch der letzte war noch bei weitem mächtiger als irgendein anderer, und mein Onkel Jonathan ließ die Straßenbahn fahren und lief zu Fuß nach Hause, wenn er dafür die Nachtausgabe vom ›Telegraph‹ und ein halbes Dutzend Brötchen, mit Mohn bestreut, bekam. Es mußte mir deshalb natürlich so vorkommen, als ob die Bäcker, die Friseure und die Zeitungsleute auch in der allerschlimmsten Zeit noch ein halbwegs gesichertes Leben führen konnten, und die Sehnsucht nach Sicherheit war schon damals sehr stark in mir, wenn auch nicht so stark wie heute, wo es allerdings eine andere Sicherheit ist, an die ich denke.

Nun erinnere ich mich noch sehr gut an jene nicht allzuweit zurückliegende Zeit, in der sich viele, viele Frauen um fünf Uhr früh vor dem Bäckerladen anstellten, um gegen zwölf Uhr mittags ein Viertelkilo Brot pro Person zu bekommen. Damals waren die Bäkker geradezu Halbgötter geworden, wenn sie auch wie Galeerensklaven schuften mußten. Aber ihre Mitmenschen brauchten sie, und das ist das Beste, wozu man es im Leben bringen kann: von anderen gebraucht zu werden. Denn dann (und wahrscheinlich nur dann) wird man auch geliebt.

Ich erinnere mich aber auch noch ganz deutlich an die Sensation der ersten Zeitung, die nach einer zweiwöchigen blutigen Pause erschien. Zuerst bestand sie überhaupt nur aus einem Blatt, später bekam sie vier Seiten. Und weil es kein Papier gab, wurde sie bloß in einer lächerlichen Auflage gedruckt, so daß ein einziges Exemplar manchmal durch ein paar hundert Hände ging.

Damals war die Zeitung nichts anderes als unser guter Freund, der verkündete, was uns allen am wichtigsten vorkam. Daß der Achter wieder bis zur Sechshauserstraße fuhr. Daß es in ein paar Wochen wieder Wasser geben solle. Daß einige tausend Tonnen Mehl zur Verteilung gelangten. Und daß der Professor Bergius Fleisch aus Wurzelholz machen wollte. Es gab niemanden, der damals die Zeitung nicht brauchte.

Inzwischen sind drei Jahre vergangen, und die Lage hat sich ein wenig geändert. Zunächst einmal gibt es nicht mehr nur eine, sondern viele Zeitungen. Sie weisen zwar immer noch gewisse Höhepunkte wie den Lebensmittelaufruf, die Gas-Sperrzeiten und den Sonntagsartikel von Mario Simmel auf, aber ansonsten sind die Nachrichten wie die Nachrichtenquellen selbst wieder international geworden, und zwischen einem Kabelgramm der INS über blutige Unruhen in Tel Aviv und einem Bericht der AFP über die Streikbewegung in Frankreich findet sich gelegentlich Platz für das Inserat eines exotischen Nachtlokals.

Die Zeitung hat ihr Gesicht verändert. Aber wir lieben und brauchen sie noch immer. Sie ist wie eine seltsame, faszinierende Frau, die uns gefangenhält, die wir zu kennen glauben und die sich uns doch in immer neuer Gestalt zeigt.

Warum, frage ich, lesen wir immer noch Zeitung? Warum werden wir sie immer weiter lesen, morgen, übermorgen und im Jahre 2000, wenn es dann noch Zeitungen (und Leser) geben wird? Ich habe eine Menge Leute gefragt und eine Menge Antworten bekommen. Die richtigste ist wahrscheinlich die meiner Freundin Evi. Sie meint, es lasse sich alles mit unserer uralten, niemals erfüllten Sehnsucht nach dem Wunder erklären. Dem Wunder, auf das wir alle warten und das doch nie geschieht. Dem Wunder, dem wir jeden Morgen zu begegnen hoffen, wenn wir unsere Zeitung öffnen, und das doch nie unseren Weg kreuzt. Deshalb kann der Wind so kalt nicht wehen, deshalb kann der Regen so dicht nicht fallen, als daß wir nicht noch Zeit fänden, stehenzubleiben, in unseren Taschen zu kramen und die Groschen zu zählen, die notwendig sind, um das ›Neue Österreich‹ zu kaufen. Oder die

›Prawda‹. Oder die ›New York Herald Tribune‹. Oder die ›Morgentidningen‹. Oder den ›Corriere della Sera‹. Oder die ›Neue Zürcher‹.
Die ganze Welt wartet heute auf das Wunder, das große, strahlende Wunder, das uns zu glücklichen Menschen machen soll. Eines Tages, denken wir, wird es doch in der Zeitung stehen, vielleicht links unten, auf der zweiten Seite, ein paar Zeilen nur, gar nicht besonders aufgemacht, aber doch so, daß wir alle mit einer Gänsehaut auf dem Rücken sagen werden: Es ist soweit. Auf diesen Augenblick warten wir alle, wo immer wir leben, wie immer wir heißen, wer immer wir sind.
Aber was für ein Wunder, fragen Sie, soll das denn sein?
Ach, ich weiß nicht – irgendein Wunder eben, wie sollte ich es wissen?
Wüßte ich es, wäre es kein Wunder mehr. Unbekannt allen, wird es erscheinen, und alle werden es sogleich erkennen. Niemandem begreiflich vielleicht, wird es plötzlich dasein und ganz selbstverständlich tun. Das hoffen wir. Darauf warten wir. Deshalb lesen wir Tag für Tag die Zeitung, die Morgen-, die Mittag- und die Abendausgabe. Und die zweite Abendausgabe.
Nun ist ein Wunder ein Ereignis, das Glauben schafft. Es wird nicht geschehen, solange wir schwach sind. Es wird erst geschehen, wenn wir so stark geworden sind, daß wir vermeinen, sehr gut ohne ein Wunder auskommen zu können. Dahin ist es ein weiter Weg. Denn im Augenblick sind wir noch nicht stark. Und auch mit dem Glauben ist es nicht besonders weit her.
Deshalb scheint es, man brauche sich um die Zukunft der Zeitung keine Gedanken zu machen. Die Leute, die für sie arbeiten, können halbwegs beruhigt sein. Das wußte ich schon mit vierzehn Jahren. Damals war ich ein ungewöhnlich kluges Kind. Später habe ich viele Verdummungsprozesse mitgemacht. Aber mit vierzehn Jahren…

Es lohnt nicht

Ach, wenn doch sehr viel mehr Menschen den Kopf verlören!

Wien 1946.

In einem Stück mit dem Titel ›Der Schatten‹ gibt Frau Maria Eis zur allabendlichen Enthauptung des Herrn O. W. Fischer ein Liedchen zum besten, in dem es heißt, es lohne nicht, den Kopf zu verlieren. Sie meint, es stünde nicht dafür. Dem Leser unserer geschätzten Tagespresse mußte in den letzten Wochen scheinen, als sei es nicht länger allein eine Angelegenheit persönlicher Präventivmaßnahmen, ob einer heute seinen Kopf verliert oder nicht. Es soll damit nicht auf Meldungen angespielt werden, die sich auf den ersten beiden Seiten einer Zeitung finden, sondern auf jene, die etwa auf der dritten, im sogenannten lokalen Teil, einspaltig und in Rubriken wie ›Zwischen gestern und morgen‹ oder ›Von Tag zu Tag‹ erscheinen.

Zwischen gestern und morgen haben in unserer eigenen Stadt Leute den Kopf verloren, von Tag zu Tag verlieren sie ihn weiter, und es ist mehr als wahrscheinlich, daß dieser Zustand nicht morgen schon ein Ende finden wird. Vorsichtige Beurteiler der Lage meinen, es werde sich auf diesem Gebiet überhaupt wenig ändern, solange in breiten Bevölkerungsschichten die Ansicht vorherrscht, die Erde sei ein nicht allzu idealer Aufenthaltsort. Da der verehrte Leser, wenn er bis hierher gekommen sein sollte, sich in einem Zustand schwerer Ratlosigkeit gegenüber den Absichten des Autors befinden muß, gehen wir daran, an Hand von zwei Beispielen zu erläutern, was wir meinen.

Vor einigen Wochen schlich sich spät nachts ein bis dahin völlig harmloser Mitbürger heimlicher- und verbotenerweise in eine Halle der Städtischen Straßenbahnen, entwendete arglistig, wissentlich und willentlich eine komplette Zuggarnitur und fuhr mit dieser, winkender Polizisten, falsch gestellter Weichen und der gesetzlichen Höchstgeschwindigkeitsbestimmungen nicht achtend, durch Wien. Der Fachmann kann nicht umhin, dem Laien – denn um einen solchen handelte es sich – beachtliche Geschicklichkeit und angeborenes technisches Verständnis zuzusprechen, denn immerhin war der betreffende Herr mit seiner Zuggarnitur beinahe am anderen Ende von Wien angelangt, bevor er von einer Hand-

voll beherzter Straßenbahner und Polizisten überwältigt werden konnte. Überwältigt ist übrigens in diesem Zusammenhang ein gänzlich irreführender Ausdruck, den wir weit besser durch ›dingfest gemacht‹ ersetzen, denn der Amateurfahrer leistete bei seiner Verhaftung keinerlei Widerstand und gab bloß an, er habe beweisen wollen, daß er es ›auch‹ könne. Daraufhin lieferte man ihn in die Psychiatrische Klinik ein.
Der zweite Fall wurde der Öffentlichkeit in einer Tageszeitung unter der Überschrift ›Greiser Wiener begeht aus Gram Selbstmord‹ zur Kenntnis gebracht. Hier handelte es sich um einen alten Mann, der sich gezwungen sah, seine Zither zu verkaufen, und der aus Gram über diesen Verlust einen Strick nahm und sich an ihm erhängte.
Die beiden Ereignisse werden für einen oberflächlichen Betrachter nicht viel Verbindendes haben. Der Gegenstand des einen ist noch lebendig, der Gegenstand des anderen ist tot. In dem einen Fall handelte es sich – scheinbar – um eine Extravaganz, in dem anderen – scheinbar – um einen Verzweiflungsakt. Betrachtet mit den Augen der Sachlichkeit, stehen hinter den beiden Zeitungsmeldungen zwei aus der Bahn geworfene Existenzen. Betrachtet mit den Augen der Liebe, ergäbe jede der beiden Episoden Anlaß zu einer neuen ›Menschlichen Komödie‹, einem neuen ›Don Quijote‹ oder einem neuen ›Tristram Shandy‹. Die Brücke der Liebe aber ist die einzige Verbindung zwischen dem Lande der Lebenden und dem Lande der Toten.
Es liegt auf der Hand, daß der Straßenbahndieb und der Mann, der seine Zither verkaufen mußte, den Kopf verloren. Sie haben beide ihren Mitbürgern Gelegenheit gegeben zu sagen: »Das hättet ihr nicht tun sollen. Für einen Straßenbahnzug ins Irrenhaus? Wegen einer Zither ins Grab? Warum denn? Es lohnt doch nicht. Wozu sich das Leben schwermachen? Es ist doch ohnehin alles in Ordnung.«
Hierin aber liegt der Fehler. Nur bei einer bestimmten unerfreulichen Menschengattung ist immer ›alles in Ordnung‹. Das ist jene Sorte Menschen, die keine Phantasie hat und kein Herz, kein Talent zum Glücklich- oder Unglücklichsein, keinen Humor, keine Fähigkeit zu lieben oder zu hassen – gar nichts. Nicht einmal eine Rolle Bonbons, die man einem kleinen Mädchen schenken könnte, oder ein Armvoll roter Gladiolen für irgendwen, zu dessen Kleid die Farbe der Blumen paßt, kommt diesen Leuten in den Sinn.

Der Mann, der die Straßenbahn stahl, war, wie es heißt, ein ruhiger, bescheidener Mensch. Er hatte einen Traum, einen Wunschtraum, wie jeder von uns einen hat – einen harmlosen Wunschtraum: Er wollte einmal eine Straßenbahn fahren. Andere Leute vor ihm mußten Symphonien schreiben, Staudämme bauen, eine unerreichbare Geliebte verehren oder der Blauen Mauritius nachjagen, die Kuppel der Sixtinischen Kapelle bemalen, noch einmal die ›Große Illusion‹ verfilmen oder jeden Abend eine Stunde Boogie-Woogie tanzen. Es kommt nicht so sehr auf den Wunschtraum an als auf den Mut, ihn zu verwirklichen. Und den haben die meisten von uns nicht. Oder haben Sie ihn vielleicht? Ich nicht.

Der Mann, der die Straßenbahn stahl, hatte ihn. Er verwirklichte seine Illusion. Er fuhr seine Straßenbahn. Seine Brust weitete sich, sein Herz schlug kräftiger, das Blut in seinen Adern strömte rauschend, und er stieg auf die Plattform des C-Wagens wie ein lachender Halbgott auf die salzigen Wogenkämme der Nordsee. Und als man ihn erwischte, sperrte man ihn in eine Irrenanstalt. Man hätte ihm auch verzeihen können oder ihm erlauben, gelegentlich wieder einmal zu fahren. Man hätte ihm zu seinem Mut und seiner Geschicklichkeit gratulieren können. Aber man sperrte ihn in eine Irrenanstalt. Ich glaube übrigens, daß ihm das alles sehr gleichgültig war. Er hatte einmal so gelebt, wie er es sich wünschte.

Und nun zu dem anderen: dem Mann mit der Zither. Ich habe einen Freund, der gab vor, eine bestimmte Frau mehr zu lieben als sein eigenes Leben. Sollte sie ihn einmal betrügen, sollte sie ihn verlassen, sagte er oft, dann werde er sich umbringen. Die Frau betrog ihn und verließ ihn. Aber er brachte sich nicht um. Menschen, die dauernd davon reden, töten sich nicht. Man stirbt überhaupt nicht so leicht. Der Mann mit der Zither war ein armer Kerl. Er hatte nur seine Zither. Sie half ihm über Armut und Einsamkeit hinweg. Sie war seine Geliebte. Sie war treuer und ergebener, als irgendeine lebende Geliebte es jemals sein könnte. Sie verriet ihn nie, und sie betrog ihn nie. Sie war immer bei ihm. Immer war sie bereit, ihm ihre Töne zu schenken...

Der alte Mann hat nie gesagt, daß er sich umbringen werde, wenn er seine Zither verlieren sollte. Wahrscheinlich hat er es nicht einmal gewagt, etwas so Verrücktes zu denken. Aber als die Not ihn zwang, das Instrument zu verkaufen, da war sein Leben sinnlos

geworden: Er konnte es nicht länger ertragen. Da nahm er einen Strick und hängte sich auf. Die Liebe zu seiner Zither war sein ganzes Leben gewesen. Auch ihn kümmerte es nicht, was die anderen sagten. Ebensowenig wie den Straßenbahndieb. Der eine hatte einmal gelebt, wie er es für richtig hielt, und der andere war so gestorben. Seine Zither, daran glaube ich, wird für einen anderen niemals wieder so spielen wie für ihn. Es wäre das beste gewesen, sie zusammen mit dem alten Mann, der sie so geliebt hatte, zu begraben.
Wir haben an Hand von zwei Beispielen zu zeigen versucht, daß in letzter Zeit mehrere Leute den Kopf verloren haben. Wir könnten viele weitere Beispiele erwähnen. Auch solche, von denen nichts in der Zeitung steht. Es sieht so aus, als sei die Zeit gekommen, in der die Menschen sich zu ändern beginnen. Es sieht so aus. Vielleicht ist es noch nicht soweit. Denn vorläufig erklärt man diese Menschen noch für verrückt, oder sie sterben daran, daß sie sich verändern. Aber es sieht trotzdem so aus, als käme die Liebe, die Treue, der Mut und das Bewußtsein, daß jedem von uns ein eigenes Leben und ein eigener Tod gehören, wieder in Mode. Es wird noch lange dauern, ehe es soweit gekommen ist, daß niemand mehr Straßenbahnwagen stehlen oder seine Geliebte verkaufen muß. Aber die Zeit ist unterwegs. Niemand kann sie mehr aufhalten. Noch ist es gefährlich, noch lohnt es nicht, den Kopf zu verlieren.
Oder glauben Sie, daß es dennoch verlohnte, wenn man damit aus dem Zustand der Trauer und der Sorge eintreten könnte in ein Paradies der ewigen Fröhlichkeit?

Das Lokal ist geheizt

1949 gab es noch sehr, sehr wenig Kohle in Wien.

Es gibt Leute, die haben den ganzen Sommer über Polar-Eis gegessen. Weil ihnen so schrecklich heiß war. Zu diesen Leuten gehörte auch ich. Dann gibt es Leute, die haben, als der Herbst kam, die Blätter fielen und die rauhen Winde zu wehen begannen, noch immer Polar-Eis gegessen. Zum Teil, weil sie es nicht wahrhaben wollten, daß die Stätte ihrer Freude sich binnen einer kleinen Weile in eine Stätte der Trauer, der vereisten Gehsteige und der erfrorenen Zehen verwandeln sollte, teils, weil sie Sentimentalisten waren, die einer vergangenen Zeit nachtrauerten, teils, weil es ihnen immer noch schmeckte. Zu diesen Leuten gehörte auch ich. Und schließlich gibt es Menschen, die heute noch Eis essen. Teils, weil sie dem Verein ›Verkühle dich täglich‹ angehören, teils, weil sie zu dick angezogen sind, und teils, weil sie sich in der Gesellschaft kleiner, noch nicht oder bereits nicht mehr schulpflichtiger Mädchen befinden, denen die Jahreszeiten wenig und die altmodischen heißen Äpfel überhaupt nichts zu sagen haben. Zu diesen Menschen gehöre ich nicht. Teils, weil mir zu kalt ist, teils, weil ich friere.

Das heißt: Ich *gehörte* nicht zu ihnen. Bis gestern. Gestern geschah ein Wunder. An der Ecke Mariahilferstraße und Getreidemarkt. Dort, wo die Lichtampel immer so hübsch und unverhältnismäßig lange auf ›Gelb‹ stehenbleibt, damit die Chauffeure und die Fußgänger sich auch richtig wohl fühlen. Eine ganze Menge Leute saß dort hinter blitzenden Glasscheiben in einem Salon und aß Eis.

Nun haben wir alle gelegentlich derartige Halluzinationen. Manchmal glauben wir auf der Landstraße einen Trambahnwagen der Linie F anrollen zu sehen, oder es dünkt uns, als hörten wir einen Gast in einem der geselligen Lokale nahe der Oper Deutsch sprechen – beides Mystifikationen, über die der Leser nachsichtig lächeln mag. Ich selbst bin einmal in die Lage gekommen, einen Bernhardiner vor dem Presseklub seine Ansichten über Schrödingers Wellenmechanik zum besten geben zu hören, bis sich herausstellte, daß der betreffende Bernhardiner ein exzentrischer Freund von mir war, der sich, eigens um mich zu überraschen, in die Unkosten einer derartigen Maskerade gestürzt hatte.

Es gibt für derartige Fälle ein altes Mittel: sich heftig in die Nase kneifen. Tut es weh, so hat man geschlafen und begründete Aussicht, bald in seinem Bettchen zu erwachen. Schläft man hingegen nicht, so tut es auch weh. In diesem Falle halte man sich nachdrücklich die Unwahrscheinlichkeit einer offenen Bettstatt an der Kreuzung Mariahilferstraße und Getreidemarkt (oder jener Örtlichkeit, an der man sich gerade befindet) vor Augen, und man wird wissen, wie man dran ist. Ich kniff. Es schmerzte. Ich hielt mir – siehe oben – die kleine Unwahrscheinlichkeit vor Augen. Das Bild blieb bestehen. Einer der Herren nahe der Scheibe entnahm in diesem Augenblick seinem krachneuen Überzieher ein dezentes Taschentuch in Rot und Gold und blies donnernd in dasselbe, und so fiel mein Blick auf ein Plakat, das an dem Fenster klebte. Ich las:

Das Lokal ist geheizt!

Nun gab es nichts mehr, das mich hätte zurückhalten können. Ohne mich zu besinnen, in wilder Raserei, allein der Stimme meines Blutes gehorchend, blind geworden für meine Umgebung, stürmte ich vorwärts, hinein in jenen blitzenden, freundlichen Raum und sein gesegnetes Tropenklima. Ich tat dies nicht etwa, um Eis zu essen. Ich tat es auch nicht, um eine authentische Lokalreportage für das ›Neue Österreich‹ zu schreiben. Ich tat es, weil ich fror. Diejenigen Damen und Herren, die sich gestern außer Haus befanden, werden dies begreiflich finden.
Ich setzte mich in die hinterste Ecke des Salons, hielt mir eine Zeitung vor das Gesicht und wagte kaum zu atmen. Auf diese Weise hoffte ich, die Aufmerksamkeit auch nicht eines einzigen Angestellten zu erregen und in Geduld den Augenblick zu erleben, in dem meine Zehen, meine Nase, meine Ohren, meine Finger sowie einige andere exponierte Körperteile, vom Eise befreit, darangehen konnten, ihre normalen Funktionen wiederaufzunehmen. Mir war sehr kalt.
An dieser Stelle ist es notwendig, darauf hinzuweisen, daß dies keine gewöhnliche Geschichte ist, sondern eine solche mit einer Moral. Wie man gleich sehen wird. Zu jenem Zeitpunkt nämlich, da meine Nase bereits wieder zu rinnen, meine Ohren zu brennen und meine Zehen zu jucken begannen, zu jenem Zeitpunkt also, da ich langsam in die glückliche Gemeinschaft durchwärmter und normaler Menschen zurückkehrte, erschien ein Herr an meinem Tischchen und fragte nach meinen Wünschen. »Mir geht es«, sagte ich, »ganz gut. Danke, ich bin zufrieden.«
Davon wollte er nun gar nichts wissen und nannte in rapider Folge eine Reihe von Fruchteiskombinationen, die nach freier Wahl servierbereit seien. Ich gab ihm zu verstehen, daß mir nicht nach Fruchteis, sondern nach Wärme zumute war und daß dieser Umstand allein mich zum Besuch seines Etablissements bewegt hatte. Ich sei jedoch, sagte ich, selbstverständlich bereit, wenn schon nicht für das Eis, so doch für die Wärme zu bezahlen, und ich legte etwas Hartgeld auf den Tisch. Mit dem guten Instinkt des Gentle-

man brachte er daraufhin wortlos eine entsprechende Portion Eis an das Tischchen samt der unausgesprochenen Aufforderung, es nach Belieben zu essen oder stehenzulassen.
So, dachte ich, während ich mit kummervollem Herzen und einem kleinen Löffelchen mein Eis zu essen begann, sieht es also um unsere Glückseligkeit aus. Wir stehen draußen, vor dem Paradies, und frieren. Treten wir ein und werden wir langsam der himmlischen Freuden teilhaftig, zwingt man uns wieder, etwas zu tun, was unserem Befinden nur abträglich sein kann. Auch wenn das Lokal geheizt ist.
Ich gebe zu, daß man mit Recht einwenden könnte, niemand habe mich gezwungen, mein Eis zu essen. Darauf habe ich zu erwidern: Erstens war es sehr gutes Eis. Zweitens hätte es unhöflich ausgesehen, das Eis einfach links liegen und zergehen zu lassen. Drittens: Geben *Sie* einmal zwei Schilling für Wärme aus und lehnen Sie ein Gratis-Eis ab! Und viertens ist unser Fleisch, wie Sie wissen, schwach. Mir ging es schon wieder zu gut. Die Engel weinten, und der Teufel lachte sich ins Fäustchen.
Schließlich überlegte ich, wie sich meine Extravaganz wohl auswirken würde, wenn ich wieder die Straße beträte. Würde die Kälte in meinem Innern sich von der Kälte meiner Umgebung subtrahieren und so ein erträgliches Temperaturniveau geschaffen werden? Oder würde etwa die eine Kälte sich zu der anderen addieren und mich auf der Stelle ein Frostschlag streifen?
Meine Damen und Herren, ich gestehe offen, daß ich nicht in der Lage bin, Ihnen diese interessanteste aller Fragen zu beantworten. Denn ich hatte nicht den Mut, es auf einen Versuch ankommen zu lassen. Ich blieb, wo ich war. Ich bin noch immer dort. Diese Zeilen schreibe ich auf dem vorerwähnten kleinen Tischchen. Ich denke, ich werde hier überwintern. Ein Herr hat sich freundlicherweise bereit erklärt, diese Zeilen in die Redaktion zu tragen. Meine Freunde bitte ich, mich zu besuchen. Das Lokal ist geheizt.

Das lange Glück des Dieter Nordstein

Wie so viele war ich 1953 über das Auftauchen erster Neo-Nazis in der Bundesrepublik zornig.

Das lange Glück des Dieter Nordstein währte dreizehn Jahre. Nun ist es mit ihm vorbei. Dieter Nordstein kommen Tränen, wenn er sich das klarmacht. Er weint häufig im Gefängnis, seine Zellengenossen fühlen sich dadurch gestört. Besonders nachts. Dann kann Dieter Nordstein nämlich meistens nicht schlafen und denkt an sein verlorenes Glück. Er hat sich die Ereignisse der letzten Wochen sehr zu Herzen genommen.

Was in den letzten Wochen zu einem Abschluß gekommen ist, weil ein dummes kleines Mädchen eine dumme kleine Tageszeitung vor einem dummen kleinen Kellerfenster fallen ließ, nahm seinen Anfang schon im Jahre des Unheils 1940. Damals ging es Herrn Nordstein nicht besonders gut. Es ging auch vielen anderen Menschen nicht besonders gut. Und deshalb ging es Herrn Nordstein 1941 auch schon wieder viel besser. Herr Nordstein war stets das gewesen, was man einen unerträglich faulen Hund zu nennen pflegt. Bevor er einen Finger krumm gemacht hätte, wäre er lieber im Stehen verhungert, so faul war er. Außerdem hatte er ein steifes Bein. Darum mußte er nicht in den Krieg ziehen. Er saß im Garten seines kleinen (ererbten) Hauses in der Vorstadt und sonnte sich.

Damals gab es außer Herrn Nordstein noch andere Leute, die nicht in den Krieg ziehen mußten. Es war dabei gar nicht erforderlich, daß sie ein steifes Bein hatten. Erforderlich war allein, daß sie keinen Ariernachweis vorweisen konnten. Das genügte. Allerdings durften diese Leute sich auch nicht mehr in den Gärten ihrer kleinen (ererbten) Häuser in der Vorstadt sonnen. Erstens grundsätzlich nicht, und zweitens, weil man ihnen ihre Häuser in der Vorstadt oder anderswo zu diesem Zeitpunkt schon lange weggenommen hatte.

Die Juden, die nicht in den Krieg ziehen mußten, kamen ins KZ. Dort kamen sie um. Bei denen, die noch nicht im KZ waren, sprach sich das herum, und manche von ihnen versuchten unterzutauchen, bevor man sie verhaftete und fortschickte. Es gelang sehr wenigen Juden, unterzutauchen. Man brauchte Geld und Glück und Freunde dazu. Freunde hatten die Juden zur Not noch ein paar, Geld hatten sie schon seltener – und Glück fast nie. Die Juden, denen das Untertauchen gelang, lebten im Verborgenen weiter. Man nannte sie ›U-Boote‹. 1942 gab es eine ganze Reihe derartig geschmackvoller neuer Wörter. ›Vergasen‹ war auch so eines. Es existierten noch andere.

Eines Tages, als Herr Dieter Nordstein im Garten seines kleinen (ererbten) Hauses gerade ein Sonnenbad nahm, kam ein Freund zu Besuch und offerierte ein Geschäft. Da es, wie der Freund sofort betonte, ein Geschäft ohne Arbeitsaufwand war, zeigte sich Herr Nordstein interessiert und unterbrach sein Sonnenbad. Worum es sich also handele, wollte er wissen.

»Du hast doch unter deinem Haus einen hübschen, tiefen Keller, nicht?« erkundigte sich der Freund.

»Mhm«, sagte Herr Nordstein. Er haßte überflüssiges Reden.

»Und es kommt doch nie jemand zu dir auf Besuch, nicht?«

»N-n.«

»Und das Haus liegt doch eigentlich sehr einsam, was?«

»Mhm.«

»Und du brauchst Geld?«

»Klar«, sagte Herr Nordstein, gesprächiger.

»Dann komm einmal mit mir«, sagte der Freund und führte ihn zu einem zweiten Freund, der ihn an einen dritten Freund weitergab. Nach drei Stunden und sieben Freunden stand Herr Nordstein einem U-Boot gegenüber, das ihn bleich und zitternd anstarrte. Es war ein U-Boot mit sehr viel Angst. Die Gestapo war seit drei Wochen hinter ihm her. Es hatte seinen Keller verloren. Es brauchte einen neuen. Es war bereit, für ihn fünfhundert Mark monatlich zu bezahlen. Denn es war ein U-Boot mit sehr viel Geld.

Herr Nordstein ließ sich die Miete für ein Jahr im voraus auf den Tisch bezahlen, und als die Nacht über die Stadt herabgesunken war, transportierte er den kleinen, zitternden Juden in dem Gefährt eines Speiseeisverkäufers in die Vorstadt hinaus und wies ihn in den Keller seines kleinen (ererbten) Hauses ein. Daselbst lebte das U-Boot von nun an unbehelligt und in tiefer Dunkelheit. Bei Neumond, und wenn es regnete, ließ Herr Nordstein es manchmal ein bißchen ins Freie, so wie man einen Hund auf die Straße führt. Er tat es, damit das U-Boot nicht verrückt wurde. Ein verrücktes U-Boot hätte vielleicht Krach gemacht und sich verraten, dachte Herr Nordstein, und dann wäre es mit der Monatsrente vorbeigewesen. Herr Nordstein war sehr geldgierig.

Weil er sehr geldgierig war, bewog er seinen Freund im Laufe der nächsten Monate, ihm nach und nach fünf weitere U-Boote zu liefern. Herr Nordstein fand, daß man den hübschen großen Keller ausnützen müsse. Es war eine Zeit, die schlechter und schlechter für U-Boote wurde. Der Freund mußte sich nicht sehr anstrengen, er hatte die fünf Juden bald beisammen. Es waren lauter Männer. Herr Nordstein bezog von jedem fünfhundert Mark im Monat. Nachts führte er sie aus. Die Sechs sahen außer einander und Herrn Nordstein niemals einen Menschen. Sie bekamen niemals eine Zeitung in die Hand. Sie hörten niemals eine Rundfunknachricht. Herr Nordstein sorgte für ihre Sicherheit, indem er sie hermetisch von der Umwelt abschloß.
Mit der Zeit ging den U-Booten das Bargeld aus, das sie bei sich trugen. Und da nahm Herr Nordstein großzügigerweise auch Schmuck. Die U-Boote hatten eine Menge Schmuck bei sich. Mit diesem Schmuck konnten sie noch jahrelang bei Herrn Nordstein leben, überlegte dieser nachdenklich...

Im Juni des Jahres 1953, acht Jahre nach Kriegsende, ist ein kleines, dummes Mädchen am Kellerfenster von Herrn Nordsteins Haus vorbeigegangen und hat eine kleine, dumme Tageszeitung fallen lassen. Herr Nordstein war gerade nicht zu Hause, sonst hätte er sie schleunigst wieder aufgehoben. So aber kam die Tageszeitung in die Hände eines der Juden im Keller, der sie mit einem Stöckchen in die Tiefe hinunterangelte. Die sechs U-Boote, die seit so vielen Jahren in Herrn Nordsteins Keller saßen, erfuhren aus ihr, was Herr Nordstein ihnen nicht mitgeteilt hatte: daß der Krieg vorbei und das ›Dritte Reich‹ verschieden war. Als Herr Nordstein an diesem Tag heimkam, fand er den Keller leer. Am Abend wurde er verhaftet, sein langes Glück war zu Ende.
»Sie haben die Juden bis 1953 im Keller versteckt?« fragte man ihn.
»Mhm«, sagte Herr Nordstein.
»Aber der Krieg war doch schon 1945 zu Ende!«
»Na und?« knurrte Herr Nordstein. »Haben wir vielleicht ausgemacht, daß ich ihnen das melden muß?«

Das Licht und die Finsternis

1946, im Elend, herrschte in Wien große Nachfrage nach »Wahrsagern« und »Wahrsagerinnen« (wie immer, wenn's uns dreckig geht).

Vor ein paar Tagen wurde eine junge, bildhübsche Zigeunerin verurteilt. Wegen Wahrsagerei. Es ist bisher gar nicht so einfach gewesen, Zigeunerinnen wegen Wahrsagerei zu verurteilen. Ob sie nun hübsch waren oder nicht. Denn die Angeklagten konnten immer nachweisen, daß ihre Opfer sie freiwillig und ohne jeden Zwang konsultiert und entlohnt hatten. Im Gegenteil: Meistens waren sie sogar zur Ausübung ihres dubiosen Gewerbes aufgefordert worden!

Aber nun fällte ein weiser Richter ein wahrhaft salomonisches Urteil. Er sagte, Aberglaube sei eine Spielart menschlichen Schwachsinns. Er wollte das Wort Schwachsinn dabei nicht rein medizinisch verstanden wissen. Schwachsinnig seien alle Menschen, deren Intelligenz ein gewisses mittleres Niveau nicht erreicht. (Also ein ganzer Haufen.)

Alle Schwachsinnigen, so folgerte der Richter, fühlen sich zu Wahrsagerinnen hingezogen, sie sind zu schwach, die Zukunft ohne Stütze zu ertragen, sie wollen Trost, es ist eine richtige Minderwertigkeitsgefühlshandlung. Und Wahrsagerei ist daher die Ausnützung dieses Minderwertigkeitsgefühls, dieses seelischen Gebrechens. Wer aber ein menschliches Gebrechen ausnützt, der macht sich strafbar.

Die junge, bildhübsche Zigeunerin ging ins Gefängnis. Welch ein Jammer!

Weil es aber in unserer Zeit doch so ganz unfaßbar viele Menschen gibt, die ohne Stütze irgendeiner Art kaum in die Zukunft sehen können, weil also der Schwachsinn, Verzeihung, der Aberglaube in unserer Zeit so verbreitet ist, sollte man der Sache vielleicht noch einen Schritt weiter auf den Leib rücken. Der Grund, aus dem viele Ärzte die Wahrsagerei verdammen, ist der, daß sie schweren seelischen Schaden anrichten kann. Um das an Hand eines Falles zu erläutern:

Ein junger Mann kommt zu einer Wahrsagerin. Alle Wahrsagerinnen sind großartige Menschenkennerinnen. Unsere Wahrsage-

rin hat nach fünf Minuten heraus, daß der junge Mann vor dem Abitur steht, daß er kaum schläft, weil er so arbeitet, daß er für Mädchen, Schnaps und Tanzen keine Zeit hat, und so weiter.
Sie prophezeit also:
Er wird eine schwierige Prüfung mit Auszeichnung bestehen. Danach wird man ihm mehrere unterschiedliche Stellungen anbieten. Dabei sieht es so aus, als ob die beste unerreichbar für ihn wäre. Doch sie ist es nicht. Er wird sie erhalten. In dieser Stellung kommt er rasch vorwärts. Er heimst Anerkennung und Ehrungen ein. Er lernt ein Mädchen kennen, das er zu lieben beginnt. Das Mädchen erwidert diese Liebe. Heirat. Glück. Und im Beruf: Man vertraut ihm – noch im Alter von unter dreißig Jahren! – einen verantwortungsvollen Posten an.
Hier schüttelt die Wahrsagerin den Kopf:
»Doch jetzt Achtung!« sagt sie. »Vorsicht ist geboten! Sie haben einen Feind im Betrieb! Einen Feind, der Sie vernichten will. Sie müssen sehr vorsichtig sein um diese Zeit, denn Sie werden lange brauchen, bis Sie diesen Feind entdecken. Dann, endlich, haben Sie ihn entdeckt. Eine Zeit des Kampfes beginnt zwischen Ihnen. Sie unterliegen. Verlieren durch Intrigen den Posten. Werden krank. Beginnen zu trinken. Die Frau verläßt Sie. Tod durch schwere Krankheit im Alter von vierzig...«
Eine *solche* Wahrsagerin gehört ins Gefängnis!
Denn: Der junge Mann (schwachsinnig, wie er ist) vertraut ihr. Er besteht seine Prüfung mit Auszeichnung. (Kein Wunder, er hat sich ordentlich auf sie vorbereitet. Aber er denkt: Die erste Prophezeiung ist in Erfüllung gegangen!) Er erhält Stellenangebote. Er hat genug Selbstvertrauen gewonnen, sich in beeindruckender Form um die beste zu bewerben. Er erhält sie deshalb auch. (Die zweite Prophezeiung! Die Wahrsagerin gewinnt an Wichtigkeit.) Abermals neu beflügelt, wird er freier, sicherer, mutiger – findet deshalb Erfolg, Anerkennung, schnelles Weiterkommen. (Die Wahrsagerin ist bereits eine Halbgöttin.) Aufatmen, Entspannung. Jetzt hat er Zeit für sein Privatleben. Ein Mädchen taucht auf. Erwidert seine Liebe. Heirat. Glück. Warum nicht? (Aber für ihn: die vierte Prophezeiung!) Wegen seiner Tüchtigkeit erhält er noch im Alter unter Dreißig einen verantwortlichen Posten. Und nun die Panik: Jetzt muß er einen Feind haben!
Er hat *keinen,* wirklich nicht. Aber er *muß* einen haben, es ist ihm ja prophezeit! Er sieht sich um. Einen Menschen, der *ihm* immer

ein bißchen unsympathisch war, macht er zu seinem ›Feind‹. Das muß er sein! Es hieß doch in der Prophezeiung, der Kerl werde sich gut verstellen. Also ist er widerlich zu seinem ›Feind‹. Menschliche Reaktion: Der ›Feind‹ ist widerlich zu ihm. (Aha, er zeigt sein wahres Gesicht!) Folgen: Unsicherheit, Zaudern, Angst, Versagen im Beruf, Verlust der Stellung. (Folgerung: Mein Gott, die Wahrsagerin hatte wieder recht!) Dann: Flucht ins Bett, also Krankheit, Streit, die Frau verläßt ihn. (Die Wahrsagerin ist nun ein Fluch, dem er nicht mehr entrinnen kann.) Er läßt sich gehen, treiben, trinkt. Schwächung des Organismus, Verfall, Tod. Die Wahrsagerin hat einen Menschen vernichtet.
Soweit ist alles klar. Jedoch was uns bedrückt, ist dies: Müßte man die Wahrsagerin ebenso schuldig sprechen, wenn sie *nur* bis zum Kopfschütteln, wenn sie *nur* Erfolg und Glück prophezeit hätte? Wäre dann aus einem schwachen Menschen nicht ein starker, aus einem gehemmten ein freier, aus einem Zauderer ein schöpferischer Mensch geworden? Hätte die Wahrsagerin dann nicht eine pädagogische, ja eine ärztliche Mission erfüllt? Ist sie also auf alle Fälle zu verdammen? Oder muß man sie je nach dem Wortlaut ihrer Prophezeiung nicht einmal als Verbrecherin bezeichnen und einmal als Heilige, einmal als das Gute und einmal als das Böse, einmal als das Licht und einmal als die Finsternis?

Das Abgründige in König Max II.

Politiker sind ohne Geldgeber nicht denkbar. Das ist eine alte Geschichte.

München 1954.

Irgendwie, scheint es, sind Politiker beim zahlenden Publikum ein wenig aus der Mode gekommen. Es geht ihnen noch immer ganz gut, sie haben ihr Auskommen, und gelegentlich gestatten wir ihnen auch noch das Vergnügen, einen Krieg zu beginnen. Aber trotzdem: Ihre große Zeit, die Zeit, in der jedes ihrer Bonmots unsterblich wurde und von Mittelschülern auswendig gelernt werden mußte, ist vorbei. Es liegt wahrscheinlich an ihnen. Die Bonmots, die sie von sich geben, können, wie ihre Hervorbringer, nur noch in den seltensten Fällen Anspruch auf Unsterblichkeit erheben. Mein neuer Freund, ein Münchner Trambahnschaffner, hat längere Zeit darüber nachgedacht, warum die Politiker wohl nicht mehr so prima sind, und er glaubt, es liegt daran, daß sie keinen Humor haben. Sie sind bissig und böse geworden, und mit einem schiefen Mund kommt man nicht in den Himmel. Meint mein Freund. Früher haben die Regierenden mehr Spaß am Leben gehabt und weniger Spaß am Tod. Da ist natürlich allerhand dran. Besonders beeindruckt hat mich, was mein Freund mir anschließend über den guten König Max II. erzählte. Diese Geschichte ist sehr aufschlußreich, obwohl sie schon vor hundert Jahren passierte.

Vor hundert Jahren war das Land Bayern entsetzlich verschuldet.

Schulden an sich waren in Bayern nichts Ungewöhnliches, die regierenden Könige hatten damals alle eine herrliche, liebenswürdige Macke – sie malten oder bauten oder entwarfen Pläne für riesige Museen und Opernhäuser. Oder sie hatten wunderschöne, aber kostspielige Freundinnen. So kamen die Schulden. Es machte den Bayern nichts, Schulden zu haben, sie verstanden ihre Könige, sie hatten sie gern, es waren nette Könige! Aber den Königen machte es schließlich etwas, Schulden zu haben. Sie litten unter ihren Schulden.

Denn diese Königsschulden waren natürlich besondere Schulden. Nicht solche, wie wir sie alle haben beim Bäcker, bei Freunden oder beim Schneider. Das wäre nicht so schlimm gewesen! Nein, die Schulden der Könige nannte man ›Staatsschuld‹, das heißt, der ganze Staat stand bei irgendeinem großen Bankhaus mit ein paar Millionen in der Kreide. Wenn nun so ein König beispielsweise zu Herrn Rothschild kam, weil er schon wieder Geld brauchte, dann sagte Herr Rothschild: »Lieber Herr König, bezahlen Sie mir zuerst einmal die alten Schulden. Dann wollen wir weiterreden. Vorher nicht.«

Deshalb litten die Könige so. Einer, der besonders litt, war der gute König Max II. Nicht nur hatte er kein Geld, sondern es wollte ihm auch keiner mehr etwas leihen. Das war schrecklich. Der arme König Max konnte nachts nicht schlafen, und im Ministerrat, wenn unbedingt notwendige Ausgaben beschlossen wurden, stöhnte er nur: »Wer soll das bezahlen?«

Die einzigen im Lande, die es hätten bezahlen können, waren die Bierbrauer. Denn die Bayern (um eine viel zu wenig bekannte Tatsache unter die Leute zu bringen) haben Bier gern und trinken eine ganze Menge davon. Viele Millionen Liter im Jahr. Man kann sie verstehen, das Bier ist auch großartig. (Besonders das Märzen. Natürlich auch der Bock. Wenn auch der Salvator... aber ich sehe, ich komme vom Thema ab.) Die Bierbrauer waren also Millionäre, meist protzige Neureiche und dem König ein Dorn im Auge. Wenn er einen von ihnen auf der Straße traf, dann grüßte *er* bereits zuerst, und der Bierbrauer dankte gemessen. So weit war es schon gekommen! Der gute König Max kochte.
Achtung, jetzt kommt der kleine Unterschied!
Wenn ein mächtiger Staatsherr heute vor Wut kocht über irgendwen, dann läßt er den Irgendwen einsperren oder landesverweisen oder erschießen. König Max, der über seinen Sorgen seinen Humor nicht verloren hatte, tat etwas anderes. Er erklärte dem Ministerrat, daß er die Staatsschuld mit Hilfe einer neuen Steuer tilgen wolle. Die Minister schlugen die Hände über dem Kopf zusammen: Eine neue Steuer? Lächerlich! Die Bayern würden sie nie bezahlen! Sie bezahlten ja schon die alten Steuern nicht!
Diese Steuer, sagte der gute König Max, dessen Weisheit manchmal etwas Abgründiges hatte, würden seine Bayern bezahlen. Es war nämlich eine *Biersteuer*!
Die Minister sahen einander in ungläubigem Entzücken an. Donnerwetter, dachten sie, das war schon ein Kerl, ihr König! Und nachdem sie ein dreifaches Hoch ausgebracht hatten, verabschiedeten sie eilig ein neues Gesetz über die Erhöhung des Bierpreises infolge des Aufschlages einer allgemeinen Biersteuer.
In Frankreich war 1790 jemand in einer ähnlichen Situation auf die Idee gekommen, eine allgemeine Salzsteuer einzuheben. Zwei Jahre später hatte er dann den Salat in Form der allseits beliebten und bekannten Französischen Revolution. Es sei also, sagten manche, nicht so ganz ungefährlich, was der gute König Max da anfange, es könne leicht ins Auge gehen. Besonders wenn man in Betracht ziehe, daß die Bayern ihr Bier noch dringender benötigten als die Franzosen ihr Salz.
Doch der gute König Max winkte ab: Er kenne sein Volk! Sein Volk mache nicht Revolution. Sein Volk schimpfe. Es schimpfe ständig und mehr als andere Völker, und es werde nun über die Erhöhung des Bierpreises ganz besonders schimpfen. Die Männer

würden zum Schimpfen zusammenkommen und vom Schimpfen durstig werden. Dann würden sie Bier trinken. Und noch mehr schimpfen. Und noch mehr Durst empfinden. Und noch mehr trinken. Und so weiter, König Max war sich seiner Sache sehr sicher. Die einzigen, vor denen er ein bißchen Angst hatte, waren die Bierbrauer. Aber die wagten nicht, Krach zu schlagen, denn sie hatten in den letzten Jahren zuviel ungesetzliche Dinge im Zusammenhang mit Steuerabgaben getan. Sie waren hübsch still und warteten ab. Ein paar versuchten sich zu helfen, indem sie Wasser in ihr Bier schütteten.

Damit arbeiteten sie dem König direkt in die Hände. Denn nun debattierten sich die Bayern nicht nur über die Steuer, sondern auch über das Wasser heiser und durstig. Es ging alles wie am Schnürchen!

In den folgenden zwei Jahren tat König Max nur eines: von Zeit zu Zeit sein Volk durch eine wohlüberlegte Maßnahme verstimmen. Er machte sich willentlich unpopulär – und ließ sich dazu geheime Berichte über das damit verbundene Steigen des Bierkonsums geben. An Hand statistischer Kurven berechnete er den Termin für die nächste unpopuläre Maßnahme. Und er rechnete gut! Innerhalb von zwei Jahren hatte das brave Bayernvolk eine Staatsschuld von mehreren Millionen buchstäblich und wörtlich abgesoffen. Bayern war schuldenfrei. König Max hob die Biersteuer auf. Das Volk jubelte ihm wieder zu. Und Herr Rothschild gab eine neue Anleihe. Nun konnte der gute König wieder weiter seine geliebten Häuser bauen, und alle waren zufrieden und glücklich.

»Verstehen S', was ich meine?« fragte mein Freund, der Trambahnschaffner.

Genehmigter Grenzsprechort

Dies alles war 1948 sehr herzbewegend. Und ist es, finde ich, noch immer. Geschrieben an der Grenze Westdeutschland/Österreich.

Wissen Sie, was ein ›Genehmigter Grenzsprechort‹ ist?
Und wenn Sie es schon wissen, wissen Sie dann auch, wo sich die Bahnhaltestelle Pyret, Post Haibach bei Schärding, Oberösterreich, befindet?
Und wenn Sie auch das noch wissen, wissen Sie dann auch, wohin man gelangt, wenn man von der Bahnhaltestelle Pyret den Inn hinunter, an zwei Misthaufen, fünf Bauernhäusern, etlichen Telegrafenstangen und einem riesigen Reklameplakat vorbei eine halbe Stunde in südöstlicher Richtung marschiert?
Gestatten Sie, daß wir Sie aufklären: Sie gelangen zu einem Etablissement namens ›Bergkeller‹. Der Bergkeller steht, wie der Name sagt, auf einem Berg. Einem steilen Berg. Der Berg fällt zum Inn ab, er befindet sich auf seinem südlichen Ufer. Auf seinem nördlichen Ufer liegt die Stadt Passau. Neben dem ›Bergkeller‹ stehen ein paar alte Bäume. Und neben den Bäumen steht eine Holzhütte in der Größe eines Fahrkartenschalters der Wiener Stadtbahn. Das ist die österreichische Zollstation. Sie ist so groß, daß zwei Männer bequem darin stehen und sitzen können. Anscheinend wollen manchmal mehrere Männer in ihr stehen oder sitzen, denn eben wird der Bau einer neuen, größeren Station in Angriff genommen. Daneben, auf der Wiese. Viele Gänseblümchen mußten schon ihr Leben lassen.
Von der österreichischen Zollstation sind es etwa zweihundert Meter bis hinunter zur bayerischen. Der Weg führt an einem Ententeich vorüber und über eine Bahnlinie, auf welcher Züge nach Passau, Wien, Hoek van Holland, Essen, Frankfurt am Main und natürlich auch nach Pyret verkehren. Die bayerische Grenzstation sieht piekfein und krachneu aus. Ein weißes Haus mit rotem Dach, Schlagbaum, sieben Sonnenblumen, Blinklicht, Amtsräumen und so weiter. Wenn man sie anschaut, ist man versucht, Zollbeamter zu werden.
Der Weg zwischen den beiden Stationen ist sehr steil. So steil, daß die alten Autos, die von unten heraufkommen und vor der österreichischen Kontrolle stehenbleiben, die größten Schwierigkeiten

haben, weiterzufahren. Vielleicht ist das aber auch der tiefere Sinn dieser Straße. Übrigens ist der Weg nicht nur steil, sondern auch verboten. Das heißt: Bis zur bayerischen Seite kann man ihn noch gehen. Aber dann ist Schluß! Denn hinter ihr, unten am Wasser, liegt ein anderes Land. Um hinüberzukommen, benötigt man einen Paß. Und eine I-Karte. Oder einen sogenannten Grenzübertrittsschein. Oder einen Besuchsschein. Wer dies alles nicht hat und nicht bekommen kann, bleibt, wo er ist. Oder er versucht, in den Wald hinaufzuklettern und dort, wo es keiner sieht, zwischen den Grenzsteinen... – aber das ist auch verboten.
Die sogenannten Grenzübertrittsscheine gibt es schon seit langem. Der Dernier cri seit einem Jahr ist aber der Besuchsschein. Das ist eine herrliche Einrichtung. Man bekommt ihn, wenn man aus Passau nach Österreich hinüberwill. Wenn man aus Österreich nach Passau hinüberwill, bekommt man ihn nicht. Er ist übrigens gar nicht nötig. Es geht auch so. Wenn Sie einen Freund in Passau haben, setzen Sie sich einfach in den ›Bergkeller‹ und warten, bis er herüberkommt. Er darf von 8 Uhr früh bis 8 Uhr abends dableiben. Seine Papiere muß er bei der österreichischen Zollstation deponieren. Dann steht Ihrem Glück nichts mehr im Wege – Sie dürfen einen Tag zusammensein. Und am nächsten Tag wieder.
Es war allerdings nicht immer so schön. Herr Aigner, der Wirt vom ›Bergkeller‹, sagt sogar, daß es einmal scheußlich gewesen ist. Er denkt heute noch daran zurück wie an einen Alptraum... an die Zeit, in der es die Besuchsscheine noch nicht gab. Damals versammelten sich vor der einen Grenzstation Tag für Tag bei Morgengrauen viele Männer, Frauen und Kinder und sahen zum ›Bergkeller‹ hinauf. Hier, auf der anderen Seite, versammelten sich gleichfalls Männer, Frauen und Kinder. Sie hatten denen unten, die neben den sieben Sonnenblumen und dem Schlagbaum warteten, allerhand zu sagen. Traurige und fröhliche Dinge. Denn das waren die Menschen, die sie liebten, die sie kannten, mit denen sie verwandt waren, das waren Menschen, die sie manchmal jahrelang nicht gesehen hatten. Und nun feierten sie ein optisches Wiedersehen mit Operngläsern (sofern sie Operngläser hatten).
Und auch die Konversation war laut. Denn sie mußten sich alles über den Streifen Niemandsland hinweg zuschreien. Zuerst schrieen sie alle auf einmal. Und niemand verstand sein eigenes Wort. Dann wurden sie vernünftiger und schrieen hübsch der Reihe nach, einer nach dem andern. Sie schrieen von früh bis

abends. Sie teilten sich auf diese Weise mit, daß die Mutter gestorben war, daß die Kuh gekalbt und daß die Minka Zwillinge bekommen hatte, daß der Hof abgebrannt war, daß sie kein Geld hatten, daß es ihnen gutging (Menschen, die sich über ein Niemandsland hinweg Botschaften zuschreien, geht es immer gut), daß fünf Hemden aus dem Paket, das die Tante geschickt hatte, fehlten, daß sie ihre Frauen liebten, daß sie ihre Männer liebten und daß sie Sehnsucht hatten. Sie alle hatten Sehnsucht. Oben, auf der großen Terrasse, die aus dem Berg herauswächst, stand der ›Bergkeller‹-Wirt und schüttelte den Kopf. Später stand er nicht mehr dort. Weil er es nicht aushielt. Er ging ins Haus und wünschte nur, daß die Stimmen aufhören möchten. Sie hörten auch auf. Denn die Nacht kam. Aber am nächsten Morgen begann wieder alles von neuem.

Und dann, endlich, kamen die Besuchsscheine. Und der ›Bergkeller‹ wurde ein ›Genehmigter Grenzsprechort‹. Und die Leute, die früher geschrieen hatten, sprachen jetzt ganz leise. Sie saßen auf der Terrasse, sahen zum Wasser hinunter, zu den Türmen von Passau hinüber und zu den Wolken hinauf und tranken Most oder Gumpoldskirchner. Es kam ihnen darauf an, zusammenzusein.

Die Zollbeamten erhielten sogar die Vollmacht, Ehen zu schließen! Und so wurden in dem engen Fahrkartenschalter auch des öfteren junge Männer gefragt, ob sie willens seien, diese hier erschienene Huber Margarete zu ehelichen und bei ihr zu bleiben in guten und bösen Tagen, in Krankheit und Not, bis daß und so weiter...

Die Jungvermählten konnten dann einen Spaziergang hinauf zum Kloster und in den Wald machen. Sie taten es auch. Sicherem Vernehmen nach kamen sie sich vor wie an der Riviera. Das machte die Luftveränderung. Und aus einer Stätte der Tränen, der Aufregung und der lauten Stimmen wurde so, im Laufe des mit Heil und Unheil erfüllten Jahres 1948, eine Stätte der Harmonikamusik, der gebackenen Schnitzel und des Kinderlachens. Besonders am Sonntag. Dann hörte man von Passau herüber das Geschrei der Menge vom Fußballplatz. Und vom ›Bergkeller‹ herüber hörte man in Passau drüben gelegentlich einen leisen, verhaltenen Seufzer, der gleich mit dem Wind verwehte. So wie aus einem verwunschenen Schloß. So wie in einem Märchen.

Es ist nur keines. Gott sei Dank!

Besondere Kennzeichen: siehe weiter unten

> Auf diesen Hilferuf kam nicht eine einzige Antwort!
>
> Wien 1947.

Dies ist kein Artikel, sondern ein Brief.
Er richtet sich an:
die österreichischen Radiostationen;
die österreichischen Synchronisationsfirmen;
die österreichische Filmindustrie und an die Verleihfirmen ausländischer Filme in Österreich.

Sehr geehrte Herren!
Wir erlauben uns hiermit, Ihre geschätzte Aufmerksamkeit auf eine junge Dame zu lenken, von der wir Ihnen im folgenden einige Daten bekanntgeben.

Name: *Hackel, Friederike*
Adresse: Wien IV, Wiedner Hauptstraße 71.
Telefon: U 43-3-83.
Beruf: Schauspielerin.
Augen: braun.
Haare: schwarz.
Gesicht: oval.
Körpergröße: 1,70 m.
Besondere Fähigkeiten: kann singen, arbeitet als Rezitatorin und Sprachlehrerin.
Besondere Kennzeichen: besitzt nur ein Bein.

Das heißt: Sie besitzt natürlich zwei, sie kann normal gehen und sich normal bewegen, und wer sie nicht kennt und ihr begegnet, ahnt nichts von der Operation, der sich die Schauspielerin Friederike Hackel vor längerer Zeit hat unterziehen müssen. Aber die Tatsache bleibt bestehen: Nur das eine Bein ist gesund, das andere ist eine Prothese.
Eine Verletzung dieser Art, sehr geehrte Herren, bewirkt im allgemeinen den Abbruch einer schauspielerischen Laufbahn. Bei Friederike Hackel hat sie ihn nicht bewirkt. Sie war eine Schauspielerin. Und sie ist eine Schauspielerin geblieben. Das war vielleicht

gar nicht so sehr die Frage eines heroischen Entschlusses als vielmehr eine nicht zu umgehende logische Folge des Umstandes, daß man Friederike Hackels Beruf leider nicht wechseln kann wie ein Hemd. Man kann ihn überhaupt nicht mehr wechseln, wenn man ihn wirklich und ernsthaft ausgeübt hat. Er läßt einen nicht mehr los. Es ist ein undankbarer, aufreibender und grauenhafter Beruf. Ein Beruf, in dem man verhungern und verdursten kann – nicht nur nach Essen und Trinken, sondern auch nach einer Rolle und einer Ausdrucksmöglichkeit. Es ist ein schauderhafter Beruf, der schlimmste von allen.

Und es ist der schönste und wunderbarste von allen, er ist berauschend und beglückend, und man kann selig sein in ihm. Man kann unter Umständen auch Geld mit ihm verdienen. Man kann berühmt werden mit ihm. Man kann zu einem Begriff werden und zu einem Vorbild. Man kann unsterblich werden. Und man kann vergessen werden, schon morgen. Nur eines kann man eben nicht: diesen Beruf aufgeben, wenn man ihn einmal ergriffen hat.

Friederike Hackel hat ihn, als sie nach vielen Wochen das Spital verließ, auch nicht aufgeben können. Man mag der Ansicht sein, daß das ihr persönliches Pech war. Friederike Hackel ist heute der Ansicht, daß es ihr persönliches Glück gewesen ist.

Sehr geehrte Herren!

Wir sind beileibe nicht der Ansicht, daß Ihnen nun die Verpflichtung obliegt, die erwähnte Friederike Hackel von Stund an mit Angeboten zu überschütten. Wir wissen genau, wie schwer Sie es haben, bei den Arbeiten, die Sie vergeben können, einigermaßen gerecht nach sozialen und menschlichen Gesichtspunkten vorzugehen. Betrachten Sie deshalb diesen Brief auch, bitte, nicht als den mehr oder weniger unanständigen Versuch einer mehr oder weniger öffentlichen Erpressung. Betrachten Sie ihn, bitte, als Anfrage.

Die Anfrage, präzise gefaßt, lautet:

Sind Sie der Ansicht (oder sind Sie es nicht), daß man Menschen wie Friederike Hackel, die schwer an einem schweren Schicksal zu tragen haben, behandeln darf wie alle anderen; daß sich soziale Handicaps durch körperliche steigern lassen; daß Menschen, die ein leidvolles Leben heiter und mit vollendeter Fassung meistern, Anrecht auf eine gelegentliche Ermutigung besitzen; und schließlich, daß man ihnen vor all den anderen, die es gleichfalls verdienen, dennoch ein gesteigertes Interesse entgegenbringen sollte?

Wir betonen hier ausdrücklich: Es geht hier *nur* um das Interesse, um die Bereitschaft, zu prüfen, und nicht um die Prüfung selbst. Die Prüfung selbst muß natürlich unter denselben künstlerischen und kritischen Voraussetzungen vor sich gehen wie in allen anderen Fällen.

Aber wie steht es mit einer solchen Prüfung, sehr geehrte Herren? Wollen Sie Friederike Hackel einer solchen unterziehen (oder wollen Sie nicht)? Wollen die österreichischen Radiostationen feststellen, ob es über den Rahmen des Friederike Hackel bisher Gebotenen hinaus nicht noch andere und bessere Möglichkeiten gibt, sie sprechen zu lassen? Wollen die österreichischen Synchronisationsfirmen ihre Stimme prüfen, um festzustellen, ob es nicht hier ein Betätigungsfeld für sie gäbe? Will die österreichische Filmindustrie eruieren, ob nicht in diesem oder jenem Drehbuch eine Chance läge, sie in einer besonderen Charakterrolle auf die Leinwand zu bringen? Und wollen die Verleihfirmen ausländischer Filme in Österreich Friederike Hackel (nach eingehender Prüfung ihrer Fähigkeiten) nicht unter Umständen Empfehlungsschreiben geben, die ihr in den deutschen Synchronisationszentren weiterhelfen beziehungsweise diese Zentren von der Existenz einer Friederike Hackel überhaupt erst in Kenntnis setzen?

Dies sind ein paar grundsätzliche Fragen, die ein paar grundsätzliche Antworten erfordern. Friederike Hackel und die Redaktion dieser Zeitung warten auf solche Antworten. Wenn sie nicht eintreffen, werden sich beide gezwungen sehen, anzunehmen, daß sie von Ihnen, sehr geehrte Herren, allesamt negativ entschieden worden sind. Das wäre bedauerlich nicht nur für Friederike Hakkel, sondern auch für eine Reihe anderer Schauspieler dieser Stadt, die uns namentlich nicht bekannt sind, die es jedoch sicherlich gibt und die mit ähnlichen Schwierigkeiten wie Friederike Hackel zu kämpfen haben. Deshalb entbehrt unser Brief nicht einer gewissen Dringlichkeit. Und sollte aus diesem Grunde in der Tat nicht unbeantwortet bleiben.

Uns alle trägt der Strom des Lebens

Zum ›Jahr der Behinderten‹ im Januar 1981 auf Ersuchen der Bundesanstalt für Arbeit, Nürnberg, geschrieben.

Man darf in der Tat fragen, ob ein Genie wie Albert Einstein mit seiner Relativitätstheorie, die uns im Endeffekt die Kernkraft beschert hat, für den Fortschritt zum Guten hin segensreich gewesen ist. Könnte es nicht sein, daß ein hirngeschädigtes Kind, das bei *ein paar* Menschen zutiefst menschliche Gefühle erweckt, in seiner Existenz ebenso wichtig erscheint wie der größte Entdecker und Erfinder?

Eines steht fest: Es ist ein unerträglicher, ja verbrecherischer Hochmut, wenn ein Mensch über das Leben eines anderen Menschen sagt, es sei sinnvoll oder es sei sinnlos. Niemals können wir verwirrten, ohnmächtigen Wesen, die wir auf dieser Erde umherkriechen, das entscheiden. Und niemals werden wir wissen, welche Bedeutung ein menschliches Leben haben kann, welch unerhörte Bedeutung sogar – oder gerade! – in seiner tiefsten Erbärmlichkeit.

1981 ist zum ›Jahr der Behinderten‹ erklärt worden.

Seit langem leben wir in der Überzeugung, vor einer großen Zeitenwende zu stehen. Gewiß wird unsere Welt im Jahr 2000 – wenn sie dann noch existiert – vollkommen anders aussehen als heute. Seit dem Beginn dieses Jahrhunderts empfinden immer mehr Menschen: Die Gesetze unseres Zusammenlebens müssen verändert werden. *Versuche,* dies zu tun, gibt es viele. Aber können wir sagen, daß ein einziger auch nur die *Hoffnung* auf ein Gelingen erkennen läßt?

Der Mensch, im Bewußtsein seiner Unfähigkeit, müht sich verzweifelt immer weiter, neue Ordnungen zu schaffen – mit Gewalt, mit dem Einsatz seines Lebens, mit dem Einsatz des Lebens anderer. Er erhebt seine Stimme und sein Gewehr und demonstriert sehr laut für das, was er zu wollen glaubt.

Aber neben diesen so lauten, so aktivistischen Menschen gibt es stille, ja stumme Fragesteller – die geistig oder körperlich behinderten Kinder und Erwachsenen. Auf indirekte, stille und stumme Weise stellen sie diese Frage: Wie steht ihr zu uns in eurer so tüchtigen Welt, in euren verschiedenen Gesellschaftsordnungen, die ihr geschaffen habt oder abschaffen wollt, um Freiheit und Brüderlichkeit zu erreichen, Frieden, Wohlstand, Sicherheit und das Glück für alle? An so vieles denkt ihr. Wie denkt ihr über uns, die Behinderten dieser Erde?

Ja, wie?

Wir dürfen uns nichts vormachen. Mit wohlgemeinten Sonntagsgedanken ist nichts getan. 1980, im ›Jahr des Kindes‹, sind in unserer Welt zwölf Millionen Kinder verhungert.

Machen wir uns also nichts vor. Das ist die grausame Wahrheit: In einem Punkt sind die Massen – die Massen, nicht der Einzelne! – sich allüberall einig. Sie fühlen es, und sie sagen es: Ist ein Mensch nicht hundertprozentig *nützlich*, dann ist er kein vollwertiges Mitglied der Gesellschaft – *keiner* Gesellschaft. Wir Deutschen haben erlebt, wohin eine solche Einstellung unter einem verbrecherischen Regime geradenwegs führt: zur ›Aktion T 4‹, zur Ermordung von weit über hunderttausend geistig Behinderten – wobei die akademischen Mörder in Weiß sich weder um die Schwere der Erkrankung noch um die Chancen der Heilung gekümmert haben. Aus diesem Grunde empfinden wir Scham. Aus diesem Grunde wagt sich das Massengefühl bei uns nicht so ungeniert zu artikulieren wie anderswo. Noch nicht.

Nun leben wir im Zeitalter der einsamen Massen, der einsamen Vermassten. Und in dieser Welt der Vermassten – nicht in der Welt Einzelner! – ist ein geistig oder körperlich Behinderter eben immer ein Mensch zweiter Ordnung, wenn man ihn überhaupt als Mitmenschen toleriert und nicht nur mit unechtem Mit-Gefühl fasziniert anstarrt wie ein riesengroßes Insekt oder ihm ratlos-abgestoßen den Rücken wendet und tut, als habe man ihn erst gar nicht bemerkt. Wir dürfen uns nichts vormachen. Machen wir uns nichts vor. Behinderte – das sind jene, welche die stumpfe Masse am liebsten übersehen möchte und übersieht. Sie sieht einfach weg und hört einfach weg, wenn von ihnen die Rede ist.

›Gesundes Volksempfinden‹ – so nannten die Naziverbrecher, die Millionen über Millionen in Unglück, Tod und Verderben stießen, zynisch das Alibi für ihre ›Aktion T 4‹, die erst abgebrochen wurde, nachdem Berichte über das Entsetzliche die Soldaten an den Fronten erreicht und größte Unruhe ausgelöst hatten. Denn neben Hekatomben von Toten ließ der Krieg eine ungeheuer große Armee von ›Behinderten‹ entstehen. Auch von diesen Behinderten leben heute, sechsunddreißig Jahre nach dem Ende des Massenmordens, noch Ungezählte unter uns, und neue Armeen solcher Behinderter sind aus dem Koreakrieg, dem Vietnamkrieg, den Nahostkriegen und so vielen anderen ›kleinen‹ Kriegen seit 1945 hervorgegangen.

Und weiter und weiter besteht jenes fatale ›Massengefühl‹ der Ablehnung. Warum? Wissenschaftler sagen uns, daß es nur natürlich sei, wenn der sogenannte Gesunde den Kranken oder Behinderten rein instinktiv ablehnt.

Falls das stimmt, ist es wahrlich eine paradoxe Reaktion, denn vieles, so vieles haben die Gesunden – die sogenannten Gesunden! – und die Behinderten gemeinsam: Auch die Behinderten hungern nach Lebensfreude – wie die Gesunden. Auch die Behinderten möchten nicht nur Liebe empfangen, sondern Liebe geben. Auch die Behinderten möchten – wie die Gesunden – etwas *leisten*. Und in der weit überwiegenden Zahl der Fälle sind sie dazu *sehr wohl in der Lage*!

Die Verantwortlichen – auf den Arbeitsämtern zum Beispiel – wissen das und sind unablässig bemüht, Behinderte mit den verschiedensten Berufen in den normalen Arbeitsprozeß einzufügen. Vieles geschieht. Doch noch lange geschieht nicht genug oder nicht auf die richtige Weise. Denn wenn die Behinderten etwas *nicht* wollen, dann ist das Rührseligkeit, dann ist das Sentimentalität, dann ist das gönnerhafte Unterstützung – all das, womit wir unser schlechtes Gewissen beruhigen.

Indessen: Jeder von uns kann plötzlich, von einem Tag zum andern, ein Behinderter sein! Beim Neugeborenen genügt ein falsches Medikament, das die Mutter während der Schwangerschaft genommen hat, ein kleiner Zwischenfall bei der Geburt, ein zu langer Sauerstoffmangel im Gehirn. Ein unglücklicher Sturz, ein Fall, eine Infektion genügen beim Kind. Ein Zusammenstoß als Fahrer des eigenen Autos mit einem fremden, eine seelische Erschütterung, Streß, Krankheit genügen beim Erwachsenen. Jeder von uns kann jederzeit geistig oder körperlich behindert werden. Niemand ist davor geschützt.

Darum geht das ›Jahr der Behinderten‹, deshalb gehen die Probleme der Behinderten uns alle an, wo wir auch sind, wer wir auch sind, darum betreffen diese Probleme uns alle, *müssen* uns alle betreffen. Denn *niemand ist eine Insel,* ganz für sich allein. Jeder von uns ist ein Teil der Menschheit, mit ihr verbunden und in ihr Schicksal verstrickt wie ein Faden in dem gewaltigen Schicksalsteppich dieses unseres Lebens, dieser unserer Zeit, dieser unserer Welt.

In dieser unserer Welt, in der Platz ist für Gerechte und Ungerechte, Falschspieler und Bankiers, Buddhisten, Juden und Christen, Arme und Reiche, Kapitalisten und Kommunisten, Politiker und Menschen, welche die Wahrheit sagen, Süchtige und Heilige, Yogis und Kommissare, Sanftmütige und Mörder, Huren und Generäle, Verfolger und Verfolgte, Satte und Hungernde, Prediger und Säufer, in einer solchen einen und einzigen Welt – wir haben keine andere! –, da muß auch Platz sein für die Behinderten, und wenn der Grad ihrer Behinderung noch so groß ist.

Nur der *normale* Umgang mit Behinderten kann jenen schlimmen Masseninstinkt bannen, kann jene arge Massenhaltung korrigieren und in ihr Gegenteil verkehren. Erst das Kennenlernen führt zum Verstehen, das Nichtkennen erzeugt Ungerechtigkeit und Anmaßung. Hier müssen wir noch sehr viel lernen, müssen sehr vieles anders werden lassen, bevor unsere Gemeinschaft das Prädikat ›menschlich‹ verdient. Vor Jahren schon hat ein Arzt des Max-Planck-Instituts in München mir dies gesagt: »Wir sind heute in der Lage, geistig behinderte Kinder – abgesehen von besonders schweren Fällen – durch eine gezielte Behandlung über lange Zeiträume hinweg so weit zu bringen, daß sie im Rahmen von sogenannten ›Beschützenden Werkstätten‹ einfache Arbeiten verrichten und selbst für ihren Lebensunterhalt sorgen können. Damit fällt die entsetzliche Angst der Eltern fort: Was wird aus meinem Kind, wenn wir einmal nicht mehr da sind? Medizinisch bekommen wir die Behinderungen besser und besser in den Griff. Was wir nun brauchten, das wäre ein Public-Relations-Team, das imstande ist, die Gesunden zu einem völligen Umdenken im Hinblick auf die Behinderten zu bringen.«

Jeder von uns hätte die Verpflichtung, Mitglied dieses so sehr nötigen weltweiten Teams zu werden. Viele werden es trotz allem nicht zustande bringen. Dann wird es die Aufgabe anderer sein, sie das ›Umdenken‹ zu lehren.

Was für behinderte Kinder gilt, das gilt, medizinisch gesprochen, ebenso für behinderte Erwachsene. Auch hier sind die Ärzte heute imstande, Ungeheures zu leisten. In vielen katastrophalen Fällen indessen bleibt ihre Kunst wohl immer vergebens – und ein Schwerstbehinderter bleibt ein Schwerstbehinderter, körperlich oder geistig oder beides.

Doch diese Schwerstbehinderten, Kinder und Erwachsene, sie atmen, sie leben weiter, sie leben unter uns, es werden immer mehr, und wir müssen lernen, mit ihnen zu leben, damit *sie* ihre menschliche Würde behalten und damit *wir* uns Menschen nennen dürfen. Wir, die – durch puren Zufall, pures Glück – Gesunden, müssen einsehen, daß nicht nur der Ellbogenmensch, der Tüchtigste, der Gütigste, der scheinbar Erfolgreichste unsere Brüder sind, sondern ganz genauso die Unfähigen, die Schwachen, die Stummen. Sie alle gehören zu unserer Menschenwelt, in der keiner glauben darf, noch der letzte und ärmste Behinderte gehe ihn nichts an, denn auch er bleibt immer sein Menschenbruder.
Die Zeit wird kommen, in der man den Grad der Kultur einer Gesellschaft daran ablesen kann, ob und in welchem Maße sie die Behinderten – die fast voll leistungsfähigen, weit mehr aber noch die absolut leistungsunfähigen – anerkennt.
So haben die Behinderten für uns alle eine eminent große Bedeutung – weil wir durch unser Verhalten ihnen gegenüber beweisen können, worauf es am meisten ankommt: daß wir *miteinander und füreinander leben* wollen, und daß der Strom des Lebens uns alle trägt.

FRAGEBOGEN

Johannes Mario Simmel

Schriftsteller

Der Fragebogen, den der Schriftsteller Marcel Proust in seinem Leben gleich zweimal ausfüllte, war in den Salons der Vergangenheit ein beliebtes Gesellschaftsspiel. Die ›Frankfurter Allgemeine Zeitung‹ spielte es 1980 weiter: ›Heitere und heikle Fragen als Herausforderung an Geist und Witz‹.

Was ist für Sie das größte Unglück? *Die menschliche Dummheit.*

Wo möchten Sie leben? *Weit, weit weg von wo immer ich bin.*

Was ist für Sie das vollkommene irdische Glück? *Schweigen können. (Und dürfen!)*

Welche Fehler entschuldigen Sie am ehesten? *Lügen, um anderen ihre Illusionen zu lassen.*

Ihre liebsten Romanhelden? *Der brave Soldat Schwejk, Pater Brown, Pu der Bär.*

Ihre Lieblingsgestalt in der Geschichte? *Pontius Pilatus.*

Ihre Lieblingsheldinnen in der Wirklichkeit? *Alice Schwarzer.*

Ihre Lieblingsheldinnen in der Dichtung? *Josefine Mutzenbacher.*

Ihr Lieblingsmaler? *Chagall.*

Ihr Lieblingskomponist? *Gershwin.*

Welche Eigenschaften schätzen Sie bei einem Mann am meisten? *Klugheit.*

Welche Eigenschaften schätzen Sie bei einer Frau am meisten? *Humor.*

Ihre Lieblingstugend? *Stets gelassen bleiben – ich kann das nicht.*

Ihre Lieblingsbeschäftigung? *Schlafen.*

Wer oder was hätten Sie sein mögen? *Peter Pan.*

Ihr Hauptcharakterzug? *Unzulänglichkeit.*
Was schätzen Sie bei Ihren Freunden am meisten? *Wenn sie mir die Wahrheit sagen – über mich.*
Ihr größter Fehler? *Niemals einem Menschen vollkommen mißtrauen zu können.*
Ihr Traum vom Glück? *Frieden allen Wesen.*
Was wäre für Sie das größte Unglück? *Daß die Menschen überhaupt nur noch glauben und überhaupt nicht mehr denken.*
Was möchten Sie sein? *Ein alter Baum.*
Ihre Lieblingsfarbe? *Rot.*
Ihre Lieblingsblume? *Sonnenblume.*
Ihr Lieblingsvogel? *Die Lerche.*
Ihr Lieblingsschriftsteller? *Ernest Hemingway.*
Ihr Lieblingslyriker? *Erich Kästner.*
Ihre Helden in der Wirklichkeit? *Ich verabscheue Helden.*
Ihre Heldinnen in der Geschichte? *Siehe vorige Frage.*
Ihre Lieblingsnamen? *Penelope, Hiob, Robert.*
Was verabscheuen Sie am meisten? *Eitelkeit.*
Welche geschichtlichen Gestalten verabscheuen Sie am meisten? *Adolf Hitler, Adolf Hitler, Adolf Hitler.*
Welche militärischen Leistungen bewundern Sie am meisten? *Keine einzige. Militärische Leistungen sind mir allesamt widerlich.*
Welche Reform bewundern Sie am meisten? *Abschaffung der Kinderarbeit in England.*
Welche natürliche Gabe möchten Sie besitzen? *Gleichgültigkeit.*
Wie möchten Sie sterben? *Ohne Schmerzen.*
Ihre gegenwärtige Geistesverfassung? *Himmelhoch jauchzend.*
Ihr Motto? *Man kann gar nicht so viel fressen, wie man kotzen möchte.*

Die Erde bleibt noch lange jung

Es kommt nicht auf das Leben an, sondern auf den Mut, mit dem man es führt.

Wien 1946.

Im Wiener Dorotheum gibt es eine Bücherabteilung. Das Wiener Dorotheum ist das größte Wiener Pfandleihhaus.

In der Bücherabteilung kann man gegenwärtig ein Tagebuch der weltberühmten Schauspielerin Josefine Gallmeyer besichtigen beziehungsweise erwerben, das sie im Alter von siebenunddreißig Jahren begonnen hat. Wie die meisten Tagebücher, welche Frauen zu diesem Zeitpunkt ihres Lebens beginnen, ist auch dieses außerordentlich interessant. Wenn es auch nur noch vier engbeschriebene Seiten aufweist. Denn den Rest hat die Gallmeyer, von Zeitgenossen auch die ›Fesche Pepi‹ genannt, herausgerissen und verbrannt. Wahrscheinlich bekam sie eines schlechten Abends Angst vor all dem, was sie so aufgeschrieben hatte.

Mein Freund Charly und mein Freund Kurt waren im Dorotheum. Unabhängig voneinander. Aus privaten Gründen. Als sie die privaten Gründe erledigt hatten, gingen sie in die Bücherabteilung und lasen die vier Seiten des Tagebuches der Josefine Gallmeyer. Charly und Kurt sind zwei vollkommen verschiedene Naturen. Und deshalb war auch das, was sie nach der Lektüre der vier Seiten sagten, vollkommen verschieden. Es war so vollkommen verschieden, daß ich es hier aufschreiben will, weil ich glaube, daß man aus der Betrachtung von vollkommen verschiedenen Dingen gelegentlich eine Lehre ziehen kann.

Dieses Tagebuch – sagt Charly – kann einem den Rest geben. Es auch noch im Dorotheum, dieser Stätte menschlichen Niederganges, auszustellen, ist eine glatte Aufforderung zum Selbstmord. Ich gebe gern zu, daß ich nach der Lektüre demselben nahe war. Lohnt das Leben, fragt man sich erschlagen? Hat es irgendeinen Sinn, ist es jemals besser und schöner gewesen, was ist der Zweck dieses sonderbaren Karnevals, in den man uns mit unserer Geburt gestoßen hat?

Keine Antwort von oben? – Das habe ich mir gedacht.

Dieses Tagebuch der Gallmeyer gehört zu den erschütterndsten Dokumenten menschlichen Ausgeliefertseins an ein blindes

Schicksal, die ich je gesehen habe. Ich will gar nicht von der Liebesbeziehung zu dem Ringtheaterdirektor Jauner reden, denn das ist eine Geschichte, die sicherlich auch gelegentlich ihre hübschen Augenblicke hatte. Aber von allem anderen will ich reden!
Die Kollegen am Theater behandelten die Gallmeyer vor ihrem Debüt an der Komischen Oper wie einen Eindringling. Sie betrachteten sie herablassend, sie warfen ihr, wo es nur ging, Prügel in den Weg, klatschten über sie und machten sie schlecht. Sie gaben ihr böse Ratschläge und erwiesen ihr späterhin eine verhängnisvolle falsche Freundlichkeit.
›Hätte ich doch damals‹, schrieb sie, ›nicht den dummen Schmeicheleien Gehör geschenkt, ich sei zu jung, um komische Alte zu studieren.‹ (Sie war vierunddreißig Jahre alt.) Aber wer wollte die Gallmeyer als komische Alte? Wer wollte sie als Schauspielerin? Kein Mensch, schien es ihr. Mit ›Couplets und blöden Komödien‹ mußte sie sich abplagen, schrieb sie, um – o ewige Wiederkehr des menschlichen Jammers! – ihre Schulden bezahlen zu können. Ein Genie auf dem Misthaufen. ›Das Volk will mich nicht als Schauspielerin, es zieht die Extempores, die Cancans, die Privatgeschichten der ehemaligen Feschen Pepi der jetzigen denkenden Schauspielerin vor.‹
Wo ist der Unterschied, mein Gott, wo ist der Fortschritt? Wo ist etwas anders geworden? Noch immer gibt es Streit und Mißgunst, Not und Schulden, Prostitution des Künstlers und Ekel, Ekel, Ekel.
Der Mensch, vom Weibe geboren, lebt kurz und ist voller Unruhe. Sein ganzes Dasein lang hat er Angst. Angst vor der Not, Angst vor dem Tod, das ganze Leben scheint nur aus Angst zu bestehen. Was sollten die Millionen Unbekannten tun, wenn die berühmte, glückliche, gefeierte Gallmeyer schrieb: ›Mir bangt, wenn ich an mein Alter denke, Gott, steh mir bei!...‹
Ja, was sollten sie tun?
Ich denke, das beste wäre es, sich an der Nabelschnur, die man bei der Geburt vorsorglicherweise mitbekommen hat, auf schnellstem Wege zu erhängen. Denn – das Tagebuch der Gallmeyer ist ein weiterer Beweis dafür – es wird niemals anders werden.

Dieses Tagebuch – sagt Kurt – kann einen Menschen mit neuem Mut erfüllen. Ich gebe zu, ich war sehr deprimiert, als ich es las, denn wer versetzt schon gern seine goldene Taschenuhr? Aber als ich dann wieder ins Freie trat, war ich beruhigt und guten Mutes. Ich wußte: Im Grunde konnte mir und kann uns allen nichts geschehen. Auf lange Sicht hinaus nicht. Denn es scheint, als ob das Leben sich selbst auf großartige Weise reguliert.

Nehmen Sie doch dieses Tagebuch!

Damals, 1875, gab es böse Kollegen, Streit in den Garderoben, Haß und Intrigen. Na, und heute? Gibt es das alles heute nicht noch genauso? Und gibt es etwa, weil es das alles heute noch genauso gibt, deshalb heute keine Schauspieler mehr? Ist die Gattung ausgestorben? Hat das Böse triumphiert? Die menschliche Natur war stärker, wir haben etwas Hornhaut angelegt, und es ist noch immer so, daß es zuerst große Leistungen und dann böse Zungen gibt und nicht umgekehrt.

Ferner: Die Gallmeyer beklagt sich bitter über die Couplets und die blöden Komödien, mit denen man sie erniedrigte, weil ›die Leute‹ es so wollten. Frage: Ist hier etwas anders geworden? Basiert nicht jeder Kitsch, jedes Rührdrama, jeder üble Film zutiefst auf der Überzeugung irgendeines Mächtigen, daß ›die Leute es so wollen‹? Weinen nicht auch heute noch Schauspieler, Bildhauer, Maler, Schriftsteller und Musiker über die Schmach, die man ihnen antut, bittere Tränen? Und entstehen vielleicht nicht dennoch und trotzdem noch immer, wie Wunderblumen, gelegentlich Kunstwerke, die alle Menschen mit Ehrfurcht erfüllen?

Und weiter: Die Gallmeyer hatte kein Geld, sie hatte Schulden. Die Künstler der Renaissance schufen ihre Werke zwischen der Inquisition und dem Scheiterhaufen. Aber sie schufen sie! Die Künstler des zwanzigsten Jahrhunderts schaffen ihre Werke zwischen zwei Zwischenfällen (wenn sie Glück haben) oder zwischen zwei Weltkriegen (wenn sie weniger Glück haben). Aber sie schaffen sie! Und sie schaffen sie, weil das menschliche Leben unbesiegbar ist und weil nichts so mächtig ist wie der Optimismus des Guten.

Haben wir nicht alle noch immer Angst vor dem Altwerden? Haben wir nicht noch immer Angst vor dem Elend, der Not, der Schande? Ich sage: Gott sei Dank! Denn das Tagebuch der Gallmeyer hat mir zwar gezeigt, daß sich nichts geändert hat, aber auch, daß sich so bald nichts ändern wird. Vielleicht scheint Ihnen das ein bescheidener Grund zur Freude, aber ich bin ein bescheidener Mensch. Ich freue mich darüber, entdeckt zu haben, daß unsere Erde Aussichten hat, noch lange jung zu bleiben.

Meine Leser und ich

Ein halbes Dutzend Leserbriefe täglich...
Buchmesse Frankfurt am Main 1980.

Mit falschen ›Kaviar‹-Helden hatte ich (bislang) dreizehnmal zu tun, viermal vor Gericht. Der Held in ›Es muß nicht immer Kaviar sein‹ heißt Thomas Lieven. Die dreizehn Herren gaben (vor Mädchen aus stinkreichen Häusern) damit an, Thomas Lieven zu sein. Sechsmal war es schon zu Verlobungen, einmal zur Ehe gekommen, bevor ich etwas davon erfuhr. (»Die doofen Bienen«, sagte so ein Gentleman, stellvertretend für alle Kollegen, vor Gericht.) Jene dreizehn sind nur die mir bekannten deutschen Angeber. Das Haar sträubt sich mir auf dem Kopf, wenn ich daran denke, wie viele falsche Thomas Lievens auf der ganzen Welt ihrem verwerflichen Tun nachgehen. Der rührendste Fall trug sich vor einem Mannheimer Gericht zu. Angeklagt: ein wirklich wüster Ganove. Sagte der: »Herr Richter, ich bin Thomas Lieven. Der Simmel hat mir meine Geschichte gestohlen. So bin ich auf die schiefe Bahn geraten. Trotzdem der Simmel also an allem schuld ist, verspüre ich keinen Groll. Ich verzeihe dem Simmel.«

›Wir müssen unbedingt etwas mit meiner Leiche tun, so geht das nicht weiter mit ihr, Mario‹, schrieb 1962 meine Freundin und Leserin Sara. Erklärung: Sara ist Jüdin. War in vielen KZs. Sah einmal, daß sich in einem Berg von Vergasten eine Frau bewegte. Todesmutig zog Sara die Frau, die noch atmete, aus dem Haufen, verbarg sie ein halbes Jahr lang (!), sorgte für die Unbekannte. Das war im Herbst 1944. 1962 geht Sara über die Düsseldorfer Königsallee. Wer kommt ihr entgegen? Die Frau, der sie das Leben rettete, ihre ›Leiche‹. Die Leiche war geistig verwirrt. Wir haben einen guten Arzt für sie gefunden. Heute geht es Saras Leiche ausgezeichnet.

›Gegen Beteiligung von fünfzig Prozent schicke ich Ihnen meine Lebensgeschichte zur gefälligen Verwertung‹, schrieb ein Doppelmörder aus dem Zuchthaus. Ich habe das Angebot dankend abgelehnt. Aus dem Knast bekomme ich übrigens jede Menge Post. Und selbstgeschmiedete oder selbstgeschreinerte Geschenke. Ich bin der am meisten und am liebsten gelesene Autor in deutschen Gefängnissen. So was kann einen Menschen schon nachdenklich machen...

Ein Tonband kam mit der Post. Eine junge Stimme: »Sie müssen mich anhören, sonst bin ich verloren. Nur Sie verstehen mich.« Meine Frau schickte dem Jungen eine Flugkarte. Er erschien. Redete einen Tag lang bis zur Erschöpfung. Redete irre. Ich versuchte, ihn zu bewegen, zu einem mir befreundeten Psychiater zu gehen. Das lehnte er ab. Ein Vierteljahr später kam ein Brief des Vaters: Der Junge hatte sich umgebracht.

Gewiß ein halbes Dutzend Leserbriefe treffen Tag für Tag bei mir ein. Darunter sind stets zwei bis drei sehr, sehr ernst zu nehmende. Ein ungeheurer Ansturm fremder Schicksale, fremden Leids, fremder Verzweiflung und fremder Freude. Aus der ganzen Welt. Man muß sich mit jedem einzelnen Fall beschäftigen.
Ich schaffe es kaum noch. Sehr viele Brieffreundschaften ziehen sich zudem über Jahrzehnte hin. Wie die mit Sara. Sie hielt es in Deutschland nicht mehr aus. Bittet um Rat, ob sie nach Israel gehen solle. Sie soll. Sie geht. Nach einer Weile bekommt sie Heimweh nach Deutschland. Soll sie zurück? Sie soll. Ach, aber in Deutschland fühlt sie sich nun nicht mehr zu Hause. Also zurück nach Israel.
Herzzerreißende Briefe: Die Kriege! Die Angst! Die Angst! Der deutsche Arzt mit den ›goldenen Händen‹, der nach Israel gekommen war, um den Juden zu helfen. Die Juden verehren ihn. Er sagte, er wolle etwas gutmachen. (Er hat nichts verbrochen. Es sind immer nur die Anständigen, die etwas gutmachen wollen.) Sara im Glück, Sara in einer Nervenklinik. Auch sie. Vor einem Jahr. Es scheint, daß die Schrecken der Lager erst jetzt, fünfunddreißig Jahre danach, zum Ausbruch kommen. In keinem Land der Welt (wenn man die Größe berücksichtigt) gibt es mehr Irrenhäuser als in Israel. Ein blonder, blauäugiger Deutscher arbeitet in einem von ihnen. Das alles schreibt Sara. Allein mein Briefwechsel mit ihr würde mehrere Leitz-Ordner füllen. Und sie ist nur eine einzige von den vielen, vielen Lesern, die schreiben. Eine von einem halben Dutzend pro Tag. Ich werde das nicht mehr lange schaffen, nein.

Es schreiben Einsame (›...weil ich niemanden in der Welt habe, dem ich sonst schreiben könnte‹), betrogene Frauen, Angehörige von Säufern (sie flehen um Hilfe, um einen Arzt, der Wunder vollbringt), sehr viele Kinder schreiben (ich habe auch Kinderbü-

cher verfaßt), meistens sind sie unglücklich, weil die Eltern dauernd streiten. Menschen schreiben, denen ein Unrecht geschehen ist (das ich tilgen soll), des weiteren pingelige Herrschaften, die mir einen falschen Konjunktiv im neuen Roman vorwerfen, dazu ganze Gruppen von Menschen – wie zum Beispiel jene Eltern-Initiative aus Düsseldorf, die mich bat, ich solle doch kommen, um mir ein Bild von den unfaßbaren Zuständen in der Kinder-Krebsklinik der Universität zu machen.
Nun habe ich einst ›Niemand ist eine Insel‹ geschrieben, ein Buch über geistig behinderte Kinder. Wenn man so etwas geschrieben hat, muß man nach Düsseldorf reisen, sofern man gerufen wird. Ich reiste. Die Kinder-Krebsklinik war ein Skandal. Ich kenne viele Skandale. Dies war der wohl größte. Ich schrieb einen Artikel. Es gab großen Stunk. Aber nach dem Stunk beeilten sich die Verantwortlichen (denn es hagelte empörte Leserbriefe an die Zeitung), die Kinder sofort provisorisch in einem moderneren Haus unterzubringen und den Neubau der Klinik auf 1981 vorzuverlegen. Ursprünglich war er nämlich erst für 1995 geplant! Das sind Erlebnisse, die das Herz schneller schlagen lassen. Ach, aber wie selten sind sie...

Gewiß ein halbes Dutzend Leserbriefe pro Tag. Ich beantworte sie abends, am Sonntag. Jeden. Ob ein Leser nun Rat in schwieriger Lebenslage sucht oder ob er Namen und Preis der Anti-Rauschgift-Droge wissen will, über die ich in meinem neuen Roman ›Wir heißen euch hoffen‹ berichte. O Gott, und ich habe doch im Vorwort darauf hingewiesen, daß diese Droge noch in der Entwicklung und nicht ausgereift ist. Was kümmert das die verzweifelte Mutter eines Heroin-Abhängigen?
Und die Geschenke, die kommen! Wunderschöne, gepreßte Blumen von einer geistlichen Schwester. Sacher-Torten. Elefanten (weil ich Elefanten sammle, nicht die großen lebenden, natürlich!), Pfeifen, Selbstgestricktes. Fünf Kisten Orangen (und wir trinken wochenlang wie die Verrückten Saft). Oder es kommt eine Büchse Kaviar. (Ich kann seit Jahren keinen mehr essen.) Oder ein Geschenk von meinem fünfjährigen Freund Oliver aus Strasbourg trifft ein; er hat – nach dem Titel des Kinderbuchs – einen wunderschönen ›Autobus, groß wie die Welt‹ gepinselt, und das Bild ist wirklich so ungewöhnlich, daß ich es in meine Sammlung naiver Malerei gehängt habe...

Und Manuskripte kommen. Ganz, ganz dicke. Die soll ich nun lesen und zum Druck befördern, wenn's recht ist. Recht ist es schon, aber immer wieder muß ich erklären, wie selten es vorkommt, daß so ein Manuskript gedruckt wird.
Und die Angebote, die ich bekomme! Manche halten mich für einen Millionär. Und also bieten sie an: erstklassige Aktien, Gemälde, Schlösser, Schiffe, Antiquitäten. Und sehr viele Damen. Die bieten sich selber an. Auf den beiliegenden Farbfotos sind sie ganz nackt. Manche sehen sehr hübsch aus, andere haben, Gott sei's geklagt, nur eine ungeheuer gute Meinung von sich. (Solche Fotos schickt man, wenn man auf seinen lieben Anwalt hört – und ich höre! – noch am gleichen Tag, an dem man sie erhalten hat, eingeschrieben zurück.)
Viele Leser nehmen eines meiner Bücher in den Urlaub mit. Zum Beispiel ›Die Antwort kennt nur der Wind‹. In diesem Roman wird die französische Riviera rund um Cannes exakt beschrieben. Begeisterte Briefe: Alles stimmt! Bei ›Tetou‹ bekommt man wirklich die beste Bouillabaisse, im ›L'Age d'Or‹ die besten Nachspeisen, im ›Port Canto‹ die schönste Piano-Musik zu hören! Meine Leser benützen meine Bücher (auch) als Reiseführer. Das ist schön. Weniger schön ist, daß die Besitzer meiner Lieblingslokale nun kein Geld von mir annehmen, wenn ich bei ihnen esse. So etwas ist auf die Dauer peinlich. Ich muß mir neue Lieblingslokale suchen...

Ach, nun hätte ich fast die Schnorrer vergessen! Auch sie schreiben fast täglich. Mit der Zeit bekommt man ein untrügliches Gefühl dafür, wer da um Geld bittet, weil er wirklich in Not ist, und wer da seine zwanzig Schnorrer-Briefe am Tag losläßt. Schrieb so ein Schnorrer kürzlich: ›...wollte ich ja eigentlich auf den griechischen Inseln Urlaub machen. Weil Sie mich im Stich gelassen haben, hat es nur bis Rimini gereicht. Trotzdem herzliche Grüße...‹ Und eine besonders hartnäckige Schnorrerin, der ich zuletzt nicht mehr antwortete, drohte, sie werde sich an den Europäischen Gerichtshof für Menschenrechte in Den Haag wenden und mich anzeigen. (Weil ich durch mein Nichtbefriedigen der Schnorrerei gegen fundamentale Menschenrechte verstoße.)
Abenteuerlich sind die Anschriften vieler Briefe. Die schönste: ›J. M. Simmel, Penthouse, Schweiz‹. Kam in Monte Carlo an. Alles kommt an. Und wenn es einmal besonders viel ist, dann stelle ich mir vor, wie schlimm es wäre, wenn mir kein Leser schriebe. Denn

ich schreibe doch für die vielen, die Kummer haben oder ein Problem, die in Not sind. Also haben meine Leser jedes Recht, sich an mich wie an den Arzt, den Steuerberater, den Seelsorger oder den Scheidungsanwalt zu wenden! Es hat schon alles seine Richtigkeit – das, was meine Leser tun, und das, was ich tue, auch. Ich werde natürlich nicht zusammenbrechen, sondern weiter jeden Brief beantworten. Und so schließe ich mit dem Ruf des kleinen Tim aus der Weihnachtsgeschichte von Charles Dickens: »Gott segne uns alle und jeden besonders!«

Das einfache Leben

Liebe Leute, waren das noch Zeiten!
Wien 1947.

Meine kleine Freundin Evi meint, wir gehen einem Goldenen Zeitalter entgegen. Ich gebe zaghaft einiges zu bedenken, doch vor dem großen Fenster des Bonbongeschäftes in der Wollzeile klingen meine Argumente mir selbst nicht mehr überzeugend. »Ja, aber der Weltuntergang…«, sage ich verloren und sehe ergriffen auf die vor mir ausgebreitete Fülle von Fondants, Drops, Dragées, Baisers, Nugats, Gelee-Konfitüren, Pfefferminzrollen und Heller-Bonbons. Auf silbernen Tellern liegen kiloweise die herrlichsten Dinge, im Vordergrund der Auslage ist sogar ein kleiner Motor installiert, der eine kreisrunde Platte langsam dreht. Und auf der Platte bestaunen Enthusiasten im Alter zwischen fünf und fünfundfünfzig Jahren, die sich an der Fensterscheibe die Nasen plattdrücken, die allerherrlichsten Bonbons, jene für die ganz besonders feinen Leute, also für die mit ganz besonders viel Geld…
Meine Freundin Evi hat vor Aufregung den Schluckauf bekommen und informiert mich diplomatisch über die Detailpreise der zur Schau gestellten Kostbarkeiten, alle auf einen Normalstandard von zehn Dekagramm gebracht. Die billigsten kosten 80 Groschen. Dann gibt es solche um 1,20 Schilling. Und schließlich die unbeschreiblichen, atemberaubenden, himmlischen (mit Schokolade überzogenen) um 1,50 Schilling. Wieviel Geld habe ich bei mir?

Fünfzehn Schilling.
Evi meint, ein Kilogramm Bonbon könne sie unmöglich vor dem Nachtmahl verdauen. Da wäre die Mami böse... Ich verweise vorsichtig auf die Buchstaben ›g. Z.‹, die unter den Preisen auf den kleinen Tafeln stehen.
Was heißt ›g. Z.‹?
Gegen Zuckerabgabe, meine Liebe. Siehst du, alles im Leben hat einen Haken. Wenn wir uns dem Paradies sehr nahe meinen, schlägt uns bestimmt ein guter Freund mit einem nassen Fetzen auf den Schädel und verlangt den Reisepaß zu sehen. Den wir nicht besitzen.
Meine Freundin Evi meint, vielleicht könne man den Zucker bezahlen? Sicherlich kann man das. Für Geld ist alles zu haben. Noch ganz andere Dinge als Zucker. Und das ist gut so. Denn Geld ist noch immer am billigsten.
Wir betreten den himmlischen Laden und erfahren, daß sich ›ohne Zuckerabgabe‹ die Preise für zehn Dekagramm um eine Kleinigkeit erhöhen. Nämlich auf 2,80 Schilling, 3,80 Schilling und 4,80. Lieber Gott, ist das schön! Da kriegen wir ja noch immer etwa dreißig Dekagramm! Und mit der Straßenbahn nach Hause fahren können wir auch! Meine Freundin Evi hat recht: Das Leben ist ein geheimnisvolles und wunderbares Abenteuer geblieben. Gäbe es sonst schon wieder Bonbons?
Nun beginnt ein gräßlicher Seelenkampf. Wie teilen wir uns die fünfzehn Schilling am besten ein? Am liebsten würden wir natürlich die mit Schokolade überzogene Prachtsorte haben. Aber was wird dann aus den Pfefferminzrollen? Und aus den Lutschfischen, die so angenehm kleben und nach Lakritze riechen? Und die Cremeschnitten soll man einfach unter den Tisch fallen lassen? Mein Gott, mein Gott, was tun? Evi zieht verzweifelt ihre Stirn in Falten. Können wir nicht von jedem etwas haben?
Freilich können wir das.
Und in lauter verschiedene Tüten, bitte!
Aber gerne, gnädiges Fräulein.
Meine Freundin Evi preßt ihren Schatz mit beiden Händen gegen den Bauch und konstatiert: »Jetzt weiß ich, daß wir Frieden haben. Weil es wieder Bonbons gibt.« Worauf die Verkäuferin sich gerührt schneuzen muß und alle Anwesenden vor Beschämung rote Ohren bekommen.
Im Stadtpark, wo wir auf einer Bank unsere Tüten öffnen und zu

lutschen beginnen, dreht sich das Gespräch – wenn wir den Mund gerade zum Reden freihaben – um schwerwiegende Dinge. Um das Glück. Und um das Leben. Meine Freundin Evi meint, jetzt, da es wieder Bonbons gibt, sei das Leben ganz einfach, und alle Menschen müßten eigentlich glücklich sein. Warum sind sie es nicht? Weil ihnen mit den Bonbons allein nicht geholfen ist. Man braucht noch andere Dinge zum Leben.

»Ich nicht«, sagt die Evi. »Wenn ich Bonbons habe, bin ich glücklich. Du nicht?«

»Ja, ich weiß nicht... Siehst du, die Bonbons sind ja ein gewaltiger Schritt vorwärts, aber in den Himmel bringen sie uns gerade noch nicht. Es gibt da so gewisse Kleinigkeiten, die uns von der Glückseligkeit trennen.

»Zum Beispiel?«

»Na, zum Beispiel die Atombombe.« Und ich denke: Oder die Traurigkeit gewisser Stunden im Leben der Völker, in denen sie meinen, der Krieg sei eine einfachere Umgangsform als der Frieden. Oder der Zerfall des Gemeinschaftsgefühls. Oder die Dummheit. Und sage: »Vor allem die Dummheit. Das Leben, liebe Evi, ist ernst und schwer. Und wenn wir nicht endlich daraufkommen, daß wir in *einer* Welt leben und einander helfen müssen wie Brüder, dann werden wir alle zum Teufel gehen.«

»Das Leben«, sagt meine Freundin Evi, »ist wieder viel zu schön geworden. Ich will es nicht verlieren. Ich will noch nicht zum Teufel gehen.«

Ich will es auch nicht. Man müßte einen Weg finden, den Menschen Bonbons zu geben – richtige für den Magen und symbolische für die Seele. Unser Magen ist allerhand gewohnt. Der läßt mit sich reden. Aber unsere Seele hat Schnupfen. Für sie müßte jemand ganz schnell besonders gute Eukalyptusbonbons erfinden...

Meine Freundin Evi hat einen Plan. Wir beide werden ein Bonbongeschäft en gros eröffnen. Mit kleinem Profit. Aber mit dem Ziel, möglichst vielen Menschen Süßigkeiten in den Mund zu stopfen. Denn solange sie den Mund voll haben, können sie nicht »Hoch die Radfahrer!« schreien. Oder »Nieder mit den Fliegenpilzsammlern!« Solange sie den Mund (und den Magen) voll haben, wollen die meisten gar nicht schreien.

Unser Plan ist, wie alle genialen Pläne, sehr einfach. Wir gehen bei unseren Überlegungen von der mittleren Bonbonsorte aus, von der zu 3,80 Schilling. Sie kostet pro Kilogramm ›o. Z.‹ 38 Schilling. ›m. Z.‹ kostet ein Kilogramm nur 12 Schilling. Na also, hier liegt der Hund begraben.

Wir kaufen den Staubzucker, den man abgeben muß, im Schleichhandel. Da kostet er 20 Schilling. Dann geben wir ihn der freundlichen Dame in der Wollzeile, zahlen noch 12 Schilling drauf und bekommen ein Kilogramm von der mittleren Sorte. Somit haben wir 6 Schilling erspart, nicht wahr? Nun verkaufen wir die Bonbons weiter. Und zwar, damit die Leute zu uns und nicht zur Konkurrenz gehen, schon um 35 Schilling. Die Differenz von drei Schilling essen wir selber. So kommen die Bonbons unter die Leute. Wir werden im ganzen Land herumreisen und Bonbons verkaufen. Alle Menschen, zu denen wir kommen, werden uns mit freundlichen Gesichtern empfangen, denn es ist unmöglich, ein Heller-Bonbon im Mund zu haben und von Exterritorialrechten zu reden. Wir selbst werden mit der Zeit dick und schön werden, bis zum Rande gefüllt mit nahrhaften Kohlehydraten.

Eine unerhörte Ruhe und Sanftmut wird uns umgeben, und alle, die wegmüd und traurig zu uns kommen, werden uns mit einem Lächeln auf den Lippen wieder verlassen. Ein Ring von Cremewaffeln, Seidenbonbons und Kaugummis wird den Erdball umgeben, und die Menschen werden Fremde auffordern, Tisch und Fruchtgelee mit ihnen zu teilen. Sie werden ihre Schwerter zu Kuchenmessern umschmieden und ihre Dolche zu Eislöffelchen, und sie werden den Krieg nicht mehr lernen.

Ein neues Zeitalter, das Goldene oder vielmehr das Süße, wird anbrechen, und meiner kleinen Freundin Evi werden die dankbaren Bürger der Welt ein Denkmal setzen.

So könnte es sein. Könnte es nicht so sein?

Oder glauben Sie, meine sehr verehrten Damen und Herren, daß wir nur jene Dinge zu lieben fähig sind, die man uns versagt, und daß die ganze Menschheit, beständig gefüttert mit Süßem, nicht bald schon von einer brennenden, tierischen, mörderischen Sehnsucht nach sauren Gurken befallen würde?

Noch ein paar kleine Injektionen

Geschrieben nach Lektüre einer sehr aufregenden Zeitungsmeldung.

Wien 1949.

»Es muß einmal ausgesprochen werden, daß es zwischen Männern und Frauen nur noch einen ganz kleinen Unterschied gibt«, erklärte der radikale Abgeordnete in der Debatte um soziale Gleichstellung der Geschlechter.
Das Unterhaus erhob sich wie ein Mann, und seine Mitglieder brüllten im Chor: »Es lebe der kleine Unterschied!«

Ado Mario Lusini ist ein armer Hund.
Er hat, was er tat, getan, um Ruhe zu haben. Aber schmeck's! Sie ließen ihm keine Ruhe. Sie stellten ihn vor Gericht. Sie belästigten den Mann weiter. Sie belästigten den Mann schon, als er noch eine Frau war. Deshalb wurde er ja ein Mann, weil sie ihn als Frau so belästigten!
Die Geschichte ist ein bißchen kompliziert, das italienische Gericht, das sich jetzt mit ihr zu beschäftigen hatte, ist nicht zu beneiden. Man muß systematisch vorgehen, wenn man die Ereignisse berichtet. Sonst ist man verloren wie Ado Mario Lusini, der einmal Ada Maria Lusini hieß. Vor etwa zwei Jahren. Da war er Kellnerin. Ich meine natürlich: Da war *sie* Kellnerin! Signorina Ada Maria Lusini.
Sie war eine ausnehmend hübsche Kellnerin, die Bilder in den Zeitungen bewiesen es. Sie hatte große, leuchtende Augen, einen schönen, roten Mund und prächtiges schwarzes Haar. Sie hatte lange, gerade Beine, schmale Fesseln und Gelenke, sie hatte einen – sie war überhaupt sehr hübsch. Die Herren, die sie im Lokal bediente, lobten sie sehr. Ada Maria war eine sehr umworbene Kellnerin. Zuerst machte ihr das, wie jedem Fräulein, Spaß. Später wurde es lästig. Als sich zwei Gäste ihretwegen im Waschraum prügelten, hatte sie genug. Sollten ihr doch die Männer allesamt den Buckel hinunterrutschen! Sie machte sich nichts aus ihnen. Sie hatte sich nie viel aus Männern gemacht, aber in letzter Zeit machte sie sich geradezu beängstigend wenig aus ihnen. Sie war viel lieber mit Frauen zusammen. Das kam ihr eines Tages selbst komisch vor, und deshalb ging sie zum Arzt.

Der Arzt untersuchte Ada Maria und sagte: »Mein Fräulein, Sie sind auf dem besten Wege, ein Mann zu werden!«
Das war natürlich eine große Überraschung für Ada Maria. Sie mußte sich erst einmal setzen. Dann fragte sie den Arzt, was sie dagegen tun könne.
»Dagegen überhaupt nichts«, erwiderte er. »Die Sache geht auf alle Fälle ihren Weg. Man kann sie nur ein bißchen beschleunigen.«
»Wodurch?«
»Durch ein paar kleine Hormon-Injektionen und durch ein paar kleine operative Eingriffe. Da das Zwischenstadium erfahrungsgemäß nicht sehr angenehm für die Betroffenen ist, würde ich zu einer Beschleunigung raten.«
»Hm«, sagte Ada Maria. Dann nahm sie seinen Rat an. Der Arzt hat ganz recht, dachte sie, während sie ihre erste kleine Hormon-Injektion bekam: Ein Mann werden – das ist das einzig Wahre! Dann habe ich endlich Ruhe! Dann prügelt sich niemand mehr im Waschraum! Ja, dachte sie, während der erste kleine operative Eingriff vorgenommen wurde, man soll derlei Dinge nicht auf die lange Bank schieben. Bald bin ich ein Mann, und alles ist gut. Sie hatte auch schon einen Namen für sich gefunden: Ado Mario. Das war nicht sehr originell, aber es haute hin. Besonders natürlich die beiden O!
Ein Jahr später war es dann soweit. Ado Mario hatte viele Injektionen und Operationen hinter sich, als er seine Stelle als Kellnerin aufgab und seine Stelle als Kellner antrat. Er war ein hübscher Mann geworden. Mit einem großen, roten Mund, dunklen, leuchtenden Augen und schwarzem, kurz geschnittenem Haar. Die Männer ließen ihn jetzt in Ruhe. Aber von Seelenfrieden konnte keine Rede sein, das merkte Ado Mario schon bald. Indem daß er sich nämlich selbst leidenschaftlich verliebte. In das schönste Mädchen im Dorf. Über beide Ohren, er hatte so etwas noch nicht erlebt. Er wäre sofort bereit gewesen, sich ihretwegen im nächsten besten Waschraum zu prügeln! Jetzt lernte er einmal das Leben von der anderen Seite kennen. Und es war auf der anderen Seite um nichts angenehmer. Ado Mario fragte sich, wozu er die Krot geschluckt hatte.
Das einzig Erfreuliche an der Situation blieb, daß die Dorfschönste – sie hieß Clara – ihn widerliebte. Denn Ado Mario hatte etwas Faszinierendes an sich. Das einzig Peinliche an der Situation blieb,

daß Clara verheiratet war. Sie besaß einen rasend eifersüchtigen Gatten. Der sah schon mit Zähneknirschen, wenn Ado Mario und Clara einander trafen. Aber als sich dann eines Tages herausstellte, daß sie dazu noch ein Baby erwartete, ging dem Ehemann der Hut hoch. Ado Mario war der räudige Hund, der seine Ehe geschändet hatte!
Der räudige Hund erklärte sich sofort zu einem Duell – so hochtrabend nannte er gewöhnliche Prügelei – in einem beliebig zu bestimmenden Waschraum bereit. Aber der Eifersüchtige lehnte ab. Duell? Hahaha! Vor den Richter mußte Ado Mario, dieser Verbrecher und Schuft!
Und vor den Richter kam er, der arme Ado Mario, der sich so nach Ruhe und Frieden gesehnt hatte. Der Richter hielt ihm die Vaterschaft vor. Ado bestritt sie. Es müsse da noch jemand anderer die Hand im Spiel haben, sagte er. Er selbst komme nicht in Frage.
»Wieso nicht?«
»Erkundigen Sie sich bei meinem Arzt«, meinte Ado Mario.
Der Richter erkundigte sich.
Und der Arzt erklärte, Ado Mario komme in der Tat als Vater nicht in Frage. Er sei zwar schon in der Lage, Claras Freund zu sein, aber zum väterlichen Urheber fehlten ihm noch ein paar weitere kleinere Injektionen und ein paar weitere kleine operative Eingriffe. In ein, zwei Jahren könne man – keine Komplikationen vorausgesetzt – damit rechnen.
Nun hat man Ado Mario freigesprochen. Er fühlt sich wie der ärmste Hund auf der Erde. Alle sind böse auf ihn. Die Männer. Die Frauen. Er weiß nicht mehr: Soll er lieben, darf er lieben, wann, wo und wen? Er ist ganz verwirrt. Ein Mädchen kann er nicht mehr werden, dazu hat man schon zuviel Injektionen in ihn hineingeschossen. Also wird er wohl ein richtiger Mann werden müssen. Aber ob seine Clara so lange auf ihn wartet? Und vor allem: Wer ist denn nun wirklich der Vater des Kindes?
Das sind ein paar von den vielen Fragen, die Ado Mario sich vorlegt, während der Arzt ihm weitere kleine Hormon-Injektionen macht...

Niemand schaut Dir hinter Dein Gesicht

Fünf Menschen und drei Weihnachtsbäume.
Wien, kurz vor Weihnachten 1951.

Vorne am Eck luden gestern ein paar ernste, rotbackige Herren drei Dutzend Weihnachtsbäume ab. Sie schwitzten, husteten, schneuzten sich in große, rote Taschentücher, tauschten mit dem Zeitungsverkäufer Fußball-Toto-Tips, sagten einem kleinen Jungen, der versuchte, Zweige von einem der Bäume zu brechen, daß er sich ›schleichen‹ möge, kletterten schließlich wieder auf ihr Lastauto und fuhren davon.
Die Bäume blieben zurück.
Sie waren noch nicht zu verkaufen. Sie lagen, zusammengebunden, auf der Straße und dachten sich ihren Teil. Und weil gleich daneben die Straßenbahn hielt, standen auch ein paar Menschen herum und warteten. Insgesamt fünf, den Zeitungsverkäufer mitgerechnet. Zwei Männer, zwei Frauen und ein kleines Mädchen. Die fünf Menschen sahen alle dasselbe: drei Dutzend Weihnachtsbäume. Nun kommt all unser Unglück (und daneben auch noch all unser Glück) daher, daß wir niemals dasselbe sehen, wenn wir dasselbe sehen. Auch den fünf Menschen bei der Straßenbahnstation erging es so. Sie alle sahen die Bäume. Aber sie dachten durchaus nicht dasselbe. Im Gegenteil! Bitte sehr...

Was machen die Bäume überhaupt hier?
Meine Mami hat gesagt, das Christkindl bringt sie am Heiligen Abend direkt aus dem Himmel herunter. Dort hat es ein großes Lager. Aber seit wann hat es ein Lager beim Ausgang der Stadtbahnstation Schwedenbrücke? Das ist komisch! Die Katschka Edith aus der Dritten Klasse hat gesagt, das Ganze ist überhaupt ein Schwindel, und nur die dummen Kinder glauben an das Christkind. Die Frau Lehrerin hat ihr den Mund verboten. Weil sie die Wahrheit sagte? Oder weil sie log? Es ist schwer, sich in dieser Welt auszukennen. Ich weiß nicht, warum, aber es ist mir ganz scheußlich zumute, wenn ich mir vorstelle, daß das alles Schwindel ist. Meine Tante Helga sagt, die Männer verkaufen die Bäume im Auftrag des Christkindls, um ihm die Arbeit zu erleichtern – und weil es doch jedes Jahr immer mehr kleine Kinder gibt. Und am Heiligen Abend kommt es dann nur und schmückt die vielen

Bäume. Meine Tante Helga ist klüger als die Katschka Edith aus der Dritten. Und klüger als meine Frau Lehrerin. Aber trotzdem, trotzdem... wenn es nun wirklich wahr wäre... und ich eines Tages darauf käme... und heimgehen müßte und sagen: Ihr braucht euch nicht mehr anzustrengen. Ich weiß alles...

Na also, nun wäre es ja wieder einmal soweit.
Überbrückungshilfe ausbezahlt, Weihnachtsgeld erhalten, Vorschuß genommen auf das Jännergehalt – und ohne einen Groschen in der Tasche. O du fröhliche, o du selige, gnadenbringende Weihnachtszeit! Wer bringt mir Gnade? Bin ich fröhlich? Bin ich selig? Telefonrechnung unbezahlt. Mit den Steuerraten im Verzug. Der Wechsel von Hickora ist fällig. Und hier stehen Weihnachtsbäume... es ist zum Aus-der-Haut-Fahren.
Die Frau braucht einen Mantel. Der Junge braucht Schuhe. Und eine Hose. Und Strümpfe. Und eine elektrische Eisenbahn. Nein, die braucht er nicht. Aber wenn er sie nicht bekommt, sind die Strümpfe und die Hose und die Schuhe für die Katz', und ich habe keine ruhige Minute. Claire muß ich auch etwas schenken. Und Minna muß das doppelte Gehalt bekommen. Wer schenkt mir etwas? Kein Mensch. Herrgott, ist mir dieses Fest zum Kotzen! Das Beste wäre, man bliebe klein.

Dem Mädchen muß ich freigeben, das ist klar.
Also werde ich selber kochen. Die Wertheims und die Katzenbeißers kommen zu Besuch. Der alte Katzenbeißer verträgt keinen Zucker. Er ist Diabetiker. Also muß ich seinen Kuchen separat machen. Zur Schneiderin soll ich gehen. Zum Friseur. Diese amerikanischen Dauerwellen sind jedesmal eine Sache auf Leben und Tod. Ob Ferry lieb ist und mir die kleine Diamantenbrosche schenkt? Ich habe es ihm so taktvoll beigebracht. Natürlich hat er Sorgen, der Arme. Aber es ist doch eine Kapitalanlage, für schlechte Zeiten. Und die kleine Hermi muß ich natürlich aus dem Pensionat abholen. Ich werde mit Ferrys Wagen hinfahren. Selbstverständlich freue ich mich immer, das Kind bei mir zu haben. Wenn es auch eine schwere Belastung ist – bei meiner Nervosität. Aber über die Feiertage kann ich Hermi nicht alleinlassen. Gleich nach Neujahr bringe ich sie dann wieder zurück. Was starre ich eigentlich die ganze Zeit dort hinüber? Was gibt's denn dort? Ach so, Weihnachtsbäume! Muß ich auch noch einen besorgen.

Ich werde froh sein, wenn es vorüber ist.
Das ganze Jahr hindurch kann man am Abend hier herumstehen und Zeitungen verkaufen. Und die Menschen gehen vorbei, man hört sie, man sieht sie, man steht hinter ihnen. Man ist nicht allein. Aber am Heiligen Abend wird kein Mensch mehr Zeitungen kaufen, und ich gehe nach Hause.
Was mache ich zu Hause? Ganz allein. In dem traurigen Zimmer. Das Bild meiner Frau ansehen? Oder das Bild meines Buben? Oder mich betrinken? Was weiß denn ich? Weihnachten sollte verboten werden. Das ganze Jahr arbeitet man, redet sich ein, daß man auch allein ganz gut weiterkommt, verdient, ißt, trinkt und schläft. Und dann, jedes Jahr am gleichen Abend, sitzt man da und denkt: Warum? Wozu? Was hat es für einen Sinn – so ganz allein? Warum bin ich übriggeblieben? Warum ist die Bombe nicht ein bißchen weiter links gefallen, in die andere Kellerecke? Ja, wer das so sagen könnte! Ich würde gern beten. Kalt wird es auch sein. Und finster. Und überall werden Kinder singen.
Deshalb werde ich froh sein, wenn es vorüber ist.

Mein Gott, hab' ich Weihnachtsbäume lieb! Jetzt beginnt die schönste Zeit des Jahres. Die feierlichste Zeit. Alle Menschen gehen mit geheimnisvollen Gesichtern herum, tragen Pakete und machen einander in der Straßenbahn Platz. Die Luft riecht nach Tannenzweigen und Lebkuchen, und die kleinen Kinder haben glänzende Augen. Ich werde immer richtig vergnügt, wenn ich Weihnachtsbäume sehe.
Heuer kaufe ich einen ganz kleinen, den schmücke ich dann heimlich, und wenn Karl vom Dienst kommt, ist schon alles fertig. Nächstes Jahr nehmen wir dann einen großen. Mit vielen Lichtern. Nächstes Jahr sind wir auch schon zu dritt. Ich wollte, es wäre schon nächstes Jahr.
Mein Baby wird staunen, wenn es die vielen Lichter sieht, und es wird nach den silbernen Kugeln und Ketten greifen und lachen. Und Karl wird lachen. Und ich werde lachen. Und wir werden alle glücklich sein. Ach Gott, freue ich mich schon auf Weihnachten!

Sie sehen: Das haben sich fünf Menschen beim Anblick der drei Dutzend Bäume gedacht.
Ich würde gerne wissen, was sich die drei Dutzend Bäume beim Anblick der fünf Menschen gedacht haben.

Neujahrsmeditation eines Rauchfangkehrers

Wenn einer Glück kolportieren muß.
Wien 1953.

Jeder Beruf hat seine Schattenseiten.
Es wäre unsinnig, anzunehmen, daß ein Gewerbe, das der Volksmund unverständlicherweise als glückbringend deklariert hat, auch für den, der es ausübt, glückbringend sein muß. Was würden da wohl die Schimmel und die schwarzen Katzen sagen? Bei mir liegen die Dinge aber anders. Mir bringt meine angebliche Aufgabe, Glück zu spenden, einmal im Jahr äußerst langwierige und entnervende Unannehmlichkeiten. Sie werden einwenden, daß ich in diesem Fall wohl daran täte, mein Gewerbe an jenem einen speziellen Tag eben nicht auszuüben.
Ja, haben Sie eine Ahnung! Wenn ich doch das ganze Jahr auf diesen einen gesegneten und gleichzeitig verfluchten Tag warte... Meine Frau würde mich aus dem Haus jagen, wenn ich diesen jährlichen 1. Jänner blau machte. Das ist ja gerade das Perverse an meiner Situation: Ich schaffe mir ein Extraeinkommen, indem ich mir selbst Ungemach und anderen Menschen die Illusion bereite, ich bereitete ihnen etwas anderes. Um mich deutlicher auszudrücken: Ich wäre nicht glücklich (und vor allem um einiges ärmer), wenn ich an diesem Tag nicht unglücklich wäre.
Die Erde, Sie sagen es, verehrter Herr, ist ein Jammertal. Ich selbst, um es nicht länger zu verheimlichen, bin Schornsteinfeger. Oder Rauchfangkehrer. Oder Kaminkehrer. Ganz, wie Sie wollen. (Und ganz, in welchen Breitengraden Sie diese Zeitung lesen.) Heißen tu – um dem Lokalkolorit Konzessionen zu machen –, heißen tu ich Prohaska. Prohaska Ferdinand, Sie gestatten.
Heute habe ich meinen großen Tag. Sie wissen eh: 1. Jänner. Rauchfangkehrer, Bleischweinchen, Vierblättriger Klee, Glückwünsche und Kopfschmerzen noch vom gestrigen Abend her.
Um 7 Uhr früh weckt mich Luise, meine Gattin.
»Steh auf, Ferdinand«, sagt sie. »Los, geh Glück bringen.«
Sie geben zu: eine herzliche Begrüßung. Ich krieche aus dem Bett, kleide mich in meinen schwärzesten und dreckigsten Arbeitsanzug und stecke eine größere Anzahl von Glückwunschkarten, Pappendeckel-Hufeisen, Gipsfliegenpilzen und ähnlichem, eines erwachsenen Menschen unwürdigen Unsinn zu mir. Ich verzichte darauf,

Luise alles Gute im Neuen Jahr zu wünschen. Sie würde mir doch nichts dafür geben. Mit ihr bin ich verheiratet. Ich bitte herzlich, aus dieser letzten Bemerkung keine falschen Schlüsse ziehen zu wollen. Ich bin glücklich verheiratet. Aber wir reden nicht darüber.

Und dann geht die Geschichte los.

Zuerst im eigenen Haus. Ich klettere ins oberste Stockwerk. Ich klettere immer zuerst ins oberste Stockwerk. Wenn ich dann nämlich die Stiegen hinuntersteige, gelingt es mir eher, ein gewinnendes und sorgloses Grinsen auf meine Züge zu zaubern. Von wegen dem Blutdruck. Ich bin herzleidend. Also: Ich klettere hinauf. Ich klingle. An einer Tür, an der geschrieben steht: Maier. Oder Huber. Oder Bettelheim. Oder Hinterstoisser. Oder sonst was Schönes. Namen sind Schall und Rauch. (Auch für Rauchfangkehrer. Besonders für sie!) Um zu rekapitulieren: Ich klingle. Nichts rührt sich. Ich klingle wieder. Schritte schlurfen. Ein Mann öffnet. Es handelt sich um Herrn Maier, Huber, Bettelheim usw., siehe oben. Der Mann ist noch im Pyjama. Unrasiert. Verschlafen. Verkatert. Mit blutunterlaufenen Augen. Und bloßen Füßen. Der Mann sieht aus, als ob er auf Anruf beißen wird. Der Mann sieht mich an wie der Henker von London. Der Mann ist eben im Begriff, die Tür mit einem Fluch wieder zu schließen – da lächle ich gewinnend.

Einen Moment, ich habe etwas zu erklären: Ich bitte Sie herzlich, mir zu glauben, daß ich ohne Überzeugung, ohne Wärme, ohne innere Anteilnahme lächle; daß es mir peinlich ist, diesen Mann zu stören; daß ich mit seiner Lage sympathisiere; daß ich mir nur zu gut vorstellen kann, wie er sich fühlt, was er sich denkt, was in ihm bei meinem Anblick vorgeht. Das alles kann und tue ich. Aber ich lächle weiter und sage artig: »Ein Prosit Neujahr vom Rauchfangkehrermeister Prohaska, Ihnen und der werten Frau Gemahlin.« (Wenn er eine hat.)

Der Mann, im Begriff, die Tür zuzuschlagen, überlegt es sich. Von wegen dem Aberglauben. Der Aberglaube ist stärker als alle Liebe, aller Haß, alle Klugheit, alles Wissen und alle Skepsis der Welt. Der Aberglaube regiert sie überhaupt! Staatslenker und Psychologen werden jetzt den Kopf senken und denken: Wie recht dieser Prohaska hat! Die Leute von der Totokommission werden ähnliches denken...

Also: Der Mann schließt die Tür nicht, weil er dumm, ich wollte sagen abergläubisch genug ist, zu glauben, daß er damit das Glück ausschlösse. Vielmehr grinst er (gleichfalls ohne Wärme, innere Anteilnahme usw.), schlurft fort und kehrt nach einiger Zeit mit Hartgeld oder einem Schein zurück, den er mir in die Hand drückt, um sodann mit einem Finger ein wenig Ruß von meiner Uniform zu nehmen. Das ist auch so ein Phänomen: Ich habe ein einziges Mal zu Neujahr versucht, frisch gewaschen und in einem anständigen, sauberen Anzug herumzugehen. Auf diese Weise verdiente ich gerade ein Drittel des langjährigen Durchschnitts. Ich wirkte eben nicht überzeugend. Die Leute wollen etwas haben für ihr Geld. Und wenn es gewöhnlicher Ruß ist! Je dreckiger, desto besser.

Ich nehme also das Geld in Empfang, grinse noch immer, warte, bis die Tür sich geschlossen hat – und gehe zur nächsten. Ich klingle, warte, grinse heftiger usw. – Sie haben Phantasie, Sie können es sich vorstellen. Nun wohnen in Mietskasernen massenhaft Menschen. Auf meinem Anzug ist ein Haufen Ruß. Dafür habe ich gesorgt. Ich bin den ganzen Tag unterwegs. Nur zu Mittag geh ich in irgendein Beisel einen heben. Einen großen. Denn Glückwünschen macht durstig. Dann aber arbeite ich weiter. Den ganzen Feiertag lang.

Ich wünsche Glück. Ich schüttle Hände. Ich spende Ruß. Ich lächle. Und heimlich zähle ich die Groschen und Schillinge und Fünf- und Zehnschillingscheine. In manchen Jahren steht das Glück höher, in anderen weniger hoch im Kurs. Bei armen Leuten ist es gesuchter. Die armen Leute zahlen deshalb auch mehr dafür in der Erwartung, es zu bekommen. Sie zahlen immer mehr dafür. Deshalb sind sie auch arm.

Ich gehe durch die leeren Straßen, und die Füße tun mir weh. Ich gehe an glänzenden Auslagen vorbei, in denen Nutriapelze und Plattenspieler und Zehn-Karäter und Volksausgaben der Werke von Johann Nestroy zu sehen sind. In manchen der Auslagen spiegelt sich mein Bild. Und ein Rauchfangkehrer sieht mich an. Er ist müde. Und er ist schwarz. Aber er verbeugt sich und grinst und sagt: »Prosit Neujahr, Herr Prohaska Ferdinand, wünscht Ihnen Ihr Prohaska Ferdinand.«

Und dann gehe ich weiter. Denn es gibt viele Mietshäuser und viele Menschen, die bereit sind, für das große Glück noch einen Schilling zu riskieren. Wenn ich dann heimkomme, habe ich Geld verdient mit der Kolportage einer Illusion. Das ist ein unreelles Geschäft. Denn das Glück kommt nicht, wenn man pfeift. Und auch

nicht, wenn man sich Ruß auf die Nase schmiert. Das Glück kommt, wenn man Glück hat, von allein. Sonst nicht.
Und also erlaube ich mir, Ihnen von Herzen Glück zu wünschen für dieses Neue Jahr –

Ihr ergebener Prohaska Ferdinand.

Roeders gingen zu Fuß

Anläßlich eines Münchner Mode-Rummels im Jahre 1952.

Am Mittwoch, dem 3. September, um 20 Uhr, regnete es in Strömen.
Vor dem ›Regina-Palast-Hotel‹ in München parkten zu beiden Seiten der Straße Autos bis hinauf zum Stachus und bis hinunter zum ›Luitpold‹-Kino. Das Foyer des Hotels und die Festsäle waren so überfüllt, daß viele Gäste in großen Abendtoiletten und schlechter Stimmung keinen Einlaß mehr fanden und fortgehen mußten. Sie waren sehr erbittert darüber. Denn so kamen sie um den Genuß, der Wahl der ›Deutschen Modekönigin des Jahres 1952‹ beiwohnen zu können. Der Autor dieser Zeilen kam um den Genuß nicht. Er wohnte bei. Er erlebte den ganzen herrlichen Genuß von einem Ende bis zum anderen.
Das Fest stand unter Olga Tschechowas Patronat. (Kann man bei einer so schönen, so charmanten Frau eigentlich von ›Patronat‹ reden? Ich glaube nicht. Aber im Programm stand ›Patronat‹. Vielleicht weil ›Matronat‹ ja ganz gewiß auch nicht das Richtige gewesen wäre – nein, ganz gewiß nicht.) Die Jury, der es oblag, die Modekönigin zu bestimmen, setzte sich zusammen aus Persönlichkeiten des öffentlichen Lebens – unter ihnen mehrere Filmschaffende, so der Regisseur Helmut Käutner und die Schauspielerin Camilla Horn. Für Musik sorgte eine Jazzkapelle. Für Humor der Conférencier Backhaus. Für die Ausstattung der Mannequins Münchner Modehäuser. Es waren viele Modehäuser vertreten. Und viele Mannequins vertraten sie. Das Fest, das um acht Uhr mit einer großen Modeschau beginnen sollte, begann infolge des Massenansturms von Gästen um halb zehn.

Die Mannequins wurden in Nebenräumen eingekleidet. Am laufenden Band. Die Firma, die das Kleid beistellte, hatte einen Stand. Dort wurde dem Mannequin das Kleid angezogen. Die Firma, die die Schuhe beistellte, hatte gleichfalls einen Stand. Daneben. Dort wurden dem Mannequin die Schuhe angezogen. Die Hutfirma hatte den Stand daneben. Die Firma, die den Schmuck lieferte, hatte ihren Stand dahinter. Und hinter diesem folgte die Reihe der Schirm-, Stock-, Taschen- und Handschuhfirmen. Die Mannequins betraten dieses laufende Band im Höschen. Und verließen es als Göttinnen. Mit einem Zettel in der Hand. Auf diesem standen sämtliche Firmen, die sich an der Erschaffung der Göttin beteiligt hatten, mit Namen und Adresse.

Das Mannequin stieg in den heißen, überfüllten Saal hinunter, trat auf eine lange Brücke, die quer durch zwei Säle lief, und marschierte im Scheinwerferlicht auf eine Direktrice zu, der es den Zettel überreichte. Die Direktrice las den Zettel und conferierte über das Modell. Dann lächelte das Mannequin und drehte sich freundlich nach allen Richtungen. Dann klatschte das Publikum. Dann marschierte das Mannequin über die Brücke zurück. Die Stiegen hinauf zu den Ständen. Und wurde am laufenden Band wieder ausgezogen. Zuerst der Hut, dann die Schuhe, dann der Schmuck, dann das Kleid. Inzwischen traten unten schon die drei nächsten Mädchen auf.

Es waren lauter hübsche Mädchen. Manche waren sehr hübsch. Und viele hatten ihre Angehörigen mitgebracht. Die Angehörigen saßen oben auf der Galerie und schwitzten vor Aufregung. Sie mußten furchtbar aufpassen, um den Augenblick nicht zu verpassen, in dem ihr Liebling über die Brücke schritt. Wenn sie den Augenblick nicht verpaßten, klatschten sie laut. Wenn sie ihn verpaßten, bekamen die Väter mit den Müttern Streit. Es waren auch Brüder und Schwestern da. Und Bräutigame. Und viele junge Männer ohne Verwandtschaftsverhältnis. Die klatschten auch.

Um ein Uhr morgens war das Publikum endlich soweit, daß es aus vierzig Bewerberinnen durch Stimmzettelabgabe jene sechs bestimmt hatte, die in die engere Wahl kamen. Diese sechs jungen Damen mußten nun nicht länger nur hübsch sein und lächeln, sondern auch ihren guten Geschmack beweisen. Jede hatte ein Los zu ziehen, auf dem eine ›modische Aufgabe‹ gestellt wurde. Der Publikumsliebling Monika Roeder erhielt die Frage: ›Wie ziehen Sie sich an, wenn Sie am Wochenende in einem schwarzweißen

Kabriolet ins Grüne fahren?‹ Mautzi Bauer, die zweite, zog: ›Winterurlaub in Kitzbühel‹. Ein Garderobewagen einer Münchner Firma mit einer großen Auswahl von Modellen stand für die Lösung der Aufgabe zur Verfügung. In ihm konnten die Mädchen sich anziehen.
Der Conférencier Backhaus war in großer Fahrt. Viele seiner kleinen Späße beschäftigten sich mit dem vorteilhaften Äußeren der jungen Damen. Manche Gäste fanden, daß die kleinen Späße grobe Taktlosigkeiten waren. Unter denen, die das fanden, war auch ein Reporter der ›Abendzeitung‹, der unter dem Pseudonym ›Voluntas‹ Glossen schreibt. Voluntas schickte Backhaus einen Zettel auf die Brücke. Auf dem Zettel stand, Backhaus möge sich anständig betragen. Darauf wandte sich Backhaus über das Mikrofon an Voluntas und meinte, stänkern und Glossen schreiben sei leicht, Conférencier sein und Kleider vorführen hingegen sehr viel schwerer. Er, Backhaus, fordere ihn, Voluntas, auf, zu ihm auf die Brücke zu kommen. Vielleicht gehe er ein paarmal auf und ab, präsentiere sich dem Publikum und zeige, was er könne. Diesen Vorschlag ließ Voluntas unerwidert. Er blieb sitzen. Das Publikum wurde laut. Viele schrieen, er solle auf die Brücke kommen. Viele andere schrieen, er solle sitzenbleiben. Das war um halb zwei. Von da an hörte der Krach nicht mehr auf.
Als nämlich die Mädchen aus dem Garderobewagen zurückkamen, stellte sich heraus, daß die Modelle alle nicht paßten! Man hatte ja vorher nicht wissen können, wer welches Los ziehen und wer welches Kleid tragen würde. Daher hatten die Mädchen die Modelle mit Sicherheitsnadeln und anderen Hilfsmitteln provisorisch an sich befestigen müssen. Sie marschierten auf dem Steg hin und her, lächelten vorn bedrückt und hielten hinten ihre Falten fest. Damit sie nicht aufgingen.
Schließlich wurde Jerry Lanzinger, Mannequin bei Schulze-Varell, als Modekönigin 1952 ausgerufen. Backhaus hatte das Ergebnis noch nicht ganz herausgesprudelt, da erhob sich ein Proteststurm aus tausend Kehlen. Herren im Smoking schrieen: »Pfui!« Damen im großen Abendkleid schrieen: »Schiebung!« Viele pfiffen. Auch die Jury beteiligte sich an der Demonstration. Helmut Käutner hieb auf den Richtertisch ein, und Camilla Horn sprang auf einen Stuhl und schrie: »Falsch!« Sie machte damit auf alle Anwesenden einen großen Eindruck.
Inzwischen stand die arme Jerry Lanzinger im Licht der Schein-

werfer und im Kreuzfeuer der Fotografen und Wochenschauleute auf der Brücke und lächelte. Man setzte ihr einen Eichenkranz auf und legte ihr den Königinnenmantel um. Als der Mantel ordentlich hing und der Eichenkranz ordentlich saß, verschaffte sich Backhaus Gehör und sagte, es sei ein kleiner Irrtum zu beklagen. Nicht Jerry Lanzinger, sondern Mautzi Bauer, die seit drei Jahren als Mannequin arbeite, habe die meisten Punkte erhalten. Das Ergebnis sei nur falsch durchgegeben worden. Daraufhin klatschten jene, die früher gepfiffen hatten. Und jene, die früher geklatscht hatten, pfiffen. Es wurde jedoch per saldo mehr geklatscht als gepfiffen, und deshalb blieb die Jury nun bei ihrer Wahl. Und die arme Jerry – nun erst recht im Kreuzfeuer der Kameras – mußte den Mantel wieder ausziehen und den Kranz wieder abnehmen. Sie heulte ein bißchen dabei. Und lief von der Brücke.

Nun bekränzte man Mautzi. Und zog ihr den Mantel an. Und Mautzi lächelte und verneigte sich nach allen Seiten. Reportern sagte sie, es sei der glücklichste Tag ihres Lebens. Draußen in der Halle saß die Favoritin Monika Roeder. Sie hatte sich selbst um den Sieg gebracht: Als sie sah, wie schlecht das Kleid aus dem Garderobewagen an ihr saß, zog sie es gleich wieder aus und verzichtete auf alles weitere. Sie saß mit ihrer Mutter in der Halle und trank einen Gin-Fizz. Drinnen im Saal wurde noch immer gepfiffen und geklatscht.

»Großer Gott, was für ein Quatsch«, sagte Monika Roeder.

»Aber viele Menschen leben davon, mein Kind«, sagte ihre Mutter. Dann bezahlte sie den Gin-Fizz und ging mit ihrer Tochter nach Hause. Die ersten vornehmen Autos fuhren ab.

Roeders gingen zu Fuß.

Selig sind die Kurzsichtigen

Diese Parabel von der Sonnenblume entstand 1949.

Vor unermeßlich langer Zeit – etwa vor sechs Jahren – konnte man mit der Wiener Stadtbahn noch nach Heiligenstadt fahren. Von der Friedensbrücke aus. Oder von der Nußdorfer Straße. Es

war von beiden Seiten her ein aufregendes Unterfangen, denn die Strecke verlor plötzlich jenen städtischen Charakter, sie trug blumige Hügel an die Geleise heran, Schrebergärten, Kartoffelfeuer und blaue Berge in der Ferne.
Aber dann fielen ein paar Bomben und zerstörten im Nu große Teile der Bahnanlagen, zu deren Bau man viele Menschen und viele Monate benötigt hatte. Die Strecke wurde nicht wieder in Gang gebracht. Dort, wo einst Züge brausten, wuchert jetzt Gras. Die Geleise sind verrostet. In den Bombentrichtern spielen Kinder Verstecken. Und die Drähte der Oberleitung sind von geschäftigen Herren schon lange gestohlen worden. Bienen summen, Vögel bauen in den geborstenen Mauern ihre Nester, und tiefer Friede liegt über dem Schienenstrang.
Beim Eingang zu diesem Paradies, dort, wo die Züge nach rechts auf den großen Viadukt hinausfahren, der sie hinunterzieht zur Friedensbrücke, ein paar hundert Meter hinter der Station Nußdorfer Straße, steht ein kleines braunes Haus. Es steht im äußersten Winkel der auseinanderlaufenden Geleise, hat ein Dach aus Wellpappe und blinde Fenster. Wahrscheinlich werden dort Geräte aufbewahrt. Bei dem Häuschen, knapp neben den Schienen, steht eine Sonnenblume.
Es ist keine sehr große Sonnenblume und auch keine sehr kräftige. Nicht einmal eine sehr schöne. Eher sieht sie ein bißchen rachitisch aus. Und bleichsüchtig. Durchaus nicht überzeugend gelb. Aber sie steht aufrecht da, das Gesicht nach Osten gewandt, hoch über der Stadt und ihren Menschen, und, um es gleich zu sagen: Ich liebe sie. Immer, wenn ich mit der Stadtbahn fahre, zittere ich: Wird sie noch dasein? Geht es ihr gut? Hinter der Nußdorfer Straße trete ich auf die Plattform hinaus, und dann sehe ich sie schon von weitem, hoch aufgerichtet, umgeknickt, mutig. Ich fahre an ihr vorüber, und sie nickt leise mit den Blättern. Und ich blicke ihr noch lange nach, solange ich kann, und ich fühle, wie die Begegnung mich stärkt. Wenn es sehr heiß ist, wird mir kühler. Wenn es sehr kalt ist, wird mir wärmer. Bin ich kleinmütig, fasse ich neue Hoffnung. Und bin ich traurig, verfliegt mein Kummer, wenn ich sie wiedersehe, meine Sonnenblume, und mir vorstelle, wie sie dort steht, Tag für Tag, Nacht für Nacht, angesichts der Eisenbahnen unter ihr auf dem Bahnhof, der Kirchen und Wolken, der Sterne und der Morgendämmerung, der roten und grünen Lichter und der Berge in der Ferne...

Gestern nacht stand das Streckenlicht an der Schienengabelung auf Rot. Der Zug blieb stehen. Und ein alter Wunsch in mir wurde munter. Ich hatte mich immer danach gesehnt, einmal an dieser Stelle, neben dem kleinen Häuschen, aussteigen und meine Freundin begrüßen zu können, sie von der Nähe zu betrachten, sie zu streicheln, ihr ›Guten Tag‹ zu sagen. Die Nacht war dunkel, die Gelegenheit günstig, die Plattform leer – kein Mensch, der es sah: Ich sprang hinunter auf den Schotter des Dammes. Im nächsten Augenblick fuhr der Zug wieder an. Er entfernte sich schnell. Die Geleise summten. Ich erhob mich und ging zu ihr.
Sie stand im Schatten des kleinen Hauses. Sie schlief, sie bemerkte mich nicht. Wer Schlafende beobachtet, tut das immer auf eigene Gefahr. Die Sonnenblume kann nichts dafür, daß sie mir eine Enttäuschung bereitete. Ich bin selbst schuld dran. Eine Geliebte überrascht man nicht, wenn sie schläft und sich nicht hat vorbereiten können.
Der Kopf der Sonnenblume hing herunter, einzelne ihrer Kronenzacken waren schon verwelkt und ein paar Samen ausgefallen – es sah aus, als fehlten ihr Zähne. Drei dicke Schnecken saßen auf den Blättern. Die unteren hatten sie bereits angefressen. Neben der Sonnenblume lag ein durchlöcherter Topf. Neben ihm eine alte Zeitung. Es roch schlecht. Ich bemerkte, daß der Stamm der Blume mit Hilfe eines Bindfadens an einen Nagel der Hauswand gebunden war. Daher die gute Haltung, die königliche Gebärde! Sie verwendete ein Korsett...
Ich stand lange da und betrachtete meine Freundin. Von allen Seiten. Sie sah von allen gleich aus. Gewöhnlich. Alt. Verbraucht. Langweilig. Durchaus keine Königin. Nicht einmal eine ordentliche Sonnenblume. Keine Spur von Wolken und Sternen, der Morgendämmerung und den roten und grünen Lichtern in der Ferne. Sie sah das alles nicht, es interessierte sie nicht. Sie hatte das Gesicht der Hauswand zugedreht und schlief. Gerade, daß sie nicht schnarchte. Und die Schnecken fraßen sie langsam auf.
Ich wandte mich ab und ging über die Geleise zur Station zurück, wo mich schon ein Polizist erwartete, um mir meine Personalien und zehn Schilling abzunehmen.
Ja, ha!

Sie glauben doch nicht im Ernst, daß ich so dumm war, auszusteigen? Sie glauben doch nicht im Ernst, daß ich so dumm war, mir meine Geliebte aus der Nähe zu betrachten und meine Enttäuschung mit zehn Schilling zu bezahlen? Ich brauche meine Illusionen wie jeder andere. Ich zerstöre sie mir nicht selbst. Ich weiß, wie es um die Welt und die Schönheit und die Schnecken, die an uns zehren, beschaffen ist. Ich weiß, daß der Schlaf der Bruder des Todes ist. Ich bin kurzsichtig und froh darüber. Ich bin *nicht* ausgestiegen! Ich habe mir überlegt, was ich wohl sehen würde, und das genügte. Ich fuhr weiter. Ich habe die Ruhe meiner Königin nicht gestört. Ich habe mir vorgestellt, wie sie ihr unbeflecktes, herrliches Antlitz den Wolken und Sternen entgegenwandte, der Morgendämmerung und den roten und grünen Lichtern in der Ferne...

Öffentliche Warnung

Geschrieben in Wien, kurz vor Weihnachten 1949, als es endlich wieder (nahezu) alles zu kaufen – und zu essen! – gab.

Um zu sagen, was ich zu sagen habe, bin ich gezwungen, auf eine Episode und mehrere Gestalten der populären englischen Literatur zurückzugreifen: auf A. A. Milnes ›Pu der Bär‹ und sein Erlebnis mit dem Kaninchen. Ich könnte zur Illustration meiner Ausführungen auch einen Herrn erfinden, der Meier oder Schmidt heißt, und eine Dame Huber oder Ebeseder. Aber es ist anzunehmen, daß sich unter den Lesern des geschätzten Blattes ein Herr namens Meier oder Schmidt und eine Dame namens Huber oder Ebeseder befinden. Vielleicht sogar mehrere Herren und Damen. Damit jedoch wäre der Sinn dieser Zeilen durchaus verfehlt. Man überzeugt nämlich nicht, indem man hand-, ich wollte sagen: nam-greiflich wird. Im Gegenteil!

Man bekommt bloß Briefe unfreundlichen Inhalts, die der Chef liest und – wenn man Pech hat – für die Vox populi hält. Selbst wenn sie von ein paar guten Freunden stammen. Deshalb bedienen wir uns von vornherein des lieben Bären Pu und seines Kaninchens, sozusagen als eines sympathischen Vehikels, mit dem umzugehen, ja umzuspringen wir uns nach Gutdünken und im Rahmen einer allgemeinen Schicklichkeit ohne Gefahr erlauben dürfen. Und nun wollen wir in Gottes Namen anfangen!

Pu der Bär war kein richtiger Bär. Nur ein Spielzeugbär. Auch seine Freunde in dem großen Wald, in dem er sich aufhielt, waren Spielzeugtiere, Spielzeugtiger, Spielzeugferkel, Spielzeugkänguruhs, Spielzeugesel und, last, not least, Spielzeugkaninchen. Sie alle gehörten einem kleinen Jungen namens Christopher Robin, dem Sohn des Autors, dem dieser die Abenteuer der Tiere erzählte. Die Engländer betrachten die Bücher von Pu dem Bären seit vielen Jahren als eine Art Nationalheiligtum. Das kommt, weil sie sich eine tiefe und feierliche Vorliebe für ›the beautiful art of nonsense‹ bewahrt haben, für die schöne Kunst des Unsinns. Aber wir sind schon wieder vom Thema abgekommen.

Pu der Bär war eines Tages zu einer Weihnachtsfeier (merken Sie etwas?) bei einer alten Freundin, dem Kaninchen, eingeladen. Die alte Freundin wohnte mitten im Wald in einer gemütlichen, warmen Höhle, die durch einen längeren, schmalen Gang erreichbar war. Besucher mußten durch den Gang kriechen, mit dem Kopf voran. Und dabei den Atem anhalten. Und sich nicht aufblasen. Damit sie nicht steckenblieben. Es war ein hübscher und zweckmäßiger, jedoch kein übermäßig großer Gang. Pu der Bär passierte ihn ohne weiteres. Er war ein hübscher und zweckmäßiger, jedoch kein übermäßig großer Bär.

Das Kaninchen bewirtete ihn, wie Kaninchen das so tun, großmütig, großzügig und großartig. Das Weihnachtsdiner umfaßte einundzwanzig Gänge. Die zahlreichen Kinder des Kaninchens aßen mit. Zum Nachtisch gab es Honig. Honig war der Lieblingsnachtisch des Bären Pu. Übrigens auch sein Lieblingsvor- und -mitteltisch. Pu der Bär nahm eine Menge Honig zu sich. Er nahm, um genau zu sein, allen Honig zu sich, den das Kaninchen in seiner Höhle auftreiben konnte. Dazu knabberte er Bucheckern, Haselnüsse, Walnüsse, Erdnüsse und – erfolglos – an einer Kokosnuß. Pu der Bär war sehr satt. Er rauchte noch eine Kaninchenzigarre, machte ein wenig Konversation, und verabschiedete sich dann ziemlich abrupt, weil er plötzlich das dringende Bedürfnis empfand, an die frische Luft zu kommen.

Um an die frische Luft zu kommen, mußte er durch den hübschen, zweckmäßigen, jedoch nicht übermäßig großen Gang kriechen. Er kroch. Mitten im Gang blieb er – Sie haben es erraten – stecken. Er fand, daß er nicht weiterkriechen konnte. Er fand auch, daß er

nicht mehr zurückkriechen konnte. Er fand, daß er sich überhaupt nicht vom Fleck rühren konnte. Weil er so vollgefressen war.
»Was ist los, Pu?« fragte das Kaninchen.
»Nichts, nichts«, sagte Pu der Bär, bemüht, seiner Stimme einen festen und zuversichtlichen Ton zu geben, »ich ruhe mich nur ein wenig aus.«
Aber wie lange kann sich ein normaler Bär in einem Kaninchentunnel ausruhen? Eine halbe Stunde, wenn es hoch geht.
Nach einer dreiviertel Stunde überprüfte das Kaninchen die Lage. Es kroch durch einen Notausgang ins Freie, setzte sich Pu dem Bären gegenüber in den Schnee und hob eine Pfote.
»Du bist steckengeblieben«, sagte es.
Pu nickte.
»Was können wir tun?«
»Wir müssen warten«, meinte das Kaninchen, »bis du dünner wirst.«
Und sie warteten.
Sie warteten vierzehn Tage. An Pus hinterem, in die Höhle ragenden Ende hängte das Kaninchen Geschirrtücher und Kinderwäsche zum Trocknen auf. Dem vorderen Ende las es, wenn es Zeit hatte, Gedichte von Keats, Longfellow und einem gewissen Herrn A. A. Milne vor. Und Pu der Bär hatte vierzehn Tage lang Zeit, in sich zu gehen und darüber nachzudenken, wie äußerst unklug es ist, sich zu überfressen.
Nach vierzehn Tagen kamen sämtliche Verwandte des Kaninchens (ein ganzer Haufen) und nahmen vor der Höhle Aufstellung. Sie hielten einander um die Hüften, und der erste von ihnen hielt die Pfoten von Pu dem Bären. Und dann sagte der erste »Hauruck!«, und alle lehnten sich zurück und versuchten, den gefangenen Bären herauszuziehen. Und plötzlich gab es einen Knall, ähnlich dem bei Champagnerflaschen, wenn man ihre Korken entfernt, und die Kaninchenverwandtschaft fiel auf den Rücken, und Pu der Bär segelte in einem großen Bogen über sie hinweg in den Schnee hinein, und man sah, daß er nun wieder seine schöne alte Form angenommen hatte.
»Das alles«, sagte das kluge Kaninchen, »kommt, weil du so maßlos gefressen hast.« Und dann wünschten sämtliche Kaninchenverwandte dem Bären gesegnete Weihnachten und gingen in ihre Höhlen zurück. So.
Ich denke, Sie haben inzwischen begriffen, warum die Helden die-

ser Geschichte nicht Meier, Schmidt oder Ebeseder heißen. Wenn Sie es noch nicht begriffen haben, erlaube ich mir, Sie daran zu erinnern, daß die fröhliche, selige, gnadenbringende Weihnachtszeit vor der Tür steht. Ich habe ein sehr komisches Gefühl dabei, wenn ich mir vorstelle, daß es schon wieder möglich ist, einen Artikel über verdorbene Mägen zu schreiben. Vor vier Jahren wäre ich für ihn wahrscheinlich von empörten Abonnenten mit Steinen aus dem Trümmerschutt beworfen worden. Aber die Zeiten haben sich – und wie! – geändert. Leider nicht nur, was die Lebensmittelversorgung betrifft. Doch das gehört nicht hierher.

Es ist nichts gegen einen Menschen einzuwenden, der die Absicht hat, sich zu Weihnachten einmal so richtig vollzuessen. Die Türen unserer Wohnungen sind groß genug, um auch in extremsten Fällen ein Steckenbleiben auszuschließen. Aber darum geht es nicht! Denn die meisten von uns haben in diesem Jahr gar keinen festen Essensfahrplan mehr, sie haben keine vorgeschriebene Route, sie denken nicht mehr daran, sich mit einer Gans, einem Rehrücken, dreiundzwanzig Guglhupfen (wenn das der richtige Plural sein sollte) oder hundertundelf Stück Windbäckerei den Magen zu verkleben. Sie sind wahllos geworden. Sie geben sich vagen Gedankengängen hin und wissen nicht genau, was sie alles essen werden – und wieviel davon. Deshalb ist es durchaus möglich, daß sie sich ihre Mägen mit einer Gans, einem Rehrücken, dreiundzwanzig Guglhupfen und hundertundelf Stück Windbäckerei verkleben. Deshalb ist es durchaus möglich, daß sie schon am zweiten Feiertag unter dem Tisch, auf der Couch oder auf der Ersten Unfallstation liegen, wo man ihnen den bereits erwähnten Körperteil auspumpt. Es soll Leute gegeben haben, die vor lauter Überfressensein auf der Stelle der Schlag traf und umbrachte. Es soll Leute gegeben haben, die als Folge weihnachtlicher Exzesse ein schweres Herzleiden, Gehörstörungen auf Lebzeiten oder dauernde Lähmungserscheinungen gewisser Muskeln davontrugen. Die meisten aber mußten die vielen guten Sachen, die sie in sich hineinfutterten, wieder hergeben – und zwar in einer Form, die den nochmaligen Genuß ausschloß. Und das war doch wirklich nicht der Sinn der Übung!

Wir haben hier noch nicht davon gesprochen, daß die Geburt des Christkindes meistens auch noch durch den Konsum größerer Alkoholmengen gefeiert wird. Auch hier hat es nur wenig Sinn, Wein und Slibowitz durcheinander, Chartreuse und Courvoisier literweise zu trinken. Selbst wenn die Versuchung noch so groß ist. Die Folgen stellen sich unfehlbar ein. Meine Mutter hat schon jetzt ein Faß Heringe, ein Glas Rollmöpse und eine Halbkilopackung Aspirin sowie ein größeres Quantum Tierkohle gekauft. Sie kennt sich aus! Am besten ist es, Sie folgen ihrem Beispiel. Noch besser ist es, Sie hängen diesen Artikel über Ihr Bett. Und denken bei jedem Glas Punsch, das Sie sich genehmigen, an das Kaninchen und an den unglücklichen Pu, den Bären, der steckenblieb...

Man müßte...!

Wiener Meditation 1947 – heute noch so aktuell wie damals.

Mein Freund Peter ist ein Denker.

Sonst geht es ihm eigentlich gut, er hat seinen Posten, genügend zu essen, und er hätte es überhaupt nicht notwendig – meint seine Frau. Aber mit dem Peter kann niemand reden. Er ist ein Mensch, der dauernd Pläne macht. Um mit Bertolt Brecht zu reden: »Er macht sich einen Plan. Und ist ein großes Licht. Dann macht er noch einen zweiten Plan. Gehn tun sie beide nicht.« Das ist meinem Freund Peter aber ganz gleichgültig. Was geht schon in dieser schlechten Zeit? sagt er. Darauf kommt es nicht an! Ankommen tut es dabei auf die Tätigkeit des Denkens, nicht auf den praktischen Reingewinn.

Gestern hat es so scheußlich geregnet. Kalt war es auch. Der Gedanke, daß man eigentlich ganz schnell ein paar Blumen brauchte, um jemanden über die atmosphärischen Konditionen hinwegzutrösten, wobei man erfuhr, daß die besseren (langstieligen) Treibhausrosen in den besseren Blumenhandlungen schon wieder das Stück fünf Schilling mehr kosten – dieser Gedanke lag einem wie ein Stein im Magen.

Mein Freund Peter saß in seinem Büro, hatte die langen Beine auf den Schreibtisch gelegt und dachte nach. Über ein neues Spiel. Er war sehr aufgeregt bei dem Gedanken daran.

»Willst du es hören?« fragte er, als ich eintrat.

»Nein.«

»Sehr gut. Also, paß auf: Es ist ganz einfach, du überlegst dir nur einmal, was du alles *nicht* tust, aber eigentlich tun *müßtest.*«
»Wozu?«
»Wozu was?«
»Wozu überlege ich es mir, wenn ich es dann doch nicht tue?«
»Um deinen Charakter zu bilden. Alles das, was du nicht tust, oder alles das, was du tun möchtest, zusammengenommen, ergibt ein Bild deines Innersten, deiner Seele, deines Zustandes. Jeder von uns hat irgendwo einen Knacks. So kann man ihn erkennen.«
»Ich kenne meinen Knacks«, sagte ich. »Ich habe immer gerade um fünfhundert Schilling weniger, als ich brauche.«
Aber dann überlegte ich mir, davon ausgehend, das Spiel einmal. Die meisten Menschen, die es spielen, werden natürlich zuerst sagen: Man müßte immer fünfhundert Schilling mehr haben. Oder zwanzigtausend. Oder eine Million. Oder siebenundfünfzig Groschen. Die Zahl spielt absolut keine Rolle. Sie zeigt uns noch keinen Knacks – oder jedenfalls keinen individuell interessanten. Geld haben wir alle keines. Aber nun fragt der Peter den Menschen, mit dem er ›Man müßte‹ spielt, ja nicht. Er läßt *ihn* reden. Er sagt überhaupt nichts. Nur das Versuchskaninchen spricht. Zuerst stockend, dann fließender, zuletzt rauschend wie ein Wasserfall. Es redet sich dabei so allerhand von der Seele. Was es dem Chef, dem Gaskassierer, der Sekretärin, der Gattin, dem Sohn, dem Würstelmann in der Kärntner Straße, der Schwiegermutter, dem Briefträger, dem Lokalredakteur oder dem Herrn, der nebenan immer den ›Valse triste‹ zu spielen beginnt, wenn man glaubt, endlich einschlafen zu können, nicht sagen kann... All das und noch viel mehr verläßt auf diesem Weg das gequälte Gehirn des Kaninchens und macht – so behauptet mein Freund Peter – einer wohligen Weite, Leere und Müdigkeit Platz.
Man müßte einmal anständigen Urlaub nehmen, träumt das Kaninchen. Nicht den gesetzlichen, der jedesmal verregnet ist, sondern Urlaub, wenn es einem gerade paßt, gleich heute nachmittag zum Beispiel, für drei Monate etwa. Man müßte hingehen und dem Chef sagen: »Sie können mir den Buckel herunterrutschen, Sie ekelhafter alter Leuteschinder! Verkaufen Sie Ihre Reinseidenbinder doch selber, wenn Sie glauben, daß Sie so tüchtig sind! Ich habe genug, ich schmeiße Ihnen den ganzen Krempel hin...« Und dann müßte man ihm vielleicht noch einen Tritt geben. Oder zwei.

Man müßte, weil wir gerade von Erholung reden, vielleicht auch einmal allein sein. Richtig allein. Die Frau und die Kinder müßte man zu den Eltern schicken, und dann müßte man sich in ein kleines Auto setzen (allerdings müßte man da zuerst ein kleines Auto haben) und irgendwohin in einen der vielen hübschen österreichischen Kurorte fahren (allerdings müßte man da erst Ungarisch lernen).

Dann müßte man sich energisch das Rauchen abgewöhnen und, wenn überhaupt, nur noch englischen Gin trinken, endlich auch Thomas Manns ›Doktor Faustus‹ und die Werke der Atomphysiker Blackett und Appelton lesen.

Ferner:

Müßte man endlich wirklich einen Abendsprachkurs an der Volkshochschule besuchen. Das ist ja schon lächerlich! Alle Leute sagen, ich habe eine solche Sprachbegabung, jeden Monat nehme ich es mir vor... na ja, dieses Semester geht es ja nicht mehr, die Kurse haben schon begonnen... aber im Frühjahr! Im Frühjahr bestimmt. Im Frühjahr müßte man auch für ein paar Tage nach Bregenz fahren – dort auf der Kommode steht noch immer das Bild, das ich vor drei Jahren angefangen habe... ›Sonnenuntergang über dem Bodensee‹. Das müßte man fertig malen. Der Fleischhauer unten im Haus hat gesagt, es verrate Talent. Was heißt denn das? Jetzt bin ich vierundzwanzig Jahre alt und habe noch nichts für die Unsterblichkeit getan. Überhaupt nichts. Es ist zum Kotzen!

Sodann:

Müßte man endlich den Schneider bezahlen. Er hat den Anzug schließlich vor sechs Monaten geliefert. Daß er anständig ist und sich nur alle vierzehn Tage meldet, sollte einem zu denken geben. Er verdient sein Geld viel schwerer als der widerwärtige Herr Schmidt. Der ruft jeden Morgen an. Vor acht Uhr. Damit er mich ja erwischt.

Auch müßte man sich entschließen, die Freundschaft mit diesem Maier abzubrechen. Der Kerl ist ja doch nur ein Schieber!

Ach was! Im Gegenteil... man müßte selber schieben. Wer immer nur arbeitet, der kann ja zu nichts kommen. Man müßte ein bißchen Schrott verkaufen, sich einen Buick Eight anschaffen, ein paar hunderttausend Schilling beiseite räumen, keine Steuern dafür zahlen und ein feiner Hund sein! Ja, das müßte man eigentlich! Da müßte man aber auch bessere Nerven haben und bessere Be-

ziehungen und einen besseren Wintermantel. Man müßte Kapital haben, um anzufangen. Eine halbe Million oder so. Weil wir gerade vom Geld reden: Man müßte die amerikanischen Zigaretten in der Spezialitäten-Trafik kaufen, dort kosten sie nur sieben Schilling. Und dann, ja dann, um wieder von vorne anzufangen, müßte man, wie gesagt, dem Chef den gesamten Krempel hinschmeißen... Jesus Maria! Es ist schon dreiviertel drei! Da muß ich aber schleunigst ins Büro... Ich darf nicht zu spät kommen! Der Chef kann das gar nicht leiden.
»Mir gefällt dein Spiel nicht«, sage ich zu meinem Freund Peter.
»Niemandem gefällt es«, erwiderte er. »*Aber alle spielen es* – in Gedanken!«

Notwendige Anmerkung für Nicht-Österreicher: Trafik (die) ist ein Tabakladen.

Singend wie der Schwan

Gedanken am Totensonntag 1979.

Es ist Sitte, sich in diesen Tagen der Toten zu erinnern, ihrer liebevoll zu gedenken und um sie zu trauern. Die Zeit, die hinter uns liegt, war so voll von Tod, daß es kaum eine Familie, kaum einen Menschen gibt, der nicht einen Vater, eine Mutter, einen Sohn, einen Geliebten, eine Schwester verloren hat. Um sie alle trauern wir in diesen Tagen, in denen die Blätter fallen, der Himmel sich verhängt und kalter Regen fällt.
Der Tod ist keine für jedermann leichtverständliche Angelegenheit; aber jedes Leben geht eines Tages zu Ende. Solange wir jedoch selber noch leben, solange wir noch beisammen sind, solange auch nur zwei von uns übrigbleiben und sich an den, der starb, erinnern, kann nichts in der Welt ihn uns nehmen. Der Körper kann uns genommen werden, aber nicht der Mensch. Er ist nicht tot, solange noch einer lebt und an ihn denkt. Krankheit, Müdigkeit und Arbeit nahmen den Körper, aber seine Kinder, seine Freunde, seine Frau haben ihm dieses Körperliche schon wiedergegeben – und er ist dabei jünger und lebendiger geworden! Das

Gute wird niemals enden. Wenn es endete, dann gäbe es auf der Erde keine Menschen, dann gäbe es auf der Erde kein Leben. Und wie Du weißt, ist die Erde noch voll von Menschen und voll von wunderbarem Leben.
Was aber geschieht, wenn wir verstorben sind?

Wenn Du gestorben bist, wenn Deine unsterbliche Seele aus Dir hinausgetreten ist, bettet man Dich nach einigen Vorbereitungen in einen Sarg und trägt Dich in einen großen Garten mit alten Bäumen und langem Gras, in dem die Nachtigallen singen.
Dort senkt man Dich in ein Grab, wirft Erde auf Deinen Leichnam und errichtet einen Stein, auf dem Dein Name steht. Nicht alle Menschen sterben so vornehm. Manche bleiben ganz einfach irgendwo liegen, und kein Hund schert sich um sie. Andere wieder entziehen sich durch die Art ihres Endes jeder Form posthumer Geschäftigkeit mit ihren Resten. Aber die meisten finden doch ein Grab. Ein Priester spricht Gebete, und manchmal weint jemand, bevor Du allein bleibst, und sagt, er werde Dich nie vergessen.
Wenn Du gestorben bist, wird aus Dir Dein Paradies. In Deinem Grab kann Dich niemand mehr stören, und Du schläfst in Frieden. Der Wind weht, die Wolken ziehen, der Tag vergeht, die Nacht kommt leise gegangen. Der Sommer scheidet, Schnee fällt auf Dich und kalter Regen. Aber all das braucht Dich nicht zu bekümmern, denn Du liegst tief. Das Jahr wendet sich. Wieder wird es Frühling, wieder kommt der Sommer zurück, es ist dieselbe Sonne, die Dein Grab bescheint, immer dieselbe.
Wenn Du ein gottesfürchtiges Leben geführt und viel gebetet hast, dann vertraust Du darauf, daß der Allmächtige Dich in Seinen Himmel aufnehmen wird, wo die Engel auf Harfen spielen und die Ewige Seligkeit Dein ist.
Wenn Du Dir ein wissenschaftliches Weltbild geschaffen hast, glaubst Du daran, daß die organischen Bestandteile Deines Körpers, umgewandelt in Kohlensäure und Ammoniak, sich nach dem Gesetz der Diffusion über die ganze Erde ausbreiten und dem Aufbau der Pflanzen und Bäume dienen werden. Deshalb, meinst Du, wird jede Blume und jedes Tier einen Teil Deines Lebens enthalten.
Die anorganische Substanz Deines Leichnams, die Kalk- und Phosphorsalze, soll desgleichen zerfallen und sich lösen, im Regen und im Wasser der großen Ströme. Die in Deinem Körper enthal-

tene Energie wird diesen, umgewandelt in Wärme, verlassen und einen Teil der Welt-Energie bilden. Das, glaubst Du, wenn Du Dir ein wissenschaftliches Weltbild geschaffen hast, bedeutet die wahre Auferstehung vom Tode und das Ewige Leben selber. In dieser Überzeugung lebst Du in Frieden mit kommenden Ereignissen und weißt, daß der Tod nichts ist als eine notwendige Folge allen Lebens. Es gibt keinen Anfang, und es gibt kein Ende. Wir verändern uns ständig. Niemals sind wir die gleichen. Wenn der Tod kommt, erleiden wir unsere größte Verwandlung.

Aber er kommt noch nicht.
Wir können noch nicht sterben. Wir werden noch gebraucht. Vieles wird von uns erwartet, vieles haben wir noch weiterzugeben an andere, vieles haben wir zu bewahren für unsere Kinder und Enkelkinder. Wir sind alle Glieder der einen großen Gemeinschaft, die man die Menschheit nennt. Wir tragen eine kollektive Verantwortung für sie, der wir uns nicht – und schon gar nicht durch den Tod – entziehen dürfen, bevor unsere Zeit gekommen ist. Es ist noch viel Arbeit zu tun, es gibt noch vieles, worüber wir noch nicht gelacht und worüber wir noch nicht geweint haben. Wir müssen den Schnee vieler neuer Jahre erleben, viele Sonnenaufgänge und Mondnächte, der Sturmwind kommender Herbstabende wartet auf uns, und wir müssen noch den neuen Wein kosten, der jetzt leise und geduldig in den Fässern gärt. Und wir müssen vor allem das Andenken an die Toten erhalten und jene Wege weitergehen, die sie gegangen sind; jene Arbeit weiterführen, die sie begonnen haben; und jenes Leben weiterleben, das sie ertragen haben. Denn nach uns werden andere kommen, die sich auf uns verlassen – unsere Kinder. Für sie sind wir alles. Wegbereiter, Ernährer und Beschützer. Für sie sind wir die Sicherheit. Deshalb haben wir die Verpflichtung, aus der Traurigkeit einer Stunde vor stillen Gräbern zurückzukehren in jenes furchtbare und wunderbare, schöne und häßliche Leben, das es nicht wert ist, von der Sonne gestreichelt und vom Sturm gepeitscht zu werden – und das wir doch lieben mit jeder Faser unseres Herzens.

Wir blättern in alten Büchern.
Wir lesen, was in ›Tausendundeine Nacht‹ steht: ›Der Tod und das Leben sind zu vergleichen mit zwei kostbaren Schatullen. Beide sind verschlossen. Und jede trägt in ihrem Innern den Schlüssel

zum Schloß der anderen. Das Leben ist nur der Vater der Weisheit. Ihre Mutter ist der Tod...‹ So gehen wir, zwischen der Mystik des Ostens und der Realistik des Westens, unseren Weg in eine Zukunft hinein, von der wir wissen, daß jeder ihrer Tage uns einen Tag näher an jenen heranbringt, nach dem es für uns keinen mehr geben soll.

Dann aber wollen wir, wie ein Weiser schrieb, von all dem Abschied nehmen – nicht klagend, sondern singend wie der Schwan...

Harlem tanzt

Kritik eines ›schwarzen‹ Films, 1949 geschrieben – lange bevor derlei zum Show-Business wurde.

Vor vielen Jahren haben die Amerikaner einen Film mit dem Titel ›Die grünen Weiden‹ gedreht. Gemeint waren die bekannten Gefilde der Seligen, die in dem wunderschönen dreiundzwanzigsten Psalm genannt werden. Das Besondere an diesem Film war sein Ensemble. Es bestand ausschließlich aus Schwarzen: Ein alter Negerlehrer erzählt seinen Negerschülern die Geschichte vom Lieben Gott, der gleichfalls ein feierlich schwarzgekleideter Neger mit Zylinder und dicker Zigarre ist, und schildert ihnen die Freuden des Lebens nach dem Tode in einem Himmel, der genauso aussieht, wie Neger ihn sich vorstellen müssen: nämlich bevölkert mit unzähligen kleinen und großen Negern in weißen Nachthemden und mit weißen Flügeln.

In einer überwältigend schlicht gläubigen, lustig-traurigen und ganz einfachen Manier erzählt dieser Film, begleitet von geradezu überirdisch schöner Spiritualmusik, Szenenfolgen aus dem Alten Testament, vom Auszug der Kinder Israel, von dem blinden Moses, der an der Grenze zum Gelobten Land von allen Abschied nimmt, indem er ihnen die Hand reicht – um zuletzt allein und hilflos dazustehen, bis auf dem unendlichen Himmel ein freundlicher schwarzer Lieber Gott erscheint und ihn hinüberführt ins Paradies.

Und zum Schluß, wenn die meisten Menschen, die den Film sahen, schon nasse Augen hatten, ohne eigentlich sagen zu können,

warum ihnen die Tränen gekommen waren, führt er noch einmal zurück in die Dorfschule, wo der alte Lehrer seine Sonntagsschule eben beendet – und siehe, er trägt die Züge des Lieben Gottes...
Das war der Film ›Die grünen Weiden‹. Er war einzig in seiner Art. Und ist es geblieben: Man hat nicht versucht, ihn nachzuahmen.
Jetzt ist in Wien ein neuer Film zu sehen, der auf einem ganz anderen Gebiet, aber mit der gleichen kindlich gläubigen Einfalt, dem gleichen ungeheuer starken Lebensgefühl, mit einer Lebensfreude ohnegleichen und den nie verstummenden Stimmen sanfter Traurigkeit eines ganzen Dunklen Kontinents eine Art Verwandter der ›Grünen Weiden‹ ist.
Dieser Film heißt ›Harlem tanzt‹. Auch hier sind nur Farbige zu sehen. Und auch hier, obwohl das Sujet stellenweise so lustig ist, daß man sich verschlucken könnte vor Lachen, ist man zuletzt versucht, zu weinen. Auf jeden Fall aber begeistert zu klatschen. ›Harlem tanzt‹ ist ein Meisterwerk. Ein gewaltiger, krafterfüllter, bis an den Rand mit Lebensenergie geladener Film – und nach unserer armseligen ›weißen‹ Vorstellung von ›Revue‹-Filmen eine riesenhafte Herausforderung!
Es fängt damit an, daß der Film eigentlich überhaupt kein Film ist. Denn er hat keine Handlung. Er hat auch keine Stars. Die meisten Schwarzen, die als Sänger, Tänzer, Clowns und Musiker auftreten, spielen nichts als sich selbst. Sie heißen im Privatleben genauso wie im Personenverzeichnis auf der linken Seite. Aber hier liegt auch schon ein Teil des Hundes begraben, auf den der ›weiße‹ Revue-Film gekommen ist. Diese Sterne, die keine Stars sind, heißen: Fats Waller, Ada Brown, die Nicholas Brothers, The Tramp Band und Cab Calloway. Man hat das Gefühl, sie alle haben sich zusammengetan, um den Weißen einmal zu zeigen, was diese alles *nicht* können. Um ihnen einmal zu zeigen, wie es gemacht wird. Aber bei näherem Hinsehen stellt sich heraus, daß dies gar nicht der Fall gewesen ist.
Ich glaube, die Mitwirkenden dieses Films spielten gar nicht für die Weißen. Sie spielten überhaupt nicht fürs Publikum. Sie spielten für sich selbst. Zu ihrer eigenen Freude, zu ihrer eigenen Erholung. So wie kleine Kinder spielen oder Tiere. Mit dem sicheren Instinkt, mit allem Rhythmus der Bewegung, mit aller Melodik, mit aller Freude am Spiel um des Spiels willen. Sie dachten nicht an Honorare und nicht an neue Engagements, nicht an Kritiken (und bestimmt nicht an eine solche im ›Neuen Österreich‹) – sie

dachten daran, zu singen, zu tanzen und zu spielen, so wie ihre Großeltern gespielt haben in den dichten, dunklen Hainen ihrer Heimat, damals, als das Spiel noch nach Ritualen vor sich ging und so heilig war wie ein Gebet um Regen. Aus jedem Einzelnen dieser Menschen spricht mehr, viel mehr als die eigene, überzeugende Begabung, die eigene Persönlichkeit, der eigene Charme. Aus jedem Einzelnen von ihnen spricht die Stimme eines Kontinents – spricht Afrika.

Deshalb braucht dieser Film keine Handlung (oder nur den lächerlichen Rest einer solchen), um den Betrachter bis zur letzten Minute gefangenzunehmen, um aufregender, rasanter und spannender zu wirken als irgendein jemals hergestellter, noch so gelungener ›weißer‹ Revue-Film. Es hat keinen Sinn, einzelne Leistungen beschreiben zu wollen – sie sind unbeschreiblich. Man gerät bei der Betrachtung in Gefahr, von ihrer Wirkung erschlagen zu werden. Bei aller Hochachtung vor europäischen und überseeischen Tanzvirtuosen: Ich glaube nicht, daß es heute irgend jemanden gibt, der es an wahnwitzigen Sprüngen, tollkühnen Drehungen und einer atemberaubenden Grazie der Bewegungen mit den beiden Shadracks aufnehmen könnte, die am Schluß des Films zu Cab Calloways ohrenbetäubend-melodischer Urwald- und Urweltmusik mit nichts als einer Stiege sozusagen sämtliche Gesetze der Schwerkraft und sich selbst auf den Kopf stellen. Ich glaube nicht, daß es bei aller Hochachtung vor in- und ausländischen Charakterkomikern heute einen gibt, der es mit dem ungeheuerlich fetten Fats Waller aufnehmen könnte, wenn dieser es durch ein Verziehen der Oberlippe, ein Grunzen, ein Senken der Augenlider oder die Bewegung des kleinen Fingers dahin bringt, daß sein Publikum vor Lachen schreit. Ganz abgesehen davon, daß er so Klavier spielt wie ganz bestimmt weder ein in- noch ein ausländischer Komiker. Bei dem Dirigenten Calloway ist das anders. Hier gibt es Musiker, die mit ihm in Konkurrenz treten könnten. Allerdings nur, solange sie ihre eigene Musik spielen. Auf seinem Boden des ›Progressiven Jazz‹ ist ihm nicht beizukommen! Übrigens ist dieser Jazz bei all seiner Wildheit, seiner ohrenbetäubenden, hinreißenden Lautheit eigentlich gar nicht progressiv, sondern viel eher konservativ. Er ist konservatives Afrika.

Katherine Dunham und ihre Truppe waren vor vielen Monaten in Wien zu Besuch. Sie riefen damals die gleiche Sensation auf der Bühne hervor, die sie jetzt auf der Leinwand hervorrufen, wenn sie ›Stormy Weather‹ tanzen, den traurig-trotzigen, resigniert-wilden Blues mit der beinahe unerträglich gedehnten, melodischen und weichen Kadenz des Refrains ›It's raining all the ti-ime...‹.

›Harlem tanzt‹ ist ein ausgesprochener Tendenzfilm. Er macht Reklame. Wahrscheinlich sogar sehr gegen seinen Willen lädt er dazu ein, auszuwandern. Man kommt bei Betrachtung seiner Bilder dazu, einzusehen, daß der dumme Schlagerrefrain von dem Kongoneger, der es gut hat, gar nicht so dumm ist. Wenn auch wahrscheinlich unzutreffend, sobald der Neger nicht mehr am Kongo lebt, sondern beispielsweise in den Südstaaten, wo es, im Gegensatz zu den Nordstaaten der USA, noch gelegentlich zu Ereignissen kommt, welche die Tiefe der Schwermut und die gelassene Resignation erklären, die diesen Film trotz aller turbulenten Komik erfüllen. Auf eine unerhört menschliche und rührende Weise antworten die Schwarzen auch diesen, wenn schon sporadischen Widersachern, ohne ein Wort zu sagen, mit nichts als den Statisten in zwei Dekorationen: der einen mit Negern, die aus dem Ersten Weltkrieg heimkehren, und der zweiten mit anderen Schwarzen, die ausziehen, um im Zweiten Weltkrieg zu kämpfen für die Befreiung aller Menschen von Furcht und Not...

Herr Teufel bittet ums Wort

1950 tritt ein seit fünf Jahren für tot Gehaltener wieder auf.

Vor etwa zwei Wochen erschien in einer Wiener Tageszeitung ein Artikel, in dem von den Plänen einer Filmgesellschaft in den Ateliers auf dem Rosenhügel berichtet wurde: Einen Film über *Hitlers letzte Tage* wollte man dort drehen. Der Film, so hieß es, sollte in dem und um den sogenannten ›Führerbunker‹ spielen, und die verfluchten Akteure jener grausigen Höllenfahrt, die ein ganzes großes Volk in Tod und Verderben geführt haben, sollten tatsächlich noch einmal Gestalt annehmen, sollten zu sprechen beginnen und, auf einen mit Halogensilber präparierten Zelluloidstreifen gebannt, zum Schrecken und zur Belehrung der Nachwelt über die glänzende Leinwand der Filmtheater schreiten.

Man wollte, so hieß es, versuchen, Originalaussprüche dieser Horrorgestalten, die sie überdauert hatten, auf Schallplatten oder Tonbändern, zu verwenden. Und das bedeutete: Die Schauspieler, die im Film deren Rolle darzustellen hatten, mußten nicht nur so wie sie aussehen, sondern vor allem ähnliche oder noch besser dieselben Stimmen haben. Den Fachleuten war von vornherein klar, daß die Arbeit an einem Film wie diesem alles andere als leicht sein werde.
Sie hatten nicht mit der Hilfsbereitschaft ihrer Mitmenschen gerechnet. Denn nun ereignete sich etwas, das zwar lustig zu sein schien, aber eigentlich doch nur sozusagen auf den ersten Anhieb lustig war: Zwei Tage nach Veröffentlichung des Artikels erschienen im Büro der Filmgesellschaft auf dem Rosenhügel zwei Herren. Der eine war Straßenbahner, der andere Ingenieur. Beide hatten dasselbe Anliegen. Am dritten Tag erschienen acht Herren. Am vierten fünfundzwanzig. Am fünften Tag erschienen sechsunddreißig Herren und neun Damen. Und so weiter. Die Leute der Filmgesellschaft sind seither nicht mehr zur Ruhe gekommen. Täglich treffen neue Besucher ein. Sie sprechen höflich, aber bestimmt vor. Sie haben sich alles gut überlegt, haben das Für und Wider reiflich erwogen. Sie sind entschlossen, sich nichts vormachen zu lassen. Ihr Entschluß steht fest: *Sie wollen Adolf Hitler spielen.* Oder Joseph Goebbels. Oder Martin Bormann. Oder Eva Braun.
Der Pressechef der Filmgesellschaft führt Buch über die Zahl und den Verteilungsschlüssel der Besucher. Das sieht in der Praxis etwa folgendermaßen aus:

Einlauf in der Woche vom 18. bis 23. Juli

Hitler	112
Goebbels	53
Eva Braun	25

Die Herrschaften entstammen allen Bevölkerungsschichten. Die meisten erklären, Freunde oder Verwandte hätten sie auf die Idee gebracht, sich anzubieten, weil sie den Adolf Hitler schon 1938 so blendend imitiert haben, daß es jedermann kalt über den Rükken lief. Der größte Teil kommt allein auf den Rosenhügel. Zwei Hitlers kamen in Begleitung ihrer Frauen, einer kam geführt von seinem Vater. Eine Eva Braun erschien mit ihrem Freund, die an-

dere mit einem kleinen Hund. Alle dreiundfünfzig Goebbels stellten sich ohne Anhang vor.
Die Frage, aus welchem Grund sie sich anboten, beantworteten die einhundertneunzig Besucher der vergangenen Woche folgendermaßen: Hundert wollten auf diese Weise mehr Geld verdienen als bisher. Die Beträge, an die sie dabei dachten, schwankten zwischen fünfzehnhundert und zweieinhalb Millionen Schilling. Achtundfünfzig hatten künstlerische Ambitionen. Dreißig wußten nicht, warum sie sich anboten. Einer wollte es nicht sagen. Dem hundertneunzigsten Besucher, jenem, von dem nun die Rede sein soll, war es eine Herzensangelegenheit.
Der Herr hieß nicht Konrad Teufel. Natürlich nicht. Er hieß ganz anders. Natürlich hieß er ganz anders. Aber um Komplikationen zu vermeiden, ist es notwendig, ihn anders zu nennen, als er wirklich hieß. Und warum sollen wir ihn deshalb nicht Konrad Teufel nennen?
Also: Herr Konrad Teufel. Vierundfünfzig Jahre alt. Einszweiundsiebzig groß. Haarfarbe braun. Statur mittel. Besonderes Kennzeichen: kleines Bärtchen an der Oberlippe. Beruf: Buchhalter. Familienstand: verheiratet, zwei Kinder. Herr Teufel kam, knallte die Tür hinter sich zu, stand stramm und hob den rechten Arm. Dann wünschte er kehlig einen schönen guten Morgen. Herr Teufel setzte alle Anwesenden in Erstaunen. Denn er kam sozusagen gleich mitten in der Rolle, die er spielen wollte, zur Tür herein. Er imitierte bereits beim Gutenmorgensagen. Er mußte nicht erst dazu aufgefordert werden. Nein, Herr Teufel sprach auch im gewöhnlichen Leben schon genauso wie die verstorbene Vorlage.
Der Herr, den wir Teufel nennen und der in Wahrheit anders heißt, faßte sich kurz. Hier sei er also, sagte er forsch, und was die Firma ihm wohl bieten könne? Solle er gleich einen Vertrag unterschreiben? Und wann Drehbeginn sei?
Geld, erklärte Herr Konrad Teufel, spiele keine große Rolle. Er habe sein Erspartes. Aber filmen wollte er. *So oder so!*
Am Rosenhügel verkehren viele Verrückte. Manche gehören zum Haus, andere kommen zu Besuch. Die im Haus sitzen, haben es sich angewöhnt, die anderen, die zu Besuch kommen, freundlich, entgegenkommend und mit jener Nachsicht zu behandeln, die sie verdienen. Man ging auch mit Herrn Konrad Teufel sehr menschlich und nachsichtig um.
Nun ja, sagte man, natürlich und freilich sei eine enorme Ähnlich-

keit (ja, eine enorm verblüffende Ähnlichkeit) auf keinen Fall abzuleugnen... Selbstverständlich nicht! Aber Herr Teufel möge doch bedenken, daß man ihn nicht gut so direkt vom Fleck weg engagieren könne... Er habe schließlich keinerlei schauspielerische Erfahrung. Wer könne sagen, ob er im Film ›ankommt‹? Wer könne sagen, wie er sich im Atelier, wie er sich vor der Kamera benimmt? Kein Mensch. Man bat Herrn Teufel, sich zu gedulden. Man sagte ihm, es seien schließlich auch noch andere Bewerber vorgemerkt. Man werde ihn zur rechten Zeit verständigen, sagte man sanft und notierte Namen und Adresse. Und man werde auch – kann sein, vielleicht – Probeaufnahmen von ihm machen. Da richtete sich Herr Teufel hoch auf, seine blauen Augen bekamen etwas Stählernes, er legte eine Hand auf den Bauch und begann kehlig zu röhren.

Er schrie etwa so lange, wie man braucht, um langsam bis fünfundfünfzig zu zählen, und er schrie sehr laut. Aus anderen Büros kamen Leute gelaufen und hörten ihm staunend zu. Der Portier war drauf und dran, das Überfallkommando zu alarmieren. Ein Tippfräulein wurde ohnmächtig, und verschiedenen Herrschaften stand der kalte Schweiß auf der Stirn. Denn Herr Konrad Teufel war in große Fahrt geraten und redete sich Verschiedenes von der Seele.

Eine Gemeinheit, röhrte er, sei es, ihn immer wieder zurückzusetzen! Ihn immer wieder warten zu lassen wie einen Hund! Er habe es satt! Satt!! Satt!!! Hier, schrie er, und zog ein zerdrücktes kleines Heft aus der Tasche, hier möge man sehen und staunend zugeben, daß seine Forderung nach der Hauptrolle gerechtfertigt sei: »Hierr mein Ausweis, aus dem herrvorrgeht, daß Ich seit 1935 illegales Mitglied der NSDAP in Wien gewesen bin! Ich habe diese Tatsache bisherr verrschwiegen und Mich der Rregistrrierungspflicht entzogen. Ich habe überhaupt mit Verrschiedenem hinterr dem Berrg gehalten, aber nun ist das vorrbei! *Nun* werrde Ich *auspakken*!«

Und Herr Konrad Teufel packte aus. Was er sagte, gehört nicht hierher. Herr Teufel wurde schließlich entfernt. Aber er wurde nur aus den Büros der Filmgesellschaft entfernt. Er ist noch immer unter uns. Wir halten ihn wach. Mit ein bißchen Gemeinheit, mit ein bißchen Dummheit, mit ein bißchen Haß. Fünf Jahre nach seinem Ende lebt Adolf Hitler noch immer unter uns und in uns.

Bei Regen zu lesen

1949 ging es in der Welt schon wieder drunter und drüber. Die Menschen wollten »Trostreiches« lesen. (Nicht anders als heute.)

Stand da vor kurzem ein Schneidermeister vor Gericht. Beklagt von einem empörten Kunden. Der empörte Kunde klagte auf Schadenersatz. Der Schneidermeister, sagte er, habe ihm auf Bestellung und gegen Bezahlung zwei Anzüge nach Maß geliefert, die ihn, so er sie trug, zum Gespött seiner lieben Vaterstadt machten. Sie paßten nicht vorn, sie paßten nicht hinten, es sei ein wahres Elend. Zum Beweis legte er Fotografien seiner selbst in den Unglücks-Maßanzügen vor. Die Fotografien genügten nicht als Beweisstücke, die Anzüge wurden flugs herbeigeschafft, und der geprellte Kläger zog sich eilends um. Im Nebenzimmer.

Bei seinem neuerlichen Eintritt brachen Richter, Anwälte und Zuhörer in schallendes Gelächter aus, so berichten Augenzeugen. Sie schnappten nach Luft, sie fielen fast in ihren Sesseln hintenüber, sie verschluckten sich, sie wurden blau im Gesicht – es war ein Riesenspaß, den Kläger da in seinem Maßanzug stehen zu sehen. Der Rock schlotterte ihm um den Körper, die Hosenbeine waren zu lang, die Ärmel der Jacke zu kurz. Er sah entsetzlich aus.

Herein trat ein Sachverständiger. Mit ehrlichem Gesicht und Stecknadeln im Mund. Bemüht, dem Unglücksanzug die rechte Form zu geben. Bemühungen umsonst. Resultat negativ. Er mußte sein Beginnen schon bald wieder aufgeben. Der Beklagte duckte sich. Er murmelte, er könne nichts dafür. Schuld sei das Zentimetermaß. Nämlich: Es habe sich ausgedehnt...

»Herr Sachverständiger«, sprach der Richter mit tönender Stimme (wie Richter es tun), »sagen Sie mir: *Muß* ein Maßanzug eigentlich passen?« Da nahm der Sachverständige die Stecknadeln aus dem Munde und sprach die folgenden inhaltsschweren Worte: »Er muß nicht, aber er kann. Kein Schneider auf der ganzen Welt vermag für einen gutsitzenden Anzug zu garantieren.«

Und das gibt zu denken.

Es scheint, daß nicht nur Schneider auf der ganzen Welt heute nicht mehr in der Lage sind, für irgend etwas zu garantieren. Es scheint, daß wir das Zeitalter der absoluten Unsicherheit erreicht haben:

Die Physiker haben die Atombombe konstruiert, nach Maß sozusagen. Aber was passiert, wenn einmal drei Dutzend dieser Dinger nacheinander explodieren, ob dann nicht vielleicht so viele Neutronen im Raum herumfliegen werden, daß es zu einer Riesenexplosion kommt, die unsere liebe Erde in der Luft zerreißt – das wissen sie nicht. Das können sie natürlich nicht garantieren. Es ist alles ein Lotteriespiel, wie schon weiter oben bemerkt wurde.

Die Diplomaten einigen sich heute mit männlichen Händedrücken und treuen Blicken vor den Wochenschaukameras – und am nächsten Tag gibt's wieder Krach um Öl oder Gold oder Menschenrechte oder sonstwas Schönes. Und umgekehrt: Heute gibt's noch Krach um Menschenrechte, Gold, Öl oder sonstwas Schönes – und morgen einigen sich die Diplomaten wieder mit männlichen Händedrücken und treuen Blicken vor den Wochenschaukameras. Was auch immer sie heute tun – was sie morgen tun werden, das kann natürlich keiner garantieren. Es ist alles ein Lotteriespiel. Nachgerade kommt man dazu, sich nicht mehr vor dem Krach zu fürchten, sondern vor dem Händeschütteln. Denn auf das Händeschütteln folgt bestimmt wieder Krach. Aber auf den Krach nur ein Händeschütteln.

Sie sehen: Wir leben in einer großen, in einer ungewöhnlichen, in einer peinlichen Zeit. Was immer wir tun, können wir in seiner Wirkung nicht abschätzen. Die Welt hat jedes Proportionsgefühl verloren und benimmt sich wie der Clown, der eine Feder hinter die Bühne wirft. Da ertönt ein Kanonenschuß. Aber dann wirft er eine Kanonenkugel. Und da ertönt Vogelgepiepse. Es ist alles unberechenbar geworden, alles relativ, alles paradox…

Tja, wenn es wirklich hundertprozentig unberechenbar geworden ist, hundertprozentig relativ, hundertprozentig paradox! Dann ließe es sich noch immer prächtig leben. Einfach mit dem absoluten Gegenteil von allem und jedem. Aber das ist leider nicht so. Denn auch die Sache mit den hundert Prozent hat aufgehört. Unsere Wahrheiten sind alle nur noch Halbwahrheiten. Oder, na schön, Dreiviertelwahrheiten – wenn wir Glück haben. Und deshalb gibt es nur noch einen einzigen Halt, einen einzigen Trost: die Theorie von den zwei Möglichkeiten.

Die Theorie von den zwei Möglichkeiten, auf unseren Fall des Maßanzuges angewandt, besagt: Wenn Sie sich einen Maßanzug machen lassen, dann gibt es zwei Möglichkeiten. Entweder er paßt, oder er paßt nicht. Paßt er, dann ist es gut. Paßt er nicht, dann gibt es zwei Möglichkeiten. Entweder er paßt nicht, und die Leute lachen, oder er paßt nicht, und die Leute lachen nicht. Lachen sie nicht, ist es gut. Lachen sie, gibt es zwei Möglichkeiten. Entweder sie lachen nur, weil er komisch aussieht, oder sie lachen, weil Ihnen gerade die Hosen gerissen sind. Lachen sie nur, weil er komisch aussieht, dann ist es gut. Lachen sie, weil Ihnen eben die Hosen gerissen sind, dann gibt es zwei Möglichkeiten. Entweder die Hosen sind Ihnen in kleinem Kreis gerissen oder auf einem großen Empfang. Sind sie in kleinem Kreis gerissen, dann ist es gut. Sind sie auf einem großen Empfang gerissen, dann gibt es zwei Möglichkeiten. Entweder...

Sie sehen: Auch so läßt es sich noch leben. Oder besser gesagt: *Nur* so läßt es sich noch leben.

Ob das ein Trost ist? So war's nicht gemeint!

Tragisches Opfer eines Negers

Parabel von einem, der sich mit einer fremden Feder schmückte. Geschrieben 1949 in Wien.

Vor ein paar Tagen ist Ralph Z. gestorben. Gott sei seiner armen Seele gnädig! Die Erde werde ihm leicht. Er war das tragische Opfer eines Negers.

Die Geschichte nahm ihren Anfang im sogenannten Dritten Reich. Der Neger war kein Neger. Der Neger war ein Jude. Er war ein sogenannter jüdischer Schriftsteller. Ralph Z. war ein sogenannter arischer Schriftsteller. Im sogenannten Dritten Reich durften nur sogenannte arische Schriftsteller schreiben. Sogenannte jüdische Schriftsteller durften es nicht. Das war nicht angenehm für die sogenannten jüdischen Schriftsteller. Denn sie wollten auch leben. Und manchmal hatten sie gute Ideen. Eine dieser guten Ideen war der Einfall mit dem Neger.

Die vom sogenannten Dritten Reich verbotenen Schriftsteller – nicht nur die jüdischen, auch alle anderen, für welche die Nazis nichts übrig hatten – machten eines Tages die Entdeckung, daß sie schreiben konnten, obwohl sie verboten waren. Allerdings konnten sie es nur ›schwarz‹ tun, heimlich also, ohne daß es jemand er-

fuhr. Sie schrieben – und irgendein anderer, ein erlaubter Schriftsteller, deckte sie mit seinem Namen: Er ging hin und verkaufte die Geschichte als seine eigene. Wenn er sie verkauft hatte, behielt er einen Teil des Geldes. Den Rest gab er dem Mann, der schwarzgeschrieben hatte. Diesen Mann nannte man einen Neger. (Neger ist ja bekanntlich gleich schwarz.)
Es gab einige im sogenannten Dritten Reich. O ja! Sie waren nicht eitel. Und sie hatten keinen anderen Ehrgeiz als den, zu überleben. Deshalb machte es ihnen nichts aus, wenn ihre Theaterstücke, ihre Romane, ihre Filme unter fremden Namen herauskamen. Wenn es sie natürlich auch nicht gerade übermäßig erfreute. Sie waren keine Neger aus Leidenschaft. Sie waren Neger aus Not.
Der jüdische Neger, von dem eingangs die Rede war, ein guter Bekannter des gleichfalls bereits eingangs erwähnten, nun verstorbenen Ralph Z., hatte eines Tages kein Geld mehr. Aber er hatte sich eine Geschichte ausgedacht. Eine Geschichte, die unter Artisten spielte. Es war eine tolle Geschichte! Er hatte sie sich für den Film ausgedacht, und alle Filmproduzenten hätten sich alle zehn Finger abgeleckt, wenn der Neger ihnen die Geschichte verkauft hätte. Aber er konnte sie ihnen leider nicht verkaufen. Denn es war ihm von Staats wegen verboten, Geschichten zu verkaufen. Es war ihm von Staats wegen sogar schon verboten, sich Geschichten überhaupt einfallen zu lassen.
Deshalb ging er zu seinem Freund Ralph Z. und sagte: »Verkauf du die Geschichte. Unter deinem Namen. Ich bin dein Neger. Du bist mein Firmenschild. Ansonsten machen wir halbe-halbe.«
Ralph Z. sagte: »Ist gemacht!« (Was die arische Form von Okay war.)
Dann ging er los und verkaufte die Geschichte natürlich an eine große Filmfirma in Berlin. Die Geschichte ging weg wie eine warme Semmel. Er bekam einen Haufen Geld dafür. Denn die Leute beim Film waren begeistert. Wer nun glaubt, daß Ralph Z. mit dem Geld ausriß, der irrt. So einfach ging das nicht zu! Ralph Z. war ein anständiger Kerl. Er machte mit dem Neger, wie ausgemacht, halbe-halbe. Und bildete sich keine Schwachheiten ein – von wegen selber geschrieben und so. Sein Ruhm stieg ihm nicht zu Kopf, auch nicht, als der Film nach dem Einfall des Negers gedreht wurde. Auch nicht, als er ein Riesenerfolg geworden war. Sein Ruhm stieg anderen Leuten in den Kopf. Diese Leute saßen in den Redaktionen der großen deutschen Illustrierten.

Die großen deutschen Illustrierten wandten sich an Ralph Z., machten ihm berauschende Elogen und berückende Angebote und flehten ihn an: »Nun schreib doch auch für uns einmal so eine großartige Geschichte!«
Ralph Z. war Schriftsteller. Aber kein besonders guter. Er wußte: Es war kaum anzunehmen, daß er es allein schaffen würde, so eine großartige Geschichte zu schreiben. Er ging also zu seinem Freund, um sich mit ihm zu beraten. Aber er kam zu spät. Sein Freund war nicht mehr zu Hause. Die Gestapo hatte ihn abgeholt. Ralph Z. hörte nie wieder etwas von ihm. Es ist anzunehmen, daß die Gestapo den Neger umgebracht hat.
Nun saß Ralph Z. in der Klemme. Er konnte den Leuten doch nicht die Wahrheit erzählen! Und Geld brauchte er natürlich auch schon wieder! Was sollte er nur machen? Er konnte so eine Geschichte einfach nicht schreiben!
Oder konnte er es?
Er dachte ein paar Tage darüber nach. Sein Selbstbewußtsein stieg. Es blieb seinem Selbstbewußtsein gar nichts anderes übrig, als zu steigen, Ralph Z.s leerer Magen verlangte es ganz einfach von ihm. Als es genügend gestiegen war, setzte Ralph Z. sich hin und begann zu schreiben. Er schrieb neun Monate an dem Illustriertenroman, der gleichfalls im Artistenmilieu spielte. Er schrieb Tag und Nacht. Auf Vorschuß. Und im Schweiße seines Angesichts. Es war eine teuflische Arbeit. Und als sie fertig war, siehe, da war sie schlecht.
Romane sind eben doch etwas anderes als warme Semmeln. Auch wenn sie sich manchmal so leicht wie diese verkaufen. In der Herstellung gibt es ein paar kleine, feine Unterschiede. Ralph Z.s Roman war schlecht. Die Illustrierte, für die er ihn schrieb, merkte das gleich. Aber was sollte sie tun? Ralph Z. hatte einen gewaltigen Vorschuß! Und also druckte man den Roman, erst in Fortsetzungen, dann als Buch. Es wurde ein mittlerer Erfolg. Die Leute sagten: »Das ist immer so bei zweiten Büchern. Ralph Z.s drittes Buch wird der Riesenerfolg werden!«
Das war sehr nett von den Leuten. Aber es brach Ralph Z. sozusagen das Genick. Denn er glaubte es selbst. Und er verließ sein Heim und ging in ein Varieté und bat die Artisten, bei ihnen bleiben zu dürfen. Nur für ein halbes Jahr. Er wollte ihre Welt wirklich kennenlernen, er wollte in ihrem Milieu den Stoff für den dritten, großartigen Roman mit dem Riesenerfolg finden. Die Artisten

hatten ihn gerne. Sie behielten ihn. Und er blieb bei ihnen. Er blieb etwas länger als ein halbes Jahr. Er blieb fünfzehn Jahre lang. Er zog mit ihnen nach Afrika, nach Asien, nach Australien, nach Nord- und Südamerika. Die Artisten ernährten ihn. Sie sagten »Papa« zu ihm. Und Ralph Z. suchte fünfzehn volle Jahre lang die großartige Geschichte für seinen dritten Roman.
Nun ist er, wie ich höre, in Kapstadt gestorben. Während der Abendvorstellung des Zirkus Conelli. Er hat die Geschichte, die er suchte, nicht mehr gefunden. In den fünfzehn Jahren, die er bei den Artisten gelebt hat, schrieb Ralph Z. nicht eine einzige elende Zeile mehr.
Gnädig sei Gott seiner armen Seele.

Tröstlicher Hinweis

Geschrieben im bitterkalten Winter 1946/47, könnte diese Geschichte vielleicht auch im nächsten Ölkrisenwinter tröstlich wirken.

Wenn man ein paarmal so hundsgemein friert, wie die meisten von uns es in den letzten Tagen haben tun müssen, dann beginnt man sich natürlich Gedanken zu machen.
Mein Gott, denkt man zähneklappernd beim Rasieren, das ist ja entsetzlich. Wo soll das hinführen? Bei dem Vitaminmangel, den Transportschwierigkeiten, dem Kartoffelbudget, der Blutarmut und der Stromkrise... Und dabei haben wir erst November. Im Dezember wird es zu kalt sein, selbst zum Sich-Aufhängen. In den Büros werden wir in Wintermänteln herumsitzen – sofern wir welche haben. Und in den Straßenbahnen – sofern sie fahren – werden wir uns die Zehen erfrieren. Zu Weihnachten legen wir uns am besten ins Bett. Da ist es noch am gemütlichsten. Wenn es nicht gerade durch die Zimmerdecke schneit. Es ist zum Verzweifeln.
Ist es wirklich zum Verzweifeln?
Herr Nechledil sagt: »Nein.«
Herr Nechledil hat sein Etablissement vorn an der Ecke. Sie können es nicht verfehlen, es heißt ›Zum fröhlichen Johann‹, mit dem

Achtunddreißiger bequem zu erreichen. Speisen à la carte. Schwechater Bier. Weine aus eigenen Riedereien. Cognac (unter der Hand) nur von garantiert erstklassigen Schleichhandelskonzernen. Marvel-Zigaretten zu anderthalb Schilling das Stück. Herr Nechledil ist zuversichtlich. Auch er friert. Aber er friert gerne. Er meint, es sei gut für das Geschäft. Wen es friert, der läßt sich bei ihm nieder, meint Herr Nechledil. Und wer sich niederläßt, kommt wieder. Auf ein paar Viertel Mistelbacher Auslese nämlich.

Herrn Nechledils Worte waren Balsam auf meine erfrorene Nase. Er hat mir Mut gemacht.

»Kalt ist Ihnen?« fragte er, während er eine Flasche füllte. »Na, in ein paar Wochen gibt's den Heurigen. Da wird Ihnen schon warm werden.«

Nicht bei den einheitlich erhöhten Weinpreisen, Herr Nechledil!

»Ja«, sagte er freundlich, »wenn's Ihnen aber doch so friert...«

Wenn's Ihnen aber doch so friert – dann trinken Sie noch ein Viertel, nicht wahr?

Und langsam fühlen Sie sich wieder besser. Sie vergessen die Kälte, die Gas-Liefer- und -Sperrzeiten, das Preis- und Lohnabkommen und Ihren Bürochef. Sie vergessen Ihre Liebeswehwehs, die United Nations Organization, die Telefonrechnung und die Steuererklärung.

Herr Nechledil hinter der Theke lächelt. Wohlwollend und unendlich weise. Wenn er die Hände über den Bauch faltet, sieht er aus wie der Große Buddha. Er weiß, was Ihnen fehlt.

Sie stützen den Kopf in die Hände, blicken durch den Zigarettenrauch auf die verlassene Straße hinaus und schauen den Blättern zu, mit denen der Wind Fußball spielt. Nun wird es langsam dunkel.

»Na, prost«, sagen Sie zu Herrn Nechledil und heben das Glas. Das wäre doch komisch, wenn das Leben nicht schön sein könnte. Gelegentlich. Bei einem Zweiliterschluck beispielsweise. Ein Surrogat in der Hand ist besser als ein verlorenes Paradies auf dem Dach. Hab' ich nicht recht? Nüchtern sein müssen wir häufig genug. Viel zu häufig. Berauscht euch! schrieb ein Mann namens Baudelaire vor längerer Zeit. (Damals kostete ein Viertel Weißwein auch noch soviel wie heute ein Straßenbahnfahrschein.) Aber das, was ein Dichter sagt, ist nicht immer ganz wörtlich zu nehmen. Im Grunde meinte Monsieur Baudelaire schon das Richtige.

Wenn der Heurige kommt, werden das viele Menschen einsehen. Berauscht euch – damit ihr gewisse häßliche Realitäten des Lebens vergessen könnt, damit euch warm wird, damit ihr für kurze Zeit meint, ihr seid tatsächlich zu eurem Vergnügen auf der Welt.

Der Alkohol ist eine wundervolle Angelegenheit. Er legt einen Schleier vor unsere Augen und macht uns zufrieden. Alle Probleme scheinen sich ganz leicht zu lösen. Alle Männer sind unsere Freunde, und in jeder Frau, die vorübergeht, glauben wir jene gefunden zu haben, die wir überall suchen. Herr Nechledil ist der große Zauberer. Wir kommen zu ihm mit zerknitterten Stirnen, klammen Fingern und Sorgenfalten im Herzen. Und wir verlassen ihn beschwingt, gelegentlich singend, gelegentlich stillvergnügt, durchwärmt, einer Meinung mit uns selbst und voll Mut für den nächsten Tag. Wäre es nicht eine Frage der Brieftasche, so müßte man ständig berauscht sein. Nicht betrunken. Ganz leicht berauscht nur – um die Kälte zu vergessen, den seelischen Unrat und den auf den Straßen, die Vergangenheit, die Zukunft und unser schlechtes Gewissen.

»In ein paar Wochen gibt's den Heurigen«, sagt Herr Nechledil. Freunde, laßt uns guten Mutes sein. Die Weinbauergenossenschaft ist im Begriff, wichtige Entschlüsse zu fassen. Vielleicht wird der Siebenundvierziger billiger werden. Die Welt geht nicht unter. Sie tut nur so. Herr Nechledil hat ein großes Herz. Er gibt Kredit. Bis zu fünf Liter. Wenn wir uns dann, mit ein paar Flaschen im Korb, unter den sich entblätternden Bäumen der Grinzinger Allee begegnen, ziehen wir die Hüte voreinander in stiller Hochachtung. Wir gehen nach Hause, drehen, obwohl es streng verboten ist, während der ersten beiden Gläser noch das elektrische Heizgerät an und machen ein wenig Musik. Mit unserem Volksempfänger. Wir lauschen der Fünften Symphonie oder der ›Donkey Serenade‹. Ganz, wie es uns paßt. Es kommt nicht so sehr darauf an. Wir legen die Füße auf den Tisch und spielen einen Nachmittag lang ›zu Hause‹. Für ein paar Stunden machen wir uns nichts vor. Wir nehmen die Brille ab und unseren Kragen. Wir ziehen einen Schlafrock an, lesen den ›Don Quijote‹ und finden, daß es doch keine bessere Gesellschaft gibt als die eigene.

Wenn es uns so paßt.

Wir können natürlich auch Josephine besuchen und finden, daß es keine bessere Gesellschaft gibt als die ihre. Denn wir sind sehr

friedfertig mit unseren Flaschen und verzeihen sogar dem Erfinder der österreichischen Nachkriegszigarette. Wenn Josephine »Ich hab' dich lieb« sagt, glauben wir ihr aufs Wort. Und auf einmal sind wir nicht länger verlassen. Unsere Müdigkeit verfliegt, unsere Stirnen werden glatt, und unsere Zunge löst sich. Wir sagen geistreiche Dinge und hören eine ganz alte Marlene-Dietrich-Platte aus dem Film ›Der blaue Engel‹.
›Wenn ich mir was wünschen dürfte‹ heißt sie. Wenn ich mir was wünschen dürfte... wünscht' ich mir ein wenig Glück. Denn wenn ich gar zu glücklich wäre, hätt' ich Sehnsucht nach der Traurigkeit.
Josephine tanzt allein im Zimmer herum. Sie hat schon lange begriffen, daß wir uns wohl fühlen. Vielleicht sollte man Herrn Nechledil ein Denkmal setzen. Was meint ihr dazu? »In ein paar Wochen gibt's den Heurigen«, hat er gesagt. Die Gefahr ist gebannt. Uns kann nichts mehr geschehen. Prosit, Josephine! Trinken wir noch ein Glas!

Was das Glück gerne hat

»Das Glück wohnt immer in der Straße, in der man selbst wohnt« – das ist die Moral dieser Geschichte von 1949, die zudem beweist, daß das neuerdings bei der Fahndung nach Verbrechern von der Polizei so oft benutzte ›Phantombild‹ schon damals erfunden worden ist, von meinem Freund Harrer.

Mein Freund Harrer heiratet morgen. Ein süßes Mädchen. Ich werde einer der beiden Trauzeugen sein. Der andere Trauzeuge ist von Beruf Schaffner. Er fährt auf der Linie 7. Er heißt Brettschneider. Harrers Mädchen heißt Evelyn. Die Geschichte, wie Harrer Evelyn kennenlernte, verlor und wiederfand, hat eine Moral. Deshalb schreibe ich sie hier auf.
Mein Freund Harrer ist Abteilungsleiter in einem großen Warenhaus. Er hat die Abteilung für Kinderspielzeug unter sich. Das ist eine lustige Abteilung, die lustigste von allen! Ich besuche meinen Freund Harrer oft, wenn er arbeitet, weil ich gerne Kinder lachen

höre. Und bei meinem Freund lachen die Kinder ohne Unterlaß, so viele Späße fallen ihm ein.
Mein Freund Harrer ist ein ungewöhnlich pünktlicher Mensch. Morgen für Morgen fährt er mit derselben Straßenbahn ins Geschäft. Immer Punkt 7.44 Uhr von seiner Haltestelle ab. Das tut er seit Jahren. Nur an Sonn- und Feiertagen tut er es nicht.
In dieser 7.44-Uhr-Straßenbahn der Linie 7 sah mein Freund Harrer Evelyn zum erstenmal. Eines Morgens saß sie ihm gegenüber. Harrer rang nach Atem. Es war eine typische Liebe auf den ersten Blick – wie sich später herausstellte, übrigens von beiden Seiten. Evelyn trug ein graues englisches Kostüm, einen mausgrauen Hut, ähnlich jenen Hüten, welche Frau Eva Bartok trägt, weiße Schuhe, weiße Handschuhe und eine weiße Handtasche. Ihr Mund – erzählte mir mein delirierender Freund an diesem Abend – war rot wie Blut, ihre Haut war rein wie Schnee, der noch fällt, und ihr Haar war schwarz wie Ebenholz. Ich weiß nicht genau, wie schwarz Ebenholz ist, aber Harrer behauptete, es sei das Schwärzeste überhaupt.
Ja, da saß sie nun. Und Harrer starrte sie an. Und sie sah an ihm vorüber aus dem Fenster, wie das alle Mädchen tun, wenn sie bemerken, daß man sich für sie interessiert. Und dann sah sie, ganz beiläufig, meinen Freund an, und dann wieder an ihm vorbei. Und dann lächelte er ein bißchen. Und das trieben sie so eine ganze Weile. Sie waren beide recht schüchtern. Und sehr, sehr aufgeregt...
Endlich mußte das Mädchen aussteigen. Sie ging an Harrer vorbei, als sie den Wagen verließ. Sie roch nach Jugend und englischer Seife. Harrer starrte ihr sehr lange nach. An diesem Tag fielen ihm in der Kinderabteilung besonders viele Späße ein. Das kam, weil er so außerordentlich vergnügt war.
Am nächsten Morgen um 7.44 Uhr, als er in die Straßenbahn stieg, saß das Mädchen wieder da. Und lächelte verschämt. Und auch Harrer lächelte verschämt. Und dann spielten sie ihr kleines Spiel genau wie am Tag vorher – bis das Mädchen ausstieg.
Ich will es kurz machen: Von nun an ereignete sich – ausgenommen an Sonn- und Feiertagen – Morgen für Morgen in der Linie 7 dasselbe. Harrer und das fremde Mädchen sahen einander an. Sie sprachen nicht miteinander. Sie sahen einander nur an. Und lächelten. Ich sagte schon, daß mein Freund Harrer recht schüchtern ist. Selbst wenn er sich rasend verliebt hat. Dann besonders. Und

das Mädchen konnte ihn ja nicht gut ansprechen, nicht wahr? In diesem Stadium seiner Liebe war mit Harrer nur über ein einziges Thema zu reden. Über sie.

Nach drei Wochen änderte sich das schlagartig, sozusagen von einem Morgen auf den anderen. Nach drei Wochen nämlich kam Harrer schweißgebadet in mein Büro gestürzt, ließ sich in einen Sessel fallen, starrte vor sich auf den Boden, bewegte in höchst sinnloser Weise die Beine hin und her und murmelte: »Weg! Sie ist weg! Ich habe sie verloren!«

»Wen?« fragte ich.

»Sie. Das Mädchen aus der Sieben ist verschwunden.« Er stöhnte.

»Was heißt verschwunden? Ein Mädchen verschwindet doch nicht so einfach!«

»Doch! Genau das hat sie getan!« Er stöhnte zweimal, er machte mich allmählich nervös. »Sie ist verschwunden! Heute früh war sie nicht in der Straßenbahn!«

»Vielleicht hat sie sich verspätet und ist mit der nächsten gefahren?«

»Nein, nein, nein«, murmelte er störrisch. »Ich weiß es. Ich fühle es. Das Schicksal hat uns getrennt. Ich werde sie nie wiedersehen. Ich bin der unglücklichste Mensch auf der Erde!«

»Du bist nicht der unglücklichste Mensch auf der Erde, sondern ein Idiot«, sagte ich. »Morgen ist alles in Ordnung! Morgen wirst du dein Mädchen wiedersehen!«

»Du meinst?« schluchzte er. Denn er hatte zu schluchzen begonnen.

»Bestimmt!«

»Hoff... hoffentlich!« Er war sehr mitgenommen und ging bedrückt in seine Abteilung für Kinderspielzeug.

Leider traf meine Prophezeiung nicht ein. Am nächsten Morgen sah Harrer sein Mädchen nicht wieder. Sie blieb überhaupt verschwunden. Und für Harrer brach die Welt zusammen. Er kam richtig herunter, der arme Kerl! Er vernachlässigte sein Äußeres, er vernachlässigte seinen Beruf, er wurde unpünktlich, grob, verletzend und bitter. Ab und zu trank er sogar noch vor der Dämmerstunde einen Steinhäger. Oder auch zwei. Aber das Mädchen blieb verschwunden.

»Weil ich«, sagte Harrer zu mir, »ohne sie nicht mehr leben kann, muß ich sie suchen! Und weil ich sie nicht suchen kann, wenn ich im Warenhaus arbeite, werde ich Urlaub nehmen!«

Das tat er. Und nun begann er mit einer gigantischen Sucherei. Er fing ganz normal an dabei – aber zuletzt stellte er buchstäblich unsere ganze große Stadt auf den Kopf. Zuerst unterhielt er sich mit Herrn Brettschneider, jenem Schaffner, der oft um 7.44 Uhr mitgefahren war – in der Zeit seines Glückes, wie Harrer jene Zeit nannte, in der er noch dem fremden Mädchen hatte gegenübersitzen und es anstarren können.
»Jaja«, sagte der dicke, gemütliche Herr Brettschneider, »ich erinnere mich an die Dame, Herr Harrer! Und ich glaube, Sie haben ihr auch gut gefallen...«
Harrer stöhnte auf wie ein waidwunder Hirschbock. »Reden wir nicht darüber! Ich muß sie wiederfinden! Haben Sie keine Ahnung, wo sie wohnt?«
»Wie soll ich das wissen, Herr Harrer?« meinte Herr Brettschneider. »Aber fragen Sie doch mal die anderen Fahrgäste. Vielleicht kennt jemand die Dame.«
Daraufhin fragte Harrer jene acht Fahrgäste, die, wie er, regelmäßig um 7.44 Uhr fuhren. Von den acht Fahrgästen behaupteten drei, zu wissen, wo die Dame wohne. Sie gaben Harrer drei verschiedene Adressen. Harrer sprang aus der Straßenbahn hinaus und in ein Taxi hinein und raste von einer der angegebenen Adressen zur anderen. Natürlich waren alle drei falsch...
Nun engagierte Harrer einen akademischen Kunstmaler, dem er seine verschwundene Geliebte beschrieb. Der Kunstmaler versuchte, sie danach so lange zu zeichnen, bis Harrer die Ähnlichkeit groß genug fand. Er ließ die Zeichnung vervielfältigen und drukken. Er ließ sie als eine Art Steckbrief drucken. Den Steckbrief ließ er an Plakatwände und Litfaßsäulen kleben. Er versprach in diesem Steckbrief eine hohe Belohnung für zweckdienliche Angaben, und er forderte die Unbekannte selbst in flehentlichen Worten auf, sich zu melden. Sie meldete sich nicht. Und es kamen auch keine zweckdienlichen Angaben. Die Sache kostete nur einen Haufen Geld. Harrer mußte nicht nur Urlaub nehmen, sondern auch Vorschuß.
Nachdem die Plakat-Aktion mißglückt war, ging Harrer zu Privatdetektiven. Er beschäftigte deren drei. Die Privatdetektive rannten durch die ganze Stadt. Harrer rannte mit ihnen. Er sah allen Frauen, die ihm begegneten, ins Gesicht, und er sprach unzählige Frauen an, die vor ihm gingen und deren Gesicht er nicht gleich sehen konnte, weil die Art ihres Ganges ihn an sein Mäd-

chen erinnerte. Natürlich waren es immer fremde Frauen. Viele von ihnen hielten Harrers Erklärungen für ungeschickte Versuche, anzubandeln. Von diesen wieder waren einige über den Versuch empört und offerierten ihm Ohrfeigen, während andere über den Versuch erfreut schienen – per saldo, sagte mir Harrer, waren mehr erfreut darüber.

Aber das Mädchen, das geliebte, unvergessene, unvergeßliche Mädchen blieb verschwunden! Harrer war trostlos. Er hatte fast kein Geld mehr, sein Urlaub war zu Ende – und von dem Mädchen gab es weit und breit keine Spur. Am letzten Tag seiner Ferien, abends, schlich er bedrückt und müde nach Hause. Er war schrecklich verzweifelt, der arme Kerl – als er sie wieder erblickte.

Sie ging fünfzehn Schritte vor ihm. Langsam, mit einem steifen Bein, sie hinkte ein wenig. Aber sie war es! Da gab es überhaupt keinen Zweifel!

Harrers Herz klopfte wie ein Preßlufthammer. Aus allen Poren seines Körpers brach kalter Schweiß. Lieber Gott, Lieber Gott, dachte er, sie ist es, sie ist es! Ich habe sie wiedergefunden! Sie überquerte die Straße. Er überquerte sie gleichfalls. Sie bog in eine Seitenstraße ein, dann in eine zweite. Lieber Gott, dachte Harrer, aber das ist doch die Straße, in der ich selber wohne!

Er begann zu laufen. Er rief: »Hallo! Hallo, Fräulein!«

Das Mädchen blieb stehen. Sie blieb direkt vor dem Haus stehen, in dem Harrer wohnte. Er holte sie keuchend ein. Er sagte: »Ich... ich... ich bin ja so glücklich!«

»Und ich!« sagte sie. Und ihre Augen strahlten.

»Wo waren Sie denn so lange?«

»Ich habe mir einen Fuß gebrochen«, sagte sie.

»Und ich habe Sie überall gesucht! In der ganzen Stadt! Es war zum Verrücktwerden!« Er rang nach Luft. »Wo wohnen Sie denn, um Gottes willen?«

»Hier«, sagte Evelyn. »Hier, in Nummer 5.«

Harrer lehnte sich gegen eine Hauswand und seufzte lange: »Und ich«, sagte er, »wohne in Nummer 17.«

Was wollte ich noch bemerken? Ach ja, ich weiß es schon wieder: Ich sagte, dies sei eine Geschichte mit einer Moral.

Wenn man Harrer fragt, dann formuliert er diese Moral folgendermaßen: Das Glück wohnt immer in der Straße, in der man

selbst wohnt. Wenn man ihm begegnet, soll man den Hut ziehen und lächeln und sagen: »Guten Tag, liebes Glück!«
Das, behauptet mein Freund Harrer, hat das Glück gern.

Watschenmann

Eine hintersinnige Geschichte von den Ohrfeigen, die uns das Leben verpaßt. Erzählt nach einer wahren Begebenheit anno 1949.

Gegen Ende der vorigen Woche stahlen Unbekannte dem Watschenmann im Linzer Vergnügungspark seinen Kopf. Sie entfernten diesen lebenswichtigen Körperteil willentlich und mitleidlos und ließen einen verstümmelten Leichnam zurück, einen unerträglichen Alptraum, eine gräßliche Monstrosität: einen kopflosen Watschenmann. (Für Norddeutsche: Watschen sagt man in Österreich für Ohrfeigen.)
Die Vorstellung eines solchen Objekts ist nun an und für sich schon derartig ungeheuerlich, daß man in Gefahr gerät, anläßlich einer effektiven Konfrontation mit ihm ohne viel Getue den Verstand zu verlieren. Ein Watschenmann ohne Kopf müßte im Interesse der öffentlichen Sicherheit sofort aus dem Verkehr gezogen werden. Er gehört in ein Wachsfigurenkabinett. Oder in einen Sarg. Auf keinen Fall gehört er länger in einen Vergnügungspark!
Einem Watschenmann ist der Kopf sein ein und alles. Er verliert mit ihm seine Existenzberechtigung ebenso wie sein Besitzer die einzige Einnahmequelle. Wo nichts ist, hat es keinen Sinn, hinzuhauen, wenn man sich nicht lächerlich machen will. Oder halten Sie es für möglich, einen Watschenmann in den Allerwertesten zu treten? Ausgeschlossen!
Weil wir aber, liebe Freunde, heute, am Ersten Mai, die Zeit dazu haben, wollen wir uns überlegen, was wohl den inneren Beweggrund, den tieferen Anlaß, das Motiv für diesen skandalösen Raub bildete.
Mein Kollege Hagen meint, der Watschenmann im Haus erspare manche Ehrenbeleidigungsklage. Ja, ein Watschenmann schon! Aber dann doch ein ganzer und nicht bloß der Kopf von einem

Watschenmann. Denn könnten Sie sich vorstellen, daß Sie so einen einzelnen Kopf ohrfeigen? Damit wäre doch eine völlig perverse Situation geschaffen. Da könnte man ja gleich eine Gummipuppe liebhaben. Oder Papierblumen begießen. Einen Kopf ohrfeigen ist Leichenschändung. Und wenn ich richtig wütend bin, dann will ich einen bestimmten lebenden Menschen ohrfeigen und keinen Leichnam. (Meistens einen Menschen, der mehr zu sagen hat als ich. Und weil das manchmal nicht geht, kam die Kultur hier meinem Urgefühl entgegen und erfand den Watschenmann. Bei dem kostet es ein wenig Geld. Das macht nichts. Bei gewissen anderen Institutionen, die sich mit dem Stillen von Urtrieben befassen, kostet es ebenfalls Geld. Wir zahlen gerne.)
Aber es muß ein Watschenmann sein und nicht die Leiche von einem Watschenmann oder sein bloßer Kopf! Deshalb halte ich persönlich nichts von der Theorie, der Dieb sei ein Herr gewesen, der einfach seinen eigenen Watschenmann im Haus haben wollte. Sonst hätte er nämlich den ganzen Mann gestohlen.
Die Ansicht meiner Freundin Ruth, der Täter sei überhaupt eine Frau mit einem Salome-Komplex, gefällt mir hauptsächlich deshalb nicht, weil die Vorstellung so ekelhaft ist: ein herumhopsendes weibliches Wesen mit dem Kopf des Watschenmannes auf einer silbernen Schüssel...
Nein, nein, ich glaube, es ist alles ganz anders. Es ist immer alles ganz anders, als wir denken. Davon leben seit vielen Jahren Religionsstifter, Miederfabrikanten und Nachrichtenagenturen. Im vorliegenden Fall des Watschenmannes war es – vielleicht, mit beschränkter Haftung – so:
Es lebte einmal ein Mann, dem hatte das Leben, seit er denken konnte, unzählige Ohrfeigen gegeben. Rechts und links, und links und rechts, im Beruf und im Privatleben, wo und wie es nur ging. Kräftige Ohrfeigen, schwächere, fürchterliche und spielerische. Mit der Zeit härtete er sich gegen diese Watschen des Lebens so ab, daß sie ihm fast gar nichts mehr bedeuteten und er sagen konnte: »Mich müssen noch viele Schläge treffen, eh mich der Schlag trifft!«
Alles wäre gut und schön gewesen, hätte der betroffene Herr sich nicht plötzlich verliebt. Über beide Ohren und mithin über die beiden Backen, auf die man hinzuhauen pflegt.
Und auf einmal bekam er's mit der Angst zu tun, nun konnte er nicht mehr schlafen, nun zitterte er plötzlich vor der nächsten

Ohrfeige, die da kommen sollte, und er ahnte unklar, daß er sie nicht würde ertragen können. Bei aller Routiniertheit nicht. Bei allem Abgehärtetsein. Weil er nämlich wußte, daß er, wie alle Menschen, die sehr tief und aufrichtig lieben, von vornherein dazu prädestiniert war, eins auf den Kopf zu kriegen.

Bisher war ihm an seinem Kopf nichts gelegen. Jetzt lag ihm auch nichts an ihm. Aber an seiner Liebe lag ihm! Er wollte so furchtbar gerne glücklich sein und nicht unbedingt »Au!« sagen müssen, wenn das Leben das nächstemal die Hand hob und es klatschte.

Und da kam ihm die Idee mit dem Watschenmann.

Er würde seinen Kopf tauschen! Dann war alles in Ordnung. Einem Watschenmann tut nichts weh. Er brummt bloß, wenn er eine bekommt, und verliert etwas Sägemehl. Die Nerven verliert er nie, weil er die nämlich nicht im Kopf, sondern anderswo hat. Im Magen. Dort, wo die kleine Maschine liegt, mit der er brummt.

Und nun gibt es zwei Möglichkeiten. Entweder vollzog unser Freund, den ich gerne Sebastian nennen möchte, den Kopftausch, noch *ehe* das Leben Gelegenheit hatte, seiner Liebe eine zu langen – dann hat er Glück gehabt.

Aber wer hat schon Glück? In der Liebe! Wer hat es überhaupt?

Die zweite Möglichkeit ist viel wahrscheinlicher. Sebastian bekam zuerst die Ohrfeige, die vielleicht schon längst fällig war, und lief nun halb verrückt vor Schmerz und Kummer in den Linzer Vergnügungspark, erfüllt von dem einen Gedanken, den Kopf zu wechseln. Die späte Stunde machte ihm nichts aus, und die flinken Sicherheitsorgane in der Runde störten nicht seinen Entschluß. Er mußte einen anderen Kopf haben! Er *mußte*! Denn sein eigener war nichts mehr wert, seitdem ihm das Malheur mit der Liebe passiert war.

Er nahm den Kopf des Watschenmannes, ohne sich zu besinnen, schraubte den eigenen ab und tauschte. Der Schmerz und die Enttäuschung wurden ganz leicht und leise, und eine unerhörte Beruhigung überkam Sebastian. So, fühlte er, als Watschenmann, ließ sich das Leben ertragen.

Mit dem eigenen Kopf unter dem Arm ging er guten Mutes nach Hause. Er wußte: *Den* Kopf, den er jetzt trug, würde er nicht so bald verlieren.

Die Liebe, die uns rettet

Wahre Geschichte von der Unvernunft der Menschen und der Liebesleistung eines Ziegenbocks. Geschehen 1967 in Schwaben.

Die Gemeinden Donzdorf, Winzingen und Reichenbach in Nordwürttemberg wurden vor ein paar Tagen zum Schauplatz der exemplarischen Handlungsweise eines Ziegenbockes. Dieser Bock vereinte, einem Elementargefühl folgend, was Menschengeist entzweite, und er wird in die Geschichte der Gemeinden Donzdorf, Winzingen und Reichenbach eingehen als Retter und Gegenstand der Bewunderung von Patrioten, Oberlehrern und Friedensfreunden. Dieser Bock verdient es, daß man ihm ein Denkmal setzt. Auf dessen Sockel müßten die Worte stehen, die Herr Ulrich von Hutten, der wackere Ritter, mit soviel Anklang geäußert hat: »Ich hab's gewagt!« (Nur daß der brave Bock, zum Unterschied von Hutten, nicht daran gestorben ist.)
Von den Gemeinden Donzdorf, Winzingen und Reichenbach war die Gemeinde Donzdorf die größte. Sie war auch die wichtigste. Dem Gesetz nach war sie die ›Muttergemeinde‹. Die ›Kindergemeinden‹ Winzingen und Reichenbach waren ihr ›eingemeindet‹. Dieses ›Eingemeindet-Sein‹ ließen die Donzdorfer ihre Kindergemeinden Reichenbach und Winzingen offenbar bei jeder Gelegenheit spüren: Sie untergruben die Moral und das Selbstbewußtsein der Reichenbacher und Winzinger, sie trieben ihren Spott mit den heiligsten Rechten der Menschheit, denen zufolge alle Kreaturen gleich sind. Die Donzdorfer nämlich meinten, sie seien gleicher als die anderen.
Man wird verstehen, daß so etwas böses Blut erzeugte. Vor allem bei den Winzingern. Die Reichenbacher wahrten immerhin noch eine Art von resignierter Würde, als sie erfuhren, daß Donzdorf ein Kino und ein öffentliches Pissoir bekommen sollte, aber den Winzingern ging der Hut hoch. Sie kamen völlig aus dem seelischen Gleichgewicht. Auch das kann man verstehen. Die Ortsbezeichnung ›Winzinger‹ allein weckt möglicherweise schon Minderwertigkeitskomplexe. (Übrigens war das mit dem Namen ›Winzingen‹ natürlich auch eine eiskalte Gemeinheit der Donzdorfer: Einer ihrer Bürgermeister hatte den Winzingern ein ›e‹ gestohlen – er hatte es einfach verkommen lassen. Die Winzinger

hießen nämlich einmal ›Weinzinger‹. So lange, bis plötzlich das ›e‹ verschwand. Man ersieht daraus, daß die Donzdorfer auch vor den erbärmlichsten Mitteln nicht zurückschreckten. Sagten die Winzinger geb. Weinzinger.)
Der ›Donzdorfer Anzeiger‹ schlug dann dem Faß den Boden aus. Eine eigene Zeitung für Donzdorf (der ›Anzeiger‹ erschien zwar nur dreimal wöchentlich, aber das spielte keine Rolle) – das war den Kindergemeinden zuviel! Das ließen sie sich nicht bieten. Sie verlangten die Umänderung des Zeitungskopfes in »Anzeiger für Reichenbach, Winzingen und Donzdorf« mit der Erklärung, Donzdorf müsse es sich schon im Hinblick auf seine bekannte Überlegenheit den beiden anderen Gemeinden gegenüber gefallen lassen, zuletzt genannt zu werden. Als diese Forderung abgelehnt wurde, machten sie in zwölfter Stunde einen Vermittlungsvorschlag: Der Zeitungskopf solle ›Anzeiger für Donzdorf, Winzingen und Reichenbach‹ lauten. Den Vorschlag verbanden sie mit einem Ultimatum. Wenn keine Einigung erzielt werden könne, dann wollten sie bei den Behörden in der Kreisstadt und notfalls höheren Ortes um ihre Ausgemeindung aus Donzdorf ansuchen.
Ultimatum abgelehnt. Allerletzter Versuch in Güte: Titelkopf soll lauten: ›Anzeiger für Donzdorf, W. & R.‹ Allerletzter Vorschlag abgelehnt. Ausbruch der Feindseligkeiten (›O selig, o selig, ein Feind doch zu sein‹ – frei nach ›Zar und Zimmermann‹). Kino und Pissoir in Donzdorf werden für Nicht-Donzdorfer gesperrt. Die Kindergemeinden werden laut amtlicher Verfügung ausgemeindet und erhalten vollkommene Unabhängigkeit. Jubel in Winzingen, Jubel in Reichenbach. Proklamationen der beiden Bürgermeister an ihre Völker. Freudenfeste.
Katastrophe am nächsten Morgen. Die Donzdorfer, diese Schufte, die den Winzingern und Reichenbachern das Glück kommunaler Souveränität nicht gönnten, hatten den Gemeindebock eingesperrt. Dieser Gemeindebock, ein braves Tier von enormer Kapazität, war früher für alle Ziegen da. Von nun an sollte er auf Beschluß der Donzdorfer Bürger-Vollversammlung nur noch für Ziegen made in Donzdorf verwendet werden dürfen.
Alarm in Winzingen und Reichenbach! Bürgerwehren werden gebildet. Jedermann ist sich darüber klar, daß man weitere derart ungeheuerliche Provokationen nicht mehr hinnehmen kann. Und wenn man die Ehre Winzingens und Reichenbachs mit der Mistgabel in der nackten Faust verteidigen muß!

›Lage in Winzingen und Reichenbach verzweifelt‹, schrieb der ›Anzeiger für Donzdorf‹ triumphierend. Der Winzinger Oberbürgermeister, ein heller Kopf, der wußte, was Flüsterpropaganda anzurichten vermag, setzte ihr ein vorzeitiges Ende, indem er die Zeitung mit der erwähnten Schlagzeile am Schwarzen Brett seines Rathauses anbringen und darunter schreiben ließ: ›Aber nicht hoffnungslos!‹
Da schlug das Herz so manchen wackeren Winzingers höher.
Allein, es fehlte der Bock.
Die Winzinger Generalversammlung – Verzeihung, die Gemeindeversammlung – hatte sofort die Anschaffung eines Jungbocks beschlossen. Der Jungbock kam, sah und siegte durchaus nicht. Er war noch sehr jung. Die Ziegen hatten ihm noch eine Menge beizubringen. Mit dem Bock aus Donzdorf war er nicht zu vergleichen. Die Ziegen gingen alle mit einem ironischen Lächeln umher. Und zuckten die Höcker.
Alle Menschen sind gut, sagen die Quäker. Es ist ihnen unangenehm, schlecht zu sein. Den Donzdorfern ging es nach einiger Zeit schon mächtig auf die Nerven, was sie da angestellt hatten. Und die Winzinger und die Reichenbacher bereuten ihren Austritt aus der Großgemeinde. Deshalb vergossen sie allesamt Tränen der Freude, als in der Nacht des 24. Dezember der Donzdorfer Bock in wilder Friedensleidenschaft (er hatte die ganze Zeit Weihnachtslieder und Kirchengeläut gehört, und seine Seele dürstete nach Liebe wie der Hirsch nach frischem Wasser) ausbrach, zuerst nach Winzingen raste, dann nach Reichenbach, in die Ziegenställe beider Dörfer einbrach und bei den Ziegendamen eine derartige Reunion ausbrach, daß alle Ställe zu Bruch gingen und die erschreckten Bürger meinten, die Welt gehe unter. Die Erde bebte neben den Ställen, worüber Herr Hemingway gelächelt hätte, wenn es ihm zu Ohren gekommen wäre. Aber das ging nicht. Er war schon sechs Jahre tot.
Der Bock brachte den Frieden. Bald wird er auch noch junge Ziegen bringen. Es war die Liebe, welche die Donzdorfer, die Reichenbacher und die Winzinger rettete. Die Liebe kennt keine Grenzen.
PS: Hoffentlich.

(Diese Geschichte basiert auf einer Meldung der dpa. Die Meldung wurde ein bißchen verändert.)

Hai fame, hai sete?

Wie kompliziert es ist, Gutes zu tun.
Wien 1958.

In Rom gab es vor kurzem eine Modeschau. Es war die größte und prunkvollste Modeschau des Jahres, veranstaltet von den ersten Salons mit den schönsten Mannequins und den teuersten Modellen. Die feinsten Damen der Stadt waren anwesend und einige der reichsten Herren. Es war eine wahrhaft illustre Gesellschaft, viele Millionen schwer.
Die Dame mit dem Feuerhaar langweilte sich. Sie saß neben dem jungen Mann mit den Mandelaugen. Er war ihr vorgestellt worden, aber sie hatte seinen Namen nicht verstanden.
»Erzählen Sie mir etwas«, bat die Dame mit dem Feuerhaar.
»Gerne«, sagte der junge Mann mit den Mandelaugen.

In diesem Monat (erzählte er) leben vierhundertfünfundsechzig italienische Kinder bei Wiener Pflegeeltern. Sie kommen alle aus der Landschaft Polesine. Diese Region ist durch Überschwemmungen sehr zerstört worden. Die vierhundertfünfundsechzig Kinder lebten in großem Elend. Deshalb sorgte eine Organisation, die der Ansicht ist, es sei nicht der natürliche Zustand kleiner Kinder, in großem Elend zu leben, dafür, daß sie nach Wien kamen, um sich zu erholen und um wieder lachen zu lernen. Die Organisation wandte sich an die Öffentlichkeit. Für vierhundertfünfundsechzig Kinder meldeten sich sechshundert neue ›Eltern‹, mehr, als man brauchte. Es waren solche darunter, die 1920 nach Italien eingeladen worden waren, als es den Kindern in Österreich sehr elend ging, und es waren solche darunter, deren Eltern bereits nach Italien eingeladen worden waren. Was man an Geld benötigte, erhielt man durch Sammlungen. Und was man an Kleidern und Spielsachen benötigte, erhielt man zum Geschenk. Das Geld, die ›Eltern‹ und die Geschenke kamen aus allen Wiener Bezirken. Der Zweiundzwanzigste Bezirk zum Beispiel beschloß, fünfzig der armen Kinder von Kopf bis Fuß neu anzuziehen. Die Leute, die im Zweiundzwanzigsten Bezirk wohnen, sind nicht solche, wie man sie im allgemeinen auf Modeschauen sieht. Die Leute im Zweiundzwanzigsten Bezirk spendeten fünfunddreißigtausend Schilling für die Kinder aus der zerstörten Region Polesine.

Die Kinder sind arm, aber sie kommen aus einer reichen Landschaft. Reich sind dort die Großgrundbesitzer. Die Eltern der Kinder sind proletarisierte Landarbeiter. Ihre Welt ist ihr Haus. Vor der Schwelle des Hauses endet diese Welt. Der Boden, den sie dann betreten, ist mit allem, was er trägt, fremdes Eigentum. In den Häusern wohnen bis zu zwölf Familien. Es schlafen immer mindestens zwei Menschen in einem Bett. Keines der vierhundertfünfundsechzig Kinder schlief in einem eigenen.
Als sie auf dem Wiener Bahnhof ihren Pflegeeltern übergeben wurden, da schrieen und weinten sie. Sie wollten zusammenbleiben! Das Auseinandergehen bereitete ihnen Schmerz, sie revoltierten gegen die Trennung mit dem animalischen Instinkt von Wesen, die, gedrängt und stets einander nah, in dunklen Höhlen wohnen.
Viele der Kinder konnten nur ihren Namen schreiben, manche sind Analphabeten – und alle sind sie verblüffend begabt, vor allem zeichnerisch. Die meisten Buben kamen mit einem Hemd und einem Spielhöschen, die Mädchen mit einem verwaschenen Kleid und einer Hose. Viele Mädchen besaßen keine Hose. Es befanden sich Voll- und Halbwaisen unter ihnen. Und einunddreißig arbeitslose italienische Lehrerinnen begleiteten sie.
Es war zuerst sehr schwer, die Kinder zu begreifen und sie glücklich zu machen, anfangs gab es viele Tränen. Dadurch, daß Grazziani in Italien ein noch häufigerer Name ist als in Österreich Maier, und dadurch, daß sechzig Kinder bei ihrer Ankunft in Wien ihre Namen nicht nennen wollten, wurden Geschwister getrennt. Inzwischen haben sich die Pflegeeltern zusammengesetzt, und man hat in komplizierten Austauschverfahren die Cecilias und die Carlos und Beppos dorthin gebracht, wo sie sein wollen. Aber es gibt auch heute noch ein kleines Mädchen von sechs Jahren, das nur seinen Vornamen nennt.
Die Kinder waren ganz einseitig ernährt worden, und so kennen sie viele Speisen nicht, besonders nicht die wienerischen. So kam es, daß sie manche Dinge nicht essen wollten, zur Empörung der Erwachsenen Schinken an Hunde verfütterten, Kaffee stehenließen und Spargel ausspuckten. Nicht etwa, weil sie so verwöhnt waren, sondern weil sie eben nur Polenta kannten. Sie sind alle sehr zart und essen grundsätzlich wenig. Im Prater brach ein kleines Mädchen zusammen. Es lachte und freute sich den ganzen Tag, und dann brach es zusammen und mußte ins Krankenhaus

gebracht werden. Es war erschöpft. Alle diese Kinder sind leicht erschöpft.
Sie benützten lange Zeit kein Klosett und besorgten ihren Stuhlgang in der abenteuerlichsten Weise – teils, weil sie noch nie ein Klosett gesehen hatten, teils, weil das Rauschen des Wassers sie in Panik versetzte, wie jenen Jungen, der stets hysterisch zu schreien begann, wenn er im Garten die Kirschbäume rauschen hörte. »Das Wasser kommt!« rief er dann immer. »Das Wasser kommt!« Das ist die Angst, die ständige Angst vor der Überschwemmung.
Eine Zeitlang stahlen auch viele Kinder. Drei Jungen plünderten die Erdbeerbeete des Nachbargartens und rissen danach sämtliche Pflanzen aus. Das war nur auf den ersten Blick das, was man (zu Unrecht) Vandalismus nennt. Denn zu Hause bekommen die Kinder niemals geschenkt, was die Erde trägt. Wenn sie es haben wollen, müssen sie es stehlen. Das tun sie auch. Und um die Spuren zu verwischen, zerstören sie, was zurückbleibt.
Die meisten von ihnen brachten nur ein winziges Bündel mit. Aber sie hingen sehr an ihrem Besitz. Ein Junge, den man versehentlich von seinem Bruder trennte, riß aus und wurde in ganz Wien gesucht. Man vermutete eine übergroße Bruderliebe, doch als man ihn aufgriff, sagte er: »Ich mußte zu Amadeo – er hatte mein Taschentuch und meinen Kamm.«
Inzwischen hat sich der Aufruhr gelegt. Die Kinder haben sich an das Essen und die neue Umgebung gewöhnt. Sie sind glücklich in Wien. Und auch die Pflegeeltern sind es. Nun aber, wenn die Kinder am 4. Juli wieder nach Hause fahren, beginnt der Tragödie zweiter Teil. Die Kinder möchten in Wien bleiben, die Pflegeeltern möchten es, sogar die wirklichen Eltern bitten darum, daß man die Kinder noch nicht heimkommen lassen möge ins Elend, daß sie noch ein wenig verharren dürfen im Paradies...
Kaum jemand hat geahnt, welches Ausmaß und welche wunderbaren Formen menschlichen Gemeinschaftsgefühles die ›Aktion Polesine‹ auslösen würde, als sie begann. Nur ein paar Menschen ahnten es – Menschen, die der Ansicht sind, daß Elend für kleine Kinder nicht der natürliche Zustand ist; Menschen, die sich hinsetzten und ein Wörterbuch für die Pflegeeltern zusammenstellten, in dem sie die wichtigsten Sätze aufschrieben, jene Sätze, auf denen die Welt beruht. Einer lautet: »Hai fame, hai sete?« Was auf deutsch heißt: »Hast du Hunger, hast du Durst?«

»Das ist eine traurige Geschichte«, sagte die Dame mit dem Feuerhaar, »ich werde meinen Mann bitten, daß er den armen Kindern hilft, wenn sie heimkommen, denn mein Mann ist sehr reich.«
»Das ist schön von Ihnen«, sagte der junge Mann, »dann kann ich beruhigt gehen.« Und er verneigte sich tief.
»Ich habe Ihren Namen nicht verstanden«, sagte die Dame mit dem Feuerhaar. »Wer sind Sie eigentlich?«
»Ich bin der Friede Gottes«, sagte der junge Mann mit den Mandelaugen.

Es glänzt nicht alles, was Gold ist

Erregende Geschichten von der Goldsuche im Tiefstollen – und die Geschichten, die das Leben dabei wirklich schrieb (1959).

Im Jahre 1940 grub man im Radhausberg bei Badgastein nach Gold. Man kam zweieinhalb Kilometer tief in den Berg hinein. Gold fand man keines, es ereignete sich etwas Sonderbares, von dem gleich noch gesprochen werden soll, aber im großen und ganzen verlief die Geschichte schließlich in jenem Sand, in dem sich kein Gold hatte finden lassen.
»Die Geschichten, die das Leben erzählt, sind nie zu brauchen«, sagt Polgar. »Manchmal werden sie gut nacherzählt.« Wenn man sich an Gerstäcker, Karl May und Traven erinnert, dann muß einem die Geschichte mit dem Radhausberg-Tiefstollen auf den ersten Blick wirklich sehr talentlos inszeniert erscheinen. Man bedenke die so dankbare und permutationsreiche Konstellation: Ein paar wagemutige Männer, sagen wir fünf, zu allem entschlossen (nach der Lektüre von Jack Londons Gesammelten Werken), bärtig, ohne Frauen, aber mit Schnaps und Krampen, beginnen in einer Neumondnacht zu graben. Der Sturm orgelt unheimlich in den krummen Bäumen, ein Hund (wer weiß, vielleicht der von Baskerville) heult ohne Unterlaß, und vom nahen Friedhof ruft der Totenvogel: »Kiwitt! Kiwitt!« Oder was Totenvögel so zu rufen pflegen.
Welche Ausgangssituation! Welche Möglichkeiten tun sich auf!

Tja, wenn das Leben bessere Romane schriebe (solche um zweieinhalb Schilling), dann...

...dann hätten die fünf, sagen wir einmal, einander vom ersten Augenblick an mißtraut. Sie hätten einander mit scheelen Blicken gemustert, und ihre Messer hätten locker gesessen. Sehr locker. Sie hätten in Schichten gegraben. Aber die, welche schlafen sollten, hätten jene, die am Graben waren, ohne Unterlaß beobachtet. Weil sie Angst gehabt hätten, daß diese während ihres Schlummers auf eine Goldader stoßen und mit derselben hätten verschwinden können.

(Diese Konjunktive – Duden und die Herren Oberlehrer sagen Möglichkeitsformen – machen einen wahnsinnig. Wir wollen die Geschichte von nun an unter Verzicht auf den Konjunktiv erzählen, wenn es recht ist.)

Also: Sie schliefen deshalb natürlich alle miteinander nicht. Und sie wurden gereizt, ihre Augen entzündeten sich, es kam zu Reibereien, und schon nach einer Woche gab es den ersten Faustkampf mit ausgeschlagenen Zähnen und einer entsetzlichen Morddrohung. Der Totenvogel rief vom nahen Friedhof herüber, sie hörten ihn in den Berg hinein. Das Licht der Kerzen flackerte unheimlich, Joe Hinterstoißer hatte sich abermals sinnlos betrunken, und Charly MacLederer brütete über dem Bild seines armen Mütterchens.

Als sie dann die Goldader fanden, wurde Charly MacLederer wahnsinnig. Der offene Irrsinn brach bei ihm aus, und er lachte so herzerfrischend wie die Herren Bogart und Huston am Ende des Films ›Der Schatz der Sierra Madre‹. Die anderen hielten das nicht aus und knebelten ihn. An dem Knebel erstickte Charly MacLederer. Gott sei seiner armen Seele gnädig.

Nun schlichen die anderen umher, von Schuld bedrückt, von ihrem Dämon gepeinigt, mit flackernden Augen, zitternden Händen und mit Taschen voll Gold, Gold, Gold!

Sie schliefen auf ihrem Golde, sie trugen es in Säcken unter dem Hemd, sie bewachten es wie ihr Leben. Und keiner traute dem andern. Joe Hinterstoißer traute den anderen am wenigsten. Er war fest davon überzeugt, daß sie ihm sein Gold eines Tages, wenn er schlief, stehlen und damit verschwinden würden. Weil er davon fest überzeugt war, stahl er, während die *anderen* schliefen, eines Tages deren Gold und verschwand selber damit. Er wollte sie erst gar nicht auf die Probe stellen. Die anderen schworen sich nun, Joe Hinterstoißer zu jagen bis an der Welt Ende. Das taten sie dann auch, bei Gott! Aus ihren Abenteuern dabei ließen sich drei weitere bessere Romane (zu zweieinhalb Schilling) schreiben. Und als sie Joe dann in einer südamerikanischen Hafenspelunke stellten, als die Freudenmädchen aufkreischend entflohen und Joe, schlohweiß geworden, zu Boden fiel und um Gnade winselte, da zogen sie ihre Messer wieder und – Fortsetzung folgt.

Tja, wenn das Leben Geschichten erzählen könnte.
Dann wäre es auch noch möglich gewesen, daß die fünf (bärtig, ohne Frauen, mit Schnaps, zu allem entschlossen so wie früher) zu graben begannen und einander mißtrauten und *kein* Gold fanden. Diese Version eignet sich besser zur Dramatisierung. Drei Akte, spannungsgeladen, im Innern des Stollens. Nur eine einzige Dekoration, äußerst preiswert, etwa unter dem Titel ›Dämon Gold‹. Aber mir scheint, der war schon einmal da. Nennen wir es ›Gefahr im Dunkel‹. Der war noch nie da.
Die fünf schleichen umeinander herum, Tag und Nacht. Jetzt beäugen sie einander nicht, jetzt ist es das Umeinander-Herumschleichen, das sie vom Schlaf abhält. Und sie kommen natürlich genauso mit den Nerven herunter. Einer nach dem anderen verfällt der fixen Idee, die anderen *haben* Gold gefunden und sagen es ihm nur nicht. Mit dieser fixen Idee schleicht einer (siehe oben) um den andern herum. Im dritten Akt kommt es dann, tausend Meter unter Tag, zu einer grauenvollen Schlächterei. Das Blut fließt in Strömen, einer nach dem anderen gibt sein Leben – und der letzte muß dann die entsetzliche Wahrheit erkennen: Sie sind umsonst gestorben, denn sie haben alle miteinander leere Hosentaschen. Es gibt kein Gold. Da bleibt auch ihm nichts weiter übrig, als in das sattsam bekannte ›Sierra-Madre‹-Lachen auszubrechen, über welches sich ein erschütterter Vorhang senkt.

Auch eine Möglichkeit. Ich könnte hier ganz schnell noch fünf weitere aufschreiben. Aber das Leben läßt sich ja nichts sagen. Was tut es?
Bitte:
Anläßlich eines Fortbildungskursus der Ärztekammer wurde die wirkliche Geschichte der Goldgräber aus dem Jahre 1940 erzählt. Sie fanden kein Gold. Aber ein paar Arbeiter, die arges Rheuma

hatten, litten plötzlich nicht mehr an Rheuma. Vom Stollen waren sie geheilt worden. Man stellte fest, daß die Luft in seinem Eingang stark radioaktiv war, was man auf Thermalquellen zurückführte, die unter ihm lagen. Zehn Jahre später wurde in Badgastein eine klinische Station errichtet, und der Wunderstollen heilte nicht nur unheilbar scheinenden Rheumatismus, sondern auch Leute mit erhöhtem Blutdruck, mit Nierenerkrankungen und Nervenentzündungen. Jetzt soll der Stollen ausgebaut werden.

Na, was habe ich gesagt?
Kann das Leben eine Geschichte erzählen? Damit sollte das Leben einmal zu einem Verleger kommen! Mit so einer poetischen ›Hans-im-Glück‹-Romantik, mit so einer menschenfreundlichen ›Es ist nicht alles Gold, was glänzt‹-Story, mit so einer kraftlosen ›Freunde, bescheidet euch‹-Mentalität. Der Verleger würde ihm was blasen!
Nein, ganz unter uns und Hand aufs Herz: Geschichten schreiben kann das Leben wirklich nicht. Es scheint jedoch über mehr Niveau zu verfügen als die Leute, die es können.
Deshalb wird das Leben auch niemals gedruckt.

Situationsbericht aus dem Jenseits

Sechs Jahre nach Kriegsende: Film in der Lüneburger Heide. Ich kam mir vor wie im Paradies. (Die Vertreibung erfolgte später.)

Ich frage mich ernsthaft, ob auf der Fahrt hierher vielleicht der Zug entgleist ist. Oder ob mich wohl im Schlafwagen, nachts, freundlich und sanft, der Schlag getroffen hat. Ob ich nicht etwa tot bin und es nur noch nicht bemerkt habe. Ich kenne das Jenseits (das hübschere der beiden Etablissements ist gemeint) noch nicht. Vielleicht lerne ich es eben kennen. Vielleicht liegt Bendestorf schon mitten auf den gewissen grünen Wiesen der himmlischen Gefilde...
Rein geographisch liegt es etwa dreißig Kilometer von Hamburg entfernt, in der Lüneburger Heide. Von Wien liegt es etwas weiter

entfernt, ist aber bequem zu erreichen: Man fährt morgens um 7.30 Uhr von Wien ab und ist am nächsten Tag um 7.30 Uhr bereits im Kleckerwald bei Bendestorf. Der Wald heißt wirklich so. Mit Namen ist es hier überhaupt etwas sonderbar. Es gibt einen Ort, der heißt Sülze, und einen Kaufladen, der einem Herrn namens von Hinten gehört. Was zu Gelächter Anlaß gibt. Ach ja, natürlich: nicht zu vergessen ein Getränk mit dem ungeheuer suggestiven Namen Ratzeputz. (Es tut es auch.)
Ich bin natürlich nicht zu meinem Vergnügen hier. Wer ist schon zum Vergnügen im Paradies? Wen läßt man schon zum Vergnügen hinein? Ich muß arbeiten. Für eine Filmfirma. Und von dieser Firma wollte ich eigentlich erzählen. Bendestorf ist ein winziges Nest in der Heide, nahe am Wald. Es muß uralt sein, die schönsten seiner Häuser stehen unter Denkmalsschutz. Sie sind alle ohne Ausnahme aus roten Ziegeln gebaut, mit ein bißchen Fachwerk und mit moosbedeckten Strohdächern. Auf manchen der Dächer wachsen sogar kleine Bäume. Die Stuben sind niedrig, voller alter bemalter Möbel, Spinnräder, Zinngeschirr und blauweißem Porzellan. Die Möbel sind so alt, daß manche von ihnen sich noch an Christoph Columbus erinnern können.
Ich habe in einem Bett geschlafen, das neben einem blauweißen Kachelofen in die dicke Zimmerwand eingebaut war. Mit Vorhängen zum Zuziehen. Und einer Truhe davor. Ich habe kein Auge zugetan. Vor Aufregung. Und weil ich keine Luft bekam.
Es gibt nur eine Straße, und die benützt niemand. Hier geht man durch den Wald. Durch den Wald kommt man überallhin. (Meistens kommt man nach Sülze.) Es gibt einen Kaufmann, der alles hat, was man will, einen Arzt, ein Postamt (geschlossen von 12 bis 16 Uhr) und einen Friseur. Ferner drei Dutzend rote Häuschen mit Strohdächern. Und 3562 Eichkätzchen. Und schließlich ein Gasthaus ›Zum Schlangenbaum‹.
Im ›Schlangenbaum‹ saß 1945 ein Mann, dessen Beruf es war, Filme zu machen. 1945 machte er keine Filme. 1945 langweilte er sich zu Tode. Zu Bendestorf bei Hamburg, Kreis Hamburg, Regierungsbezirk Lüneburg. 1945 suchten die Einwohner des Dorfes einen Bürgermeister. Der alte war nicht mehr zu gebrauchen und ein neuer schwer zu finden. Von wegen politischer Vergangenheit. Die Einwohner dachten lange nach. Dann wählten sie den Filmmann. Er hieß Meyer. Viele Leute hier heißen so. Es ist Deutschlands Meyer-Gegend. Meyer wurde Bürgermeister, und man for-

derte ihn auf, Arbeit zu beschaffen. Wenn Meyer an Arbeit dachte, dachte er an Film. Niemand, der es hört, glaubt es, aber es ist wahr: Meyer drehte 1945. Im großen Tanzsaal des ›Schlangenbaums‹. Einen richtigen, einen abendfüllenden Film.
Seither sind sechs Jahre vergangen. Der ›Schlangenbaum‹ steht noch. Aber daneben, mitten in dem jahrhundertealten Dorf, stehen blauweiße riesige Atelier- und Verwaltungsgebäude aus der Mitte des Zwanzigsten Jahrhunderts: Ein Heidedorf ist ein Filmdorf geworden! Dem ersten Film sind neunzehn weitere gefolgt. Im Augenblick dreht Meyer seinen ersten Farbfilm mit Marika Rökk. Und in zwei Wochen beginnt Willi Forst zu arbeiten...
Man glaubt zu träumen, wenn man durch das Dorf geht. Es gibt keine Grenze, keine Trennwand zwischen Natur und Film. Ein Schritt – und man ist aus dem Atelier im Wald. Ein zweiter Schritt – und man ist aus einer Bauernstube des Siebzehnten Jahrhunderts wieder im strahlenden Licht der Scheinwerfer des Zwanzigsten und hört Hans Moser nuscheln. Es ist, als wäre die Natur selber nur ein Teil der Filmkulisse.
Über die Einwohner hat sich ein Füllhorn des Wohlstands ergossen. Schauspieler, Regisseure, Kameraleute aus vielen Ländern kommen her. Die Einheimischen verfolgen den Filmbetrieb mit demselben, wenn nicht mit größerem Interesse als die wirklich an ihm Beteiligten. Die Filmgesellschaft ist sozusagen der größte Bissen ihres täglichen Brotes. Deshalb sind sie auch über alles genau informiert. Deshalb diskutieren sie neue Vorhaben, beurteilen Schauspielerleistungen, kritisieren Mißstände, hecken Pläne aus. Sie sind zu einer einzigen großen Familie geworden, die Leute im Atelier und die Leute im Dorf. Sie leben und arbeiten zusammen. Herr Steffens mit Herrn Lingen. Fräulein Knef mit Frau Degebrod. Herr Taetjeus mit Herrn Fröhlich.
Ich habe mich darüber gewundert, daß sie sich alle so gut vertragen, und der Dramaturg der Gesellschaft hat mir ein kleines Geheimnis verraten: Die Filmgesellschaft sucht ihre Leute daraufhin aus, ob sie auch nach Bendestorf passen, bevor man sie kommen läßt. Wenn sie nicht passen, kommen sie gar nicht. Das hat nichts mit Können zu tun. Nur mit dem Gemüt. Die Atmosphäre ist das Wichtigste, sagt Kruger, der Dramaturg, und ich bedanke mich. Denn ich finde, es ist für mich eine große Ehre, daß man gemeint hat, ich werde die Atmosphäre nicht stören.
Ich gehe jetzt auf die Post und gebe diesen Bericht auf. Wenn ich

nicht wirklich im Jenseits bin und alles nur träume, wird er in Wien ankommen.
Aber eigentlich kann ich doch nicht gestorben sein! Oder glauben Sie, daß man mich im Jenseits tatsächlich bitten würde, Verbandszeug aus dem Kaufladen mitzubringen, weil Frau Rökks Hund die attraktive Margit Symo in die Hand gebissen hat?

Die Hörbigers

Geschrieben 1946, vor fünfunddreißig Jahren! – Und heute noch, dank Film und Fernsehen, vor allem aber dank den Hörbigers, so aktuell wie damals.

Ein Interview mit einem Mitglied der Familie Hörbiger hat heute nicht den geringsten Seltenheitswert. Auch nicht ein Interview mit zwei Mitgliedern. Selbst ein Interview mit drei Mitgliedern lockt nur in den seltensten Fällen einen Feuilletonredakteur hinter seinem Schreibtisch hervor.
Wenn hier trotzdem von den Hörbigers die Rede ist, so kann, im Hinblick auf die Originalität der Idee, nur das Folgende angeführt werden: Ein Interview hat (in den meisten Fällen) zur Voraussetzung, daß der eine, der interviewt wird, dem andern, der ihn interviewt, verschiedenes erzählt, was jener sodann so zu Papier bringt, wie er es erfahren hat. Der Verfasser dieser Zeilen legt Wert auf die Feststellung, daß er weder ein noch zwei noch drei Mitglieder interviewt hat und daß weder ein noch zwei noch drei Mitglieder der Familie Hörbiger ihm das geringste erzählt haben, damit er es hier zu Papier bringe. Mit anderen Worten: Dieses Interview entstand ohne Mitwirkung des wichtigsten Akteurs – des Interviewten.
Hier soll nämlich keinesfalls von Geburtsdaten, Schulzeugnissen, großen Bühnenerfolgen oder einer langen Liste interessanter Filme die Rede sein – sondern von jenem Phänomen, jenem Unikat, jener Kuriosität, welche die Hörbigers für Wien bilden. Auch wenn sie nicht, wie manche echten Wiener, zufällig in Budapest zur Welt gekommen wären. Und auch wenn sie selber gar nicht wissen sollten, daß sie ein solches Phänomen darstellen.

Eigentlich begann die ganze Geschichte schon mit dem Vater. Der war auch ein echter Wiener – er kam, als Bauernbub, aus Tirol. Und war ein Genie. Eines von denen, auf die das dem uns allen so vertrauten deutschen Dichterfürsten Johann Wolfgang Goethe zugeschriebene Wort zutrifft, demzufolge Genie vielleicht nichts weiter zur Voraussetzung habe als Fleiß. Der Ingenieur Hanns Hörbiger war fleißig. Er wurde leitender Beamter einer Maschinenfabrik, besaß vierundsechzig eigene Patente und entwickelte beharrlich und gründlich eine Theorie, durch welche die österreichische spekulative Kosmophysik mit einem Schlag salonfähig wurde und die wissenschaftlichen Kapazitäten der ganzen Welt herausforderte.

Diese Theorie nannte der Ingenieur ›Welteislehre‹. Sie ist, einem großen Lexikon zufolge, eine ›kosmogonische Hypothese, nach welcher im Weltraum umhersausende Eisstücke bei der Bildung der Planeten eine große Rolle spielen und unter anderem durch die Wärmeentwicklung bei ihrem Aufsturz auf die Sonne die Temperatur derselben auf ihrer Höhe halten‹.

Neuere Erkenntnisse der Atomphysik haben die Welteislehre später widerlegt. Aber das sagt nicht viel. Der Wert eines Menschen wird durchaus nicht bestimmt von der Bedeutung des Zieles, zu dem er schließlich gelangt, sondern vielmehr von dem Aufwand an Mühe und Arbeit, um zu diesem Ziel zu gelangen.

Der alte Hörbiger, der im heiteren Frieden von Bibliotheken und Laboratorien die ganze wissenschaftliche Welt herausforderte und leidenschaftliche Diskussionen auch unter Laien entfesselte, muß, wie man zugeben wird, haargenau so außerordentlich und ungewöhnlich gewesen sein, wie er gewesen ist, um Vater jener nächsten Generation von vier Söhnen zu werden. Zwei von ihnen, die wir alle kennen, wurden in Budapest geboren und hatten zunächst einmal größte Schwierigkeiten, die deutsche Sprache und die stilgerechte Betonung so schwieriger Anfragen wie »Ziagst net o, Raubersbua, dreckata?« zu erlernen. Diese beiden echten jungen Wiener heißen, der Vollständigkeit halber sei es erwähnt, Attila und Paul.

Wenn ich mir vorstelle, ich wäre Mama Hörbiger, dann, so denke ich, würde mich tiefe Verwunderung bei der Erinnerung daran befallen, daß mein Sohn Attila eigentlich gar nicht die geringste Absicht hatte, Schauspieler zu werden. Sein sehnlichster Wunsch war es, Landwirt zu sein und ein eigenes Gut zu besitzen. Wenn wir den Ersten Weltkrieg gewonnen hätten, wäre er es wahrscheinlich auch geworden. Wie allgemein bekannt, gewannen wir ihn nicht – und Attila sah, um diesen recht problematischen Vergleich zu gebrauchen, seine Milch- und Käsewirtschaft in Wasser zerfließen.

Bei Paul lagen die Dinge anders. Als er aus dem Krieg heimkam, ging er an einem Haus vorüber, an dessen Tor eine Tafel angebracht war. Auf der Tafel stand: ›Theaterschule Otto‹. Dies scheint für ihn Grund genug gewesen zu sein, einer der größten Volksschauspieler unserer Zeit zu werden. Denn das wurde er – dank seinen außerordentlichen Eltern, die nicht an das glauben wollten, wovon die meisten Eingeweihten heute schon bitter überzeugt sind, daß nämlich der Beruf eines Schauspielers in unserer Zeit einer der härtesten, ärmsten, traurigsten und verzweifeltsten überhaupt ist. (Wobei man zu seiner Entschuldigung allerdings anführen muß, daß das Ehepaar Hörbiger diesen kulturellen Wagemut immerhin nur in einer schon so weit zurückliegenden Zeit wie den zwanziger Jahren bewies.)

Attila folgte seinem Bruder Paul. Er folgte ihm zunächst widerstrebend, ohne besondere Begeisterung. Und eigentlich hauptsächlich deshalb, weil er auch hinter den Schreib- und Zeichentischen seiner Brüder Fred und Hans keine Ruhe fand. Ergänzend festgehalten werden muß, daß Fred, wie eigentlich nicht anders zu erwarten, ein außerordentlich begabter Pianist und Maler war. Aber sozusagen nur nebenbei...

Es ist im Rahmen dieses ungewöhnlichen Interviews nicht nötig, gewöhnliche Probleme zu erörtern. Wie beispielsweise jene, daß ein gewisser Paul H., den das Schild ›Theaterschule Otto‹ anzog, und ein gewisser Attila H., den dieses Schild zunächst durchaus nicht anzog, zu zwei so großen Schauspielern werden konnten. Viel eher könnte man von Dingen reden, die wahrscheinlich nicht jeder weiß. Zum Beispiel von einem Ausspruch Pauls, in dem viel mehr steckt, als man auf den ersten Blick erkennt (und der dann in dem Film ›Truxa‹ verwendet wurde): »Es gibt Clowns, die sind klein und dick. Dann gibt es solche, die sind groß und dünn. Und dann gibt es solche, die haben Humor...« Oder daß Attila, von dem viele annehmen, daß ihm sein Anfang leichtgemacht wurde, nach zahlreichen lächerlichen Stummfilmrollen sein Debüt beim Tonfilm im ›Unsterblichen Lump‹ feierte – und zwar als Wasserleiche, die aus der Donau gefischt wird...

Aber das alles sind Geschichten, Anekdoten und Histörchen. Sie erklären nicht das Wesen, die Atmosphäre, die einzigartige Wirkung der Hörbigers. Diese erklärt sich vermutlich, allen Widersprüchen zum Trotz, allein aus dem Wesen des Landes und der Stadt, in der sie arbeiten und leben – jener Stadt, die wir gelegentlich verspotten und schlechtmachen, die wir aber doch lieben im innersten Winkel unseres Herzens!

Grüne Minna – völlig unverdächtig

Tragikomische Geschichte von einem sanften kleinen Mann, der, anno 1955, schlauer sein wollte als die wirklich Schlauen.

»Los, aussteigen«, sagt der Wärter.
Der Gefangene klettert folgsam aus der ›Grünen Minna‹. Als er den Boden des Gefängnishofes unter den Füßen hat, sagt er: »Einen Moment, Kamerad!« Und dann geht er neugierig zwei Schritte zur Seite und betrachtet versunken die Tafel mit dem Kraftfahrzeug-Kennzeichen, die sich hinten an der ›Grünen Minna‹ befindet.
»Was machst du denn da?« fragt der Wärter.
»Ich schau' mir die Nummer an«, sagt der sanfte Gefangene.
»Das merke ich«, sagt der Wärter. »Aber warum schaust du sie dir an?«
»Weil ich gedacht habe, daß ich die Nummer kenne«, sagt der Gefangene versonnen. »Aber ich kenne sie nicht. Es ist eine andere ›Grüne Minna‹. Nicht meine.«
»Was heißt ›nicht deine‹?«
Der sanfte Gefangene sieht zu dem blaßblauen Frühlingshimmel auf, der sich an diesem Vormittag über der Stadt Aachen wölbt und erwidert freundlich: »Ich bin früher oft in einer eigenen ›Grünen Minna‹ gefahren. In meiner ›Grünen Minna‹ sozusagen. Aber da habe ich nicht hinten gesessen, sondern vorne.«
»Und warum sitzt du jetzt hinten?«
»Weil ich damals vorne gesessen habe«, antwortet der Gefangene rätselhaft.

»Aha«, sagt der Wärter, der viel Rätselhaftes hört. »Na, dann komm mal!« Und er führt den sanften kleinen Gefangenen in das Justizgebäude hinein. Der sanfte kleine Gefangene hat die Wahrheit gesagt. Das Abenteuer, das ihn zuletzt hierher gebracht hat, begann für ihn tatsächlich hinter dem Lenkrad eines Gefangenentransportwagens, einer ›Grünen Minna‹. Über dieses Abenteuer sagte der Vorsitzende des Aachener Schöffengerichtes, das den sanften kleinen Mann verurteilte: »Es steht einmalig da in der Geschichte des Grenzschmuggels.«
Der Hauptakteur dieser Geschichte war der sanfte kleine Gefangene, der auf den Namen Alfred Greves hört. Zur Zeit, da sein Abenteuer begann, war er noch nicht Gefangener. Zu jener Zeit transportierte er noch selber Gefangene. Er, der allseits beliebte und bekannte Gefängnisoberwachtmeister Alfred Greves...

An dem Tag, an dem sein Abenteuer beginnt, scheint eine warme, starke Sommersonne auf die Straßen der Stadt Aachen, obwohl es erst sieben Uhr früh ist. Morgenstunde hat Gold im Munde. Eingedenk dieser alten Volksweisheit, schickt die Aachener Gefängnisverwaltung ihre Arbeitskommandos bereits zu dieser Tageszeit auf die Reise. Soeben öffnet sich das halbe Spitzbogentor am Adalbertsteinweg 92, das den Eingang zum Stadtgefängnis bildet. Vorsichtig läßt Gefängnisoberwachtmeister Greves seine ›Grüne Minna‹ auf die Straße hinausrollen. (Wie gesagt: Zu jener Zeit sitzt er noch vorne, hinter dem Steuer.)
Hinten im Laderaum sitzen ein Dutzend Gefangene. Der allseits beliebte und geachtete Oberwachtmeister mit der sanften Stimme fährt die zwölf düsteren Herren in den Aachener Wald, dessen Höhenzüge sich im Süden wie ein Riegel zwischen die Stadt und die belgische Grenze legen.
Beim Gasthaus ›Zum Entenpfuhl‹ lädt der Oberwachtmeister Greves seine Fuhre ab und ruft dem aufsichtführenden Beamten des Arbeitskommandos ein markiges Scherzwort zu, wie es unter Biedermännern üblich ist. Nur, daß Oberwachtmeister Greves kein Biedermann ist, sondern sozusagen das Gegenteil.
Anstatt nämlich mit seiner ›Grünen Minna‹ nun nach Aachen zurückzukehren, fährt der Alfred Greves um die nächste Wegbiegung auf den Dreiländerblick zu und zur Hergenrather Schutzhütte empor, von der man sagen muß, daß sie sehr, aber schon sehr nahe an der belgischen Grenze liegt.

Dabei sieht der sanfte kleine Alfred angestrengt auf die Straße hinaus, denn eigentlich müßte jetzt jede Sekunde...
...da! Da ist der Mann schon, den der sanfte Alfred gesucht hat. Der Mann steht am sonnigen Straßenrand in tiefem Farnkraut und winkt ein bißchen mit der Hand. Und dann holt er aus dem Farnkraut ein Fahrrad hervor und radelt munter los, während der kleine Alfred die ›Grüne Minna‹ zum Stehen bringt, aus dem Wagen springt und selber in das kniehohe Farnkraut hineinläuft. Dabei stellt sich heraus, daß in diesem Farnkraut noch mehr liegt als nur ein Fahrrad. Nämlich Kaffeesäcke. Belgische Kaffeesäcke. Kaffeesäcke im Gesamtgewicht von vier Zentnern. Und diese Säcke schleppt der einsame, kleine, zarte Alfred im Schweiße seines Angesichtes zu seiner ›Grünen Minna‹ und verwahrt sie im Laderaum, wo vor kurzem noch die zwölf düsteren Herren gesessen haben...
Der Hintergrund dieses ein bißchen ungewöhnlichen Unternehmens ist ebenso einfach wie genial: Schmuggelbanden, die im Raum von Aachen belgischen Kaffee nach Deutschland bringen, wurden in letzter Zeit in ihrer Arbeit enorm gestört durch die Polizei. Trägerkolonnen schafften unter großen Schwierigkeiten die Ware zwar noch immer über die Grenze, aber auf deutscher Seite liefen sie wieder und wieder der Grenzpolizei, der Funkstreife und den Leuten von der Zollfahndung in die Hände. Das machte den Schmugglern alles andere als Spaß.
Die Chefs des Unternehmens, die im Dunkeln saßen und, wie es in besseren Kriminalromanen zu heißen pflegt, ›alle Fäden in der Hand hielten‹, konstatierten erbittert: »So geht es nicht weiter!«
Allein: Wahrhaft große Menschen haben sich noch zu keiner Zeit durch Schicksalsschläge entmutigen und von einem selbstgesetzten Ziel abbringen lassen. Die Chefs im Dunkeln dachten ein bißchen nach. Und dann sagte der eine Chef: »Die Schwierigkeit liegt nicht darin, den Kaffee über die Grenze zu bringen. Das ist ganz einfach! Die Schwierigkeit liegt darin, den Kaffee von der verfluchten Grenze wegzubringen. Wie bringt man ihn weg? In einem Auto! Am besten in einem Auto, das die Polizei nicht untersucht. Und was ist das für ein Auto? Am besten ein Polizeiauto, nicht wahr?«
Der zweite und dritte Chef sahen einander an und grinsten verständnisinnig, denn sie hatten den ersten Chef sofort begriffen. Sie lebten unter anderem davon, daß sie stets sofort begriffen.

»Es wird aber«, sagte der zweite Chef, »nicht so einfach sein, die ganze Mannschaft eines Funkstreifenwagens zu bestechen. Ich halte es sogar für unmöglich.«

»Es muß ja«, sagte der dritte Chef, »nicht gleich eine Funkstreife sein. So eine ›Grüne Minna‹, die Arbeitskommandos in den Aachener Wald fährt, tut's auch.«

Und so pochte das Schicksal kurze Zeit später an jene Pforte, hinter welcher der allseits bekannte und beliebte Gefängnisoberwachtmeister Alfred Greves wohnte. Dem zarten kleinen Alfred war es in seinem Leben zu lange zu schlecht gegangen: Er besaß nicht mehr die moralische Kraft und die seelische Größe, einen Vorschlag abzulehnen. Im Gegenteil: Alfred überlegte zwei Tage lang, schlief zwei Nächte schlecht, und dann sagte er leise: »Okay!«

Und deshalb ist er jetzt hier, an diesem heißen Sommertag, hier, in der Nähe der Hergenrather Schutzhütte, und deshalb wuchtet er, schweißüberströmt, eben den letzten Sack Kaffee in seine ›Minna‹.

Er klettert wieder hinter das Lenkrad, er fährt in die Stadt zurück. An einer vorher bestimmten Kreuzung wartet ein Motorradfahrer auf ihn. Einer mit einem blauen Sturzhelm. Dem fährt der kleine Alfred nun nach. Und dann biegt der Motorradfahrer in einen Feldweg ein, und die ›Grüne Minna‹ folgt ihm, und auf dem Feldweg stehen

1. ein Lastkraftwagen und
2. neben ihm ein paar kräftige Männer.

Und die kräftigen Männer reißen den Schlag der ›Minna‹ auf und wuchten die Säcke heraus und laden sie um. Und während einer von ihnen sich schon hinter das Lenkrad des LKW klemmt, stopft ein anderer dem sanften kleinen Alfred ein Bündel Banknoten in die nicht ganz sauberen Pfoten. Und während die drei Chefs im Dunkeln mit ihren Abnehmern noch über den Preis für die vier Zentner Kaffee feilschen, steht die ›Grüne Minna‹ schon wieder in der Garage des Gefängnisses am Adalbertsteinweg 92. So einfach geht das alles. Und so glatt...

Daß es nicht ewig so weitergeht, liegt allein an Alfred Greves. Dem Alfred geht es plötzlich finanziell bedeutend besser. Und deshalb findet er mit der Unlogik aller menschlichen Kreatur natürlich schon bald: Es geht mir noch lange nicht gut genug! Und so beginnt er zu maulen, wenn er auf dem Feldweg bei der Jülicher

Straße die kräftigen Umlader trifft: »Ihr behumpst nicht nur den Staat um die Steuern! Ihr behumpst auch mich!«
»Wieso dich?«
»Na, ich habe doch keine Waage bei mir! Weiß ich, wie viele Kilo tatsächlich in den Säcken sind, die ich für euch aus den Brennesseln hole?«
Die Umlader sprechen mit den drei Chefs im Dunkeln. Ihnen erzählen sie, daß der kleine Alfred mault. Das macht die drei Chefs sehr nachdenklich...
Und dann begeht Alfred einen Fehler. Er beschließt, sozusagen auf eigene Faust reich zu werden.
Um auf eigene Faust reich zu werden, muß man in diesem eigenartigen Gewerbe haben
1. eine Faust, besser noch zwei;
2. Verstand, viel Verstand.
Der kleine Alfred hat Verstand. Aber nicht genug. Der kleine Alfred setzt sich bei Schnaps und Bier mit einem befreundeten Zollbeamten zusammen und erzählt dem alles, was er tut. Dazu sagt er: »Wenn mich einmal beim Aufladen einer erwischt, dann sage ich, daß ich den Kaffee gerade gefunden habe und ihn nur aufladen will, um ihn abzuliefern. So kann mir überhaupt nichts geschehen. Und dir auch nicht!«
»Mir? Wieso?« fragt der Zöllner und trinkt einen Schluck.
»Weil ich dir ein Geschäft vorschlagen will«, sagt der kleine, sanfte Alfred. »Das nächstemal, wenn ich wieder die Säcke aus dem Farnkraut hole, kommst du mit deinem Motorrad dazu und verhaftest mich.«
»Ich verhafte dich?«
»Natürlich nicht wirklich, Idiot«, sagt der kleine Alfred ärgerlich. »Nur zum Schein! Damit die Kerle von der Bande, die immer im Wald versteckt zusehen, wenn ich auflade, es auch bestimmt glauben, daß der Kaffee diesmal verloren ist.«
»Aha«, sagt der Zöllner und lächelt sonnig.
»Der Kaffee ist dann allerdings nur für die Bande verloren«, sagt der kleine Alfred, der sich alles genau ausgedacht hat. »Für uns nicht. Denn wir verkaufen ihn schwarz! Und verdienen endlich auch einmal ein paar ordentliche bunte Lappen!«
Und dann trinken sie noch ein paar Steinhäger und noch ein paar, und eine Woche später ›erwischt‹ der Zöllner den kleinen Alfred und ›verhaftet‹ ihn und ›beschlagnahmt‹ den Kaffee, und die Kerle

von der Bande, die im Wald versteckt sind, sehen alles und melden es den drei Chefs. Und die drei Chefs sagen wie aus einem Munde: »Da ist doch etwas faul an der Sache!«
Jede Branche hat ihren Ehrenkodex, auch diese. Was der kleine Alfred da gemacht hat, das ging gegen den guten Ton, das verstieß gegen die Spielregeln! So was kann man nicht dulden...
Die drei Chefs im Dunkeln haben ihre Verbindungen. Sie geben der Polizei ein paar kleine Hinweise, ohne selber ans Licht zu kommen.
Der sanfte kleine Alfred wird verhaftet. Er kann nur reumütig gestehen, ein kleiner Mann, der andere hineinlegen wollte und der selber hineingelegt worden ist. Auf die Frage nach seinen Auftraggebern kann er nur sagen: »Ich habe keine Ahnung, wer sie sind!«

Und so verurteilen sie also den sanften kleinen Alfred und stecken ihn in eine ›Grüne Minna‹ und fahren ihn ins Gefängnis. Und im Hof sieht er noch einmal nach, ob es vielleicht die ›Grüne Minna‹ ist, die er selber einmal gefahren hat. Aber sie ist es nicht. Es ist eine ganz andere. Und das macht den kleinen Alfred Greves plötzlich ganz sentimental. Obwohl es doch wirklich höchst gleichgültig ist...

Die Hand am Grabe um Mitternacht
oder
Der große Eisenbahnüberfall
oder
Verführte Unschuld, in zwei Teilen

Ketzerische Gedanken eines Kinogängers von 1951 zur Ur-, Vor- und Frühgeschichte sowie zur Gegenwart des Films.

Ein gewisser Herr Khünel bemerkte an einem stürmischen Herbstabend des Jahres 1728 – es regnete in Strömen, und durch die unheimlich verlassenen Gassen heulten klagende Hunde – gelegentlich der Bemühung, eine Kerze zu entzünden, daß seine hübschen zarten Hände hübsche zarte Schatten an die Wand warfen.

Herr Khünel war ein intelligenter Mensch. Wie die meisten intelligenten Menschen hatte er kein Geld. Und wie die meisten intelligenten Menschen benötigte er dasselbe. Aus den vorerwähnten Gründen entschloß sich Herr Khünel, das erste Kino am Hofe Kaiser Karls VI. zu eröffnen. (Ein gewisser Leonardo da Vinci trug sich etwas früher gleichfalls mit dem Gedanken an ein derartiges Etablissement, mußte dann jedoch ganz schnell irgendeinem starken Mann Festungen bauen und hatte keine Zeit mehr dazu.)
Herr Khünel aus Wien nahm sich die Zeit. Und spielte. Mit seinen hübschen zarten Händen warf er hübsche zarte Schatten auf ein großes weißes Tuch. Die feinen Damen und Herren staunten sehr und klatschten, wenn sich am Ende des Schattendramas der Daumen mit dem Mittelfingerfräulein zum Happy-End traf.
So fing die Geschichte an, in der wir heute noch mittendrin stekken. Sie wissen doch: das große Wunder, Film genannt. Allerdings lag noch allerhand zwischen Herrn Khünel und der österreichischen Nachkriegsproduktion von 1950.
Da gab es Leute, die zeigten gemalte Reihenbilder in einem Betrachtungsapparat – einem Kasten mit einem Loch. Die Bilder rutschten ganz schnell vorüber, und das gemalte junge Fräulein hopste plötzlich zum Entzücken aller Damen und Herren, die das Eintrittsgeld bezahlt hatten, auf und nieder. In einer weniger feinen Form hat sich diese Art der Unterhaltung über Jahrhunderte hinweg bis heute in gewissen Praterbuden erhalten. Dann gab es Leute, die nahmen ›Sekundenbilder‹ von Wiener Straßenszenen auf. Und schließlich erschienen die Herren Edison, Anschütz, Lumière und Meßter, machten die ›lebende Photographie‹ salonfähig, nannten sie Kinematographie und sind so eigentlich, wenn auch sehr indirekt, dafür verantwortlich zu machen, daß die Österreichische Creditanstalt heute in Deutschland eingefrorene Einspielergebnisse von österreichischen Filmen liegen hat.
1906 überlegten sich die ersten Menschen in Wien, daß es mit den neuen Apparaten nicht getan war. Und nicht mit den Straßenszenen. Und auch nicht mit den hüpfenden jungen Damen. Wenigstens nicht auf die Dauer. Es waren lauter intelligente Menschen. Sie waren alle fasziniert vom Film. Und sie brauchten alle Geld. Aus diesen Gründen eröffneten Kolm, Fleck und Veltee die ›Österreichische Kino-Industrie‹, eröffnete ein gewisser Sascha Graf Kolowrat die ›Sascha‹ und verfilmte das Burgtheater 1912 ›Liebelei‹. Jawohl, das Burgtheater!

Da es bekanntermaßen nicht nur in Wien intelligente Menschen gibt, kamen auch andere Leute in anderen Ländern auf die gleichen Ideen. Und plötzlich existierten lehrreiche, erschütternde, erheiternde, grandiose, monumentale, einzigartige, leidenschaftliche, zügellose, mitreißende, beispiellose Fünfminutenfilme im Überfluß.
Jetzt hieß es: Wohin mit den Filmen?
In die Kinos, sagten sich die intelligenten Menschen in allen Ländern. Wenn es noch keine gibt, muß man sie bauen.
Auch in Wien sagten sie das.
Aber in Wien erhob die Baupolizei ihre Stimme und rief laut: »Nein!« Denn das Kino erschien ihr feuergefährlich. Und deshalb verbot sie seine Unterbringung in Gebäuden. Jedenfalls zuerst. Und deshalb mußte man beim Lutzenberger auf dem Gaudenzdorfer Gürtel in einem Zelt Platz nehmen, wenn man die ›zappelnden Bilder‹ sehen wollte. (Weil Zelte bekanntlich nicht Feuer fangen können.)
Übrigens haben wir hier die Chronologie durcheinandergebracht. Der Chefoperateur von Pathé Frères führte dem guten Kaiser Franz Josef I. schon 1896 den Lumièreschen Kinematographen vor, und die Wiener sahen seine Bilder zur gleichen Zeit zuerst in der Krugerstraße und dann in der Annagasse.
So, und hier wollen wir einmal etwas verschnaufen.

Das war eigentlich schon lange nötig.
Denn es wird sicher Leute geben, die diesen Bericht als ein wenig unmotiviert, an den Haaren herbeigezogen und gezwungen empfinden. Hat das Kino Geburtstag? Nein. Hat der Verfasser Geburtstag? Auch nicht. Aber in der Volkshochschule Alsergrund kann man im Augenblick eine Ausstellung der Österreichischen Kinemathek sehen und in ihr all das, was oben erwähnt wurde – und noch hundertmal mehr.
Manche Menschen drehen sich schon um und reißen aus, wenn sie nur das Wort Volkshochschule hören. Vielleicht bleiben sie diesmal stehen und kommen vorsichtig wieder zurück, wenn sie erfahren, daß sich neben der Ausstellung ein Kinosaal befindet. In ihm kann man ohne Pause und so lange, wie man will, hundert seltene Filme sehen, die zwischen 1895 und 1915 gedreht worden sind. Diese Zeitspanne umschließt übrigens auch eine Ausstellung, in der man Modelle, historische Dokumente, seltene Bilder aus

seltenen Filmen, Apparate, Maschinen, Berichte von Zeitgenossen und – für den Verfasser dieser Zeilen das allerschönste! – ein Pferd sehen kann, das, ohne müde zu werden, von 8 Uhr früh bis 6 Uhr abends (mit einer Stunde Mittagspause) über eine Hürde springt. Wie gesagt: Wer Ausstellungen nicht mag, der kann sich ja ins Kino setzen. Und sehen, worüber unsere Eltern gelacht haben. Und worüber sie geweint haben. Und feststellen, daß die wirklich große Zeit des Films eigentlich schon lange hinter uns liegt. Welche Ideen hatten die Filmleute damals! Welchen Humor! Welche unheimlichen Einfälle! 1929 war ein schwarzes Jahr für den Film. Damals wurde er geräuschvoll. Ach, wäre er stumm geblieben!
Sehen Sie sich den amerikanischen ›Großen Eisenbahnüberfall‹ (1903) an oder den ›Gummikopf‹ und die ›Reise ins Unwirkliche‹ von Méliès (1902, 1906), ›Piefke und sein Hut‹, die ›Königin Elisabeth‹ mit Sarah Bernhardt. Den ›Millionenonkel‹ mit Girardi, das ›Treuebarometer‹, ›Samson und Delilah‹, ›Unter westlichem Himmel‹, ›Das Liebes-ABC‹ mit Asta Nielsen und Griffiths ›Edgar Allan Poe‹. Sehen Sie sich diese Filme an, und über dem Lachen wird Ihnen schließlich das Lachen vergehen, wenn Sie, nachdenklich geworden, wieder auf die Straße hinaustreten und daran denken, wie Honoré Daumier den ›Fortschritt‹ gezeichnet hat (schon vor hundert Jahren): eine feierliche Prozession von Schnecken, die langsam und pathetisch im Kreis kriechen...

Muttertag bei Kerkerstrafe verboten

Wie es kam, daß all die vielen, denen die Sentimentalitäten des Muttertags zuwider waren, doch den Muttertag feiern. Geschrieben Wien 1951.

Sehr geehrter Herr Simmel!
Es wird Ihrer geschätzten Aufmerksamkeit zweifellos nicht entgangen sein, daß wieder ein Muttertag vor der Tür steht. Bei Durchsicht der Beiträge, die Sie uns seit neunundvierzig Jahren aus diesem Anlaß geliefert haben, finden wir, daß Sie eigentlich noch niemals die historische Entwicklung des Festes erwähnt haben, und geben Ihnen diesen Umstand zur Anregung. Das Manuskript ist bis spätestens morgen früh abzuliefern, ansonsten Haft.

Im übrigen stellen wir fest, daß Sie den im September 1983 gewährten Vorschuß noch immer nicht zurückgezahlt haben.

Mit der Ihnen gebührenden Achtung
Die Redaktion der ›Weltpresse‹

Wien, 9. Mai 2000

Glaubwürdige Historiker berichten über die Entstehung des Muttertages das Folgende: Etwa in der Mitte des dritten Jahrzehnts des Zwanzigsten Jahrhunderts, in jener unglücklichen Zeit nach dem Ersten Weltkrieg, in der die Massenarbeitslosigkeit noch nicht durch die genialen Erkenntnisse der zweiten, erleuchteten Hälfte des Jahrtausends zu beseitigen war, existierte eine Erscheinung, der die Zeitgenossen den uns nicht mehr verständlichen Namen ›Pleite‹ gaben. Der Begriff umfaßte alle Mißlichkeiten, wie sie durch akuten Geldmangel, damit verbundene Kauf-Unlust, hundertprozentige Stagnation und schließlich den Offenbarungseid hervorgerufen werden.
Die Pleite war groß, und emsige Männer suchten in schlaflosen Nächten nach einem Ausweg aus derselben. Einer von ihnen – seinen Namen hat die Geschichte vergessen, er war Besitzer eines Salons für Damenkleider – hatte dann, während er sich auf seinem Bette wälzte und mit Dämonen rang, den einzigartigen Einfall. Er hatte ihn, weil er plötzlich wünschte, er könne sich vor den Widrigkeiten der Zeit und allem, was ihm jeder Tag brachte, zu seiner Mutter flüchten. Wie einst, als er noch klein war. Und den Kopf in ihre blaue Schürze vergraben, die immer so gut nach Kuchen roch. Der Besitzer des mittleren Damensalons dachte mit großer Rührung und einem Gefühl grenzenloser Verlassenheit an seine Mutter. Und dann dachte er daran, daß wahrscheinlich auch alle anderen Leute, die einsam und verlassen waren, mit großer Rührung an ihre Mutter dachten. In der ganzen Stadt. Im ganzen Land. In der ganzen Welt. Es war ganz sicherlich ein internationales Gefühl.
Der einsame Besitzer des Damensalons dachte: Mütter sind doch eine ganz eigene Gattung von Menschen, eine unbeschreibliche, unersetzliche, unentbehrliche – und er hatte plötzlich den Wunsch, seiner eigenen Mutter eine Freude zu machen. Das ging nur nicht mehr. Denn sie war schon tot. Aber wenn sie noch gelebt hätte, dann wäre der Damenschneider glücklich gewesen, sie

glücklich zu machen. Mit einem Jerseykleid. Oder ein paar Blumen und Schokolade. Er hätte ihr einen vergnügten Tag bereitet und sie am Abend geküßt und ihre Hand gehalten. Weil er seine Mutter so lieb hatte.
Dann fiel ihm ein, daß auch die vielen anderen Menschen, die in den großen Städten schlaflos lagen oder auf dem Lande dem Regen lauschten, ihre Mutter liebten. Und daß sie alle ihnen bestimmt wenigstens einmal im Jahr einen vergnügten Tag bereiten würden. Vielleicht würden sie alle Blumen und Schokolade kaufen. Oder vielleicht auch alle Jerseykleider.
Der einsame Besitzer des mittleren Damensalons setzte sich steif im Bett auf. Er hielt den Atem an.
Er stellte sich vor, wie alle diese Menschen ihre Jerseykleider bei ihm, in seinem Salon, kaufen würden.
Der Muttertag war erfunden.

Eine Zeitlang ging auch alles gut.
Die Menschen kauften, die Mütter freuten sich, und das Geschäft belebte sich. Der Muttertag ging um die ganze Welt und war in jedem Land zu Hause, weil er eigentlich nichts war als der Ausdruck eines Urgefühls, das über Grenzen, Rassen, Ozeane und Vorhänge jedwelcher Art hinweg bei allen Menschen anzutreffen ist: das Gefühl der Liebe für eine Mutter.
Aber die Zeiten wurden schlechter, ein Zweiter Weltkrieg folgte, mit Wehmut gedachte man der glücklichen Zeit nach dem Ersten, und die Menschen hatten noch weniger Geld. Sie hatten nicht weniger Liebe für ihre Mütter. Sie hatten nur weniger Geld. Und das Geschäft ging zurück.
Man versuchte, es zu forcieren, indem man die Bedeutung des Tages hervorhob. Man tat des Guten zuviel. Denn diese Vermischung von Sentiment und Kommerz konnte selbst einen starken Magen verstimmen. Es gab Muttertagslieder, Muttertagsansprachen, Muttertagsfeiern, und über all dem hektischen Getue ging schließlich die Bedeutung des Ereignisses verloren. Und das war schade. Denn die Bedeutung war schön.
Die Bemühungen um eine Reaktivierung des Festgeschäftes schlugen übrigens allesamt fehl. Das Geschäft ging elend. Und wieder lagen die Kaufleute wach und grübelten. Was konnte man tun? Was konnte man anstellen? Einer von ihnen hatte dann die erlösende Idee. Auch seinen Namen hat die Geschichte vergessen.

Aber er war ein großer Mann. Er setzte im Parlament eine Gesetzesvorlage durch. Es war eine ganz fadenscheinige und unsinnige Gesetzesvorlage, aber er setzte sie durch. Die Gesetzesvorlage wies dem Muttertag staatsfeindliche Umtriebe nach und erklärte ihn für abgeschafft.
Der Muttertag war bei lebenslänglicher Kerkerstrafe verboten.

Ach Gott, war das schön zu sehen, was nun geschah!
Heimlich und verstohlen, mit umständlichsten Vorsichtsmaßregeln, gingen nun wieder Millionen Menschen daran, ihre Mütter zu ehren. Sie tätigten ihre Geschenkeinkäufe schon Wochen zuvor, sie versteckten ihre Pakete, beargwöhnten jeden, der im Mai einen Blumenstrauß trug – aber sie feierten den Muttertag. Sie feierten ihn wie noch nie!
Denn nun, da man ihn verboten hatte, fanden sie erst Gelegenheit, über ihn nachzudenken, einzusehen, was er wirklich sein sollte, und ihn – ohne Reklame, ohne Geschrei, ohne sentimentale Liedchen – in Stille und Würde, innig und echt, zu begehen. Es sprach nun niemand mehr darüber, aber alle dachten daran. Und dadurch, daß sie nicht mehr davon sprachen, wurde das Gefühl echter. Das ist bei Gefühlen immer so.
Dadurch, daß sie ihre Einkäufe vorsichtig und bereits Wochen zuvor tätigten, verschob sich das Datum des Tages bei jedem von ihnen um eine Kleinigkeit, und jeder feierte ihn, wann es ihm gerade nach Liebhaben seiner Mutter zu tun war. Schließlich kam es so weit, daß es den Menschen in der ganzen Welt an jedem Tag des Jahres nach Liebhaben der Mutter zu tun und das ganze Jahr Muttertag war.
Als die Regierungen erkannten, daß der Muttertag universeller Gemeinbesitz aller Menschen geworden war, da konnten sie nicht mehr anders, da mußten sie ihn zum Nationalfeiertag erklären, an dem alle Räder stillstanden und die Mütter die Kaiserinnen und Königinnen der Erde waren. Diesen Zeitpunkt haben wir, glückliche Bürger eines neuen, glücklichen Jahrtausends, gerade erreicht: Wir haben unsere Mütter das ganze Jahr über lieb. Und einmal im Jahr bedankt sich der Staat dafür bei uns.
Ich muß jetzt aufhören. Denn wie es sich trifft, ist es Samstag. Die Geschäfte schließen früher. Ich will noch Blumen kaufen. Und ein Jerseykleid abholen.
Und nach Hause fahren, meine Mutter liebhaben.

Zwerzina hadert mit Gott

Wunderbare Verwandlung eines verregneten Urlaubs (1965).

Als der achte Tag seines dreiwöchigen Urlaubs verregnete, begann der Postbeamte Otmar Zwerzina zu fluchen. Als der neunte Tag verregnete, begann er zu trinken. (Seine Frau sah es nicht gern.) Und als der zehnte Tag verregnete, beschloß Zwerzina, mit dem Lieben Gott zu sprechen. Denn eine solche Gemeinheit, sagte er, war ihm noch nicht untergekommen!

Nachts, nach zwölf Uhr, darf jeder Mensch, sofern er Lust dazu hat, mit dem Lieben Gott reden. Da hat der Liebe Gott Sprechstunde für alle, die nicht schlafen können und zuhören, wie draußen der Regen an die Scheiben klopft.

Lieber Gott, sagte Otmar Zwerzina, das ist nicht recht, was Du tust! Ich bin ein armer Hund, ein kleiner Mann, der sich neunundvierzig Wochen im Büro auf die drei Wochen in der Natur freut – und dann läßt Du es regnen. Ich will Dir etwas sagen, Lieber Gott: Ich halte das nicht mehr aus!

Meine Frau und ich, wir haben nur ein Zimmer. Morgens regnet es. Meine Frau schimpft mit mir. Sie jagt mich hinunter, das Frühstück holen. Ich laufe durch den Regen. Ich werde naß. Ich komme zurück – sie hört Radio. Ich kann Radiomusik nicht leiden. Deshalb tut sie es. Und wie gesagt: Es regnet. Der Vormittag geht vorbei. Ich versuche zu arbeiten – sie hört Radio. Ich versuche zu lesen – ich bin ihr im Wege. (Wir haben nur ein Zimmer.) Und draußen regnet es. Wohin soll ich gehen? Wo kann ich mich verkriechen? Und kalt ist mir, Lieber Gott. Mittagessen beim Löwenwirt. Durch den Regen hin. Schlammige Straßen. Naß bis auf die Haut. Das Essen kalt. Der Wirt verärgert. Zurück durch den Regen. Trokkene Wäsche suchen. Die trockene Wäsche ist noch ungebügelt. Damit bin ich für den Nachmittag beschäftigt. Ich bügle, draußen regnet es. Unter uns wohnt eine Familie mit fünf Kindern. Die Kinder machen Krach. Am Abend – Lieber Gott, wozu soll ich Dir das alles erzählen? Ich sage Dir nur noch eines: *Dafür* zahle ich keinen erhöhten Saisonpreis! *Dafür* hänge ich mich höchstens auf! Und das habe ich auch vor, wenn Du mir nicht hilfst, wenn Du nichts tust!

Zwerzina, sprach der Liebe Gott, ich habe etwas für dich getan. Sieh, ob es nun besser ist. Und komm in einer Woche wieder zur Sprechstunde.
Was hast Du getan, Lieber Gott? fragte Zwerzina.
Ich habe deine Frau krank werden lassen, sagte Gott der Allmächtige.

Frau Zwerzina hatte am nächsten Morgen Fieber.
Der Arzt kam. Das Haus stand kopf. Otmar Zwerzina benahm sich wie ein Verrückter. Aus Besorgnis und aus Wut. Die nächste Woche war die schwerste seines Lebens. Unnötig zu sagen: Es regnete natürlich weiter. Am siebenten Tag, nach Mitternacht, erschien Zwerzina wieder in der Sprechstunde.
Nun, fragte der Liebe Gott aufgeräumt, wie geht es, Zwerzina?
Herr, sagte der Postbeamte, ich bitte Dich nur um eines: um einen Strick! Denn *jetzt* ist es so entsetzlich geworden, daß ich es *wirklich* nicht mehr ertragen kann. Die Frau liegt im Bett. Den ganzen Tag renne ich für sie im Regen herum. Zum Arzt. Zum Apotheker. Zum Wirt. Zum Kaufmann. Zur Post. Zur Drogerie. Lieber Gott, ich liebe meine Frau, und deshalb kommt noch die Angst dazu. Tag und Nacht habe ich Angst um sie. Weil ich Angst habe, lasse ich ihr auch ihre kleinen Freuden. Sie darf Radio hören, so lange sie will. So laut sie will. Mir ist es egal. Darf ich es ihr verbieten? Aber ich gehe zugrunde daran, Lieber Gott. Sieh mich an, o Herr, bin ich nicht nur noch ein Schatten meiner selbst? Ich schmelze dahin, ich vergehe, o Herr, und ich flehe Dich an: Erlöse mich von meiner Pein. Wie, ist mir ganz gleichgültig.
Zwerzina, sagte der Herr, gehe in Frieden. Ich habe dich erlöst. Und komme in einer Woche wieder zur Sprechstunde.
Was hast Du getan, Lieber Gott? fragte Zwerzina.
Ich habe deine Frau gesund werden lassen, sagte Gott der Allmächtige.

Frau Zwerzina war am nächsten Morgen fieberfrei.
Der Arzt kam nicht mehr. Das Haus stand nicht länger kopf. Zwerzina benahm sich nicht mehr wie ein Verrückter. Unnötig zu sagen: Es regnete natürlich weiter. Am siebenten Tag, nach Mitternacht, erschien Zwerzina wieder in der Sprechstunde.
Nun, fragte der Liebe Gott aufgeräumt, wie geht es, Zwerzina?
Herr, sagte Otmar, ich bin der glücklichste Mann unter dem Re-

gen. Ich danke Dir, Lieber Gott, ich danke Dir! Meine Frau ist wieder gesund, sie kann wieder laufen, ich muß keine Angst mehr haben, und ich kann bös mit ihr sein, wenn sie das Radio zu laut dreht. Aber freiwillig und aus Liebe gehe ich morgens hinunter und hole das Frühstück. Das macht mir jetzt richtigen Spaß! Wir spielen, sie sei noch krank. Dann lese ich, während sie (leise) Radio hört. Ich habe gefunden, daß mich (leise) Musik beruhigt. Zu Mittag machen wir einen kleinen Spaziergang zum Löwenwirt. Das Essen ist manchmal kalt. Aber kaltes Essen ist besser für den Magen. Dann spazieren wir zurück, langsam und gemütlich. Unter uns wohnt eine Familie mit fünf Kindern. Die kommt nachmittags zu Besuch. Wir spielen Schafkopf. Die lieben Kleinen tollen herum. Das geht bis zum Abend, und dann – aber wozu soll ich Dir soviel von meinem Glück erzählen, Lieber Gott, Du weißt in Deiner Allmacht doch alles! So laß mich Dir nur noch innig danken, danken, danken!
Zwerzina, sagte der Allmächtige, wie ist das: Regnet es eigentlich noch in eurem Nest?
Ob es regnet? wiederholte Zwerzina verblüfft. Dann lachte er verlegen. Wenn Du mich auf der Stelle totschlägst, Lieber Gott, erwiderte er, das könnte ich Dir im Augenblick gar nicht sagen.

Anorak, kamelhaarfarben

Geschrieben für die Sendung des ZDF zum Weihnachtsabend 1979. Die einzige Rolle spielte Alice Treff.

AUFBLENDEN
Ein schönes großes Wohnzimmer, offene Schiebetüren zu einem zweiten Raum hin. Im Wohnzimmer: ein Konzertflügel, darauf ein geschmückter Tannenbaum, unter diesem mehrere liebevoll in buntes Papier gepackte Geschenke. Entfernt vom Flügel ein mit Umsicht gedeckter Tisch für zwei Personen. Rundfunkmusik durch das ganze Spiel: Vivaldi.
Aus dem zweiten Raum kommt Frau Therese Reimann, festlich gekleidet. Sie trägt einen großen Karton, der mit Goldband verschnürt ist. Der Karton muß das Prunk- und Prachtstück enthalten

– da gibt es keinen Zweifel! Frau Reimann rückt andere Päckchen beiseite und schiebt den Karton auf dem Flügel kritisch hin und her, bis er in der vorteilhaftesten Position liegt. Vielleicht summt sie ein wenig zu der Rundfunkmusik. Sie macht einen sehr glücklichen Eindruck. Sie betrachtet den Baum, die Geschenke, geht dann zum Eßtisch, auf dem wunderschöne Teller, kostbares Silberbesteck et cetera liegen, rückt hier noch etwas zurecht, drückt hohe Kerzen fester in einen silbernen Leuchter et cetera. Sie ist sehr zufrieden.

Nebenan läutet das Telefon.

Frau Reimann stutzt einen Moment, dann eilt sie zu dem Apparat, der auf einem Schreibtisch steht. Vor dem Schreibtisch ein Stuhl, auf den sie sich – wenn ihr danach ist – auch setzen kann.

Sie hebt ab und meldet sich: »Reimann!« Das Folgende mit Pausen, weil der Anrufer spricht: »... ach, Brigitte! Das ist aber schön, daß du anrufst! ... Dir auch, liebe Brigitte, dir auch und deinem Mann! Gesundheit vor allem! Und Frieden! Daß nix passiert! So oft hab' ich so schreckliche Angst jetzt... Zu Hause? Wieso seid's ihr zu Hause? Ich hab' gedacht, ihr bleibt's verreist bis nach Neujahr... Nicht gefallen, ah so! ... Ja, diese Überfüllung in den Hotels jetzt überall... da hat er ganz recht, der Alfred! Was ich immer sag': Daheim feiern ist am schönsten!... Schon seit gestern? Wenn ich das gewußt hätt'! Hätt' ich euch doch längst angerufen! Aber ich hab' eben geglaubt... Was? Was sagst du?... Also, das ist sehr, sehr lieb von euch, Brigitte, wirklich! Ihr seid's eben meine besten Freunde... Nein, eben nicht! Ich bin nicht ganz allein heute abend! Die Katharina kommt! Ja!... Natürlich, der weite Weg, aber sie hat es sich einrichten können, sie kommt (lacht)... Und ob ich aufgeregt bin!... Recht hast, eine gute Tochter ist sie, die Katharina!... Vor Wochen schon! Da hat sie angerufen und gesagt, heuer kommt sie! Nein, mit'm Auto!... Jetzt gleich, ich wart' schon auf sie!... Freilich bin ich glücklich! Ich hab' ihr auch ihren Wunsch erfüllt, den ganz großen... nein, nicht direkt gesagt... aber immer wieder hat sie mir erzählt davon. Weißt doch, wie die alle jetzt so rumlaufen! Na, und da hab' ich ihr einen gekauft! Das Feinste vom Feinen! Also, so was Schönes, ich war selber ganz begeistert... exklusives Modell... Neunhundertfünfundneunzig Mark!... Wieso Wahnsinn? Die Katharina ist doch mein einziges Kind, alles, was ich noch hab', nicht?... Na also, siehst du... und jetzt rufst du mich an, daß ich zu euch kommen soll!... Ja... ja...

Ich hab' ja gewußt, du wirst es verstehen... der Alfred auch, ja... Leider, leider... das war so lieb, daß ihr an mich gedacht habt's! Ihr seid's mir nicht bös, gelt?... Ich muß Schluß machen! Jede Sekunde kann die Katharina dasein, jede Sekunde... Euch auch, meine Lieben, euch auch, ein gesegnetes Fest! Wiedersehen, Brigitte, grüß den Alfred!« Sie legt auf. Geht in das Wohnzimmer zurück, richtet etwas am Christbaum, summt zur Musik...
Telefon.
Befremdet sieht Frau Reimann auf, dann eilt sie in den anderen Raum und hebt den Hörer wieder ab. »Reimann!... Katharina! Ja, Kind, wo steckst du denn? Ich wart' schon so lange auf dich!... Auto kaputt? Was heißt Auto kaputt? Bist du verletzt?... Gott sei Dank, wenigstens das nicht! Wo ist denn das passiert?... Ja, die Tankstelle kenn' ich, da sind wir schon ein paarmal vorbeigefahren... gleich da, wo's von der Autobahn runtergeht... Der Tankwart?... Vergaser? Was ist mit dem Vergaser? Ich versteh' doch nix davon, Kindl... Seit drei Stunden hat er versucht...? Das ist ein guter Mensch... schafft's nicht, hm, hm, hm... Natürlich repariert das keiner mehr heute abend... (aufschreckend) Wieso nicht? Wieso kannst du nicht kommen?... Natürlich, so weit weg... Und Zug geht auch keiner mehr... Traurig? Na ja, schon traurig... weil... weil... und ich hab' doch was für dich, was du dir so wünschst!... Den Anorak! Ja, den Anorak!... Siehst, jetzt bist du auch traurig... In dem großen Spezialgeschäft... kamelhaarfarben... Größe zweiundvierzig, hast du mir ja gesagt... gearbeitet wie ein Lamberjäck... Was für Strickbünde? Braun an der Taille, unten an den Ärmeln braun, oben ein ganz hoher Kragen, Strickkragen, auch braun... Natürlich gefüttert! Ach ich bin ganz durcheinander! Jetzt hab' ich mich so gefreut... Vorwürfe? Aber wer macht dir denn Vorwürfe, Kindl, ich bitt' dich!... Mit Daunen, ja, mit Daunen gefüttert... abgesteppt... Wie? In welchem Muster? Da muß ich schnell... nein, er liegt ja nebenan... Ich schau nach! Von wo sprichst du denn?... Ich dank' dem Herrn Tankwart auch schön, daß er dich so lange telefonieren läßt... wart... nein, wart, ich lauf' schnell hinüber und schau nach...«
Frau Reimann eilt zum Christbaum, streift das goldene Band von dem Karton, öffnet Seidenpapier, entnimmt dem Karton den Anorak und untersucht die Innenseite, während sie zum Telefon zurückeilt, das gute Stück in der Hand. Nun setzt sie sich bestimmt, denn nun ist sie sehr traurig und kraftlos.

Schon beim Näherkommen und erst recht beim Sitzen, direkt vor dem Hörer, vernimmt sie zwei Stimmen – eine weibliche und eine männliche, anfangs undeutlich, dann ganz klar. Die Männerstimme ist aggressiv, laut und klingt wütend.
Reihenfolge von Frau Reimanns Gedanken: Was ist denn da los? Wer spricht denn da? Meine Tochter – und wer noch? Was sagen die? Streiten sie? Worüber streiten sie? Wenn man zuhören würde... aber das hieße ja ein fremdes Gespräch belauschen! Das tut man nicht! Aber wenn man so unglücklich ist?
Sie zögert. Sie rührt den Hörer nicht an. Durch die lauten Stimmen kann sie – und können wir – nun deutlich verstehen, was da gesprochen wird.
Die beiden Stimmen sind erregt, dabei vorsichtig wie die von Verschwörern, gereizt die männliche, zögernd und unglücklich die weibliche: Katharinas Stimme
Hier von Anbeginn – gewiß dreißig Sekunden – der Dialog zwischen Katharina und dem Mann.
STIMME MANN: »... hast du nicht schon viel früher angerufen?«
STIMME K.: »Ich hab' es ja tun wollen.«
STIMME MANN: »Und warum hast du's dann nicht getan?«
STIMME K.: Weil... drei Weihnachten hab' ich sie schon alleingelassen – deinetwegen! Immer diese widerlichen Ausreden!«
STIMME MANN: »Mir hast du gesagt, du hast es längst getan.«
STIMME K.: »Ich hab' ja auch immer wollen.«
STIMME MANN: »Nur getan hast du's nicht. Jetzt tust du's, in der allerletzten Minute!«
STIMME K.: »Ich hab' immer denken müssen, wie unglücklich sie sein wird, wenn ich es ihr sag'.«
STIMME MANN: »Und wenn du's ihr jetzt endlich sagst, wird sie weniger unglücklich sein, was?«
STIMME K.: »Red doch nicht so, Felix! Deine Eltern sind tot. Du hast leicht reden!«
STIMME MANN: »Also, jetzt hör endlich auf, ja? Das ist ein Ferngespräch! Weißt du, was das kostet?«
STIMME K.: »Bitte, Felix! Es ist doch meine Mutter... immerhin!«
STIMME MANN: »Herrgott noch mal! Mir hast du gesagt, deine Alte weiß längst Bescheid. Und jetzt, im Auto, fängst du auf einmal an, mir was vorzuheulen, daß sie noch gar nichts weiß und daß du sie anrufen mußt!«

STIMME K.: »Also, weißt du...«
STIMME MANN: »Verflucht noch mal, wie lang willst du noch in dieser Telefonzelle stehen? Bis Neujahr? Ich hab' Eisbeine! Zum Kotzen! Zu spät kommen wir auch, klar. Die Party bei Rolf und Isa hat längst angefangen!«
STIMME K.: »Jetzt hat sie mir noch den teuren Anorak gekauft!«
STIMME MANN: »Teuren Anorak! Und mit Ferngespräch fragen, wie das Futter gesteppt ist!«
STIMME K.: »Daß du das nicht verstehst...«
STIMME MANN: »Verstehst! Immer du mit deinem sentimentalen Weihnachtsfimmel! Einsam! Alte Leute gehören eben ins Altersheim!«
STIMME K.: »Das ist... das ist...« (wie ein Hilferuf:) »Mammi! Wo bist du denn, Mammi?«
Dies ist der ›Einstieg‹ für Frau Reimann. Sie nimmt den Hörer endlich ans Ohr und spricht – den Anorak in der einen, den Hörer in der anderen Hand, ans Ohr gepreßt: »Ja, also das Futter ist in Karos gesteppt... (Jedes Wort fällt ihr schwer, ihre Tochter redet dazwischen, also immer wieder Pausen, aber mit aller Kraft bleibt Frau Reimann bei der Beschreibung des Kleidungsstücks) »...mit ziemlich großen... No ja, nicht zu großen... so schräg, weißt du... Zwei'nvierzig, ja... kamelhaarfarbenes Leder außen... Strickbünde an den Ärmeln und an der Hüfte... oben ein schöner, breiter Strickkragen... Innen ganz warm gefüttert... glänzend weiß... und gesteppt in lauter Karos, Kindl... lauter Karos... groß, aber nicht zu groß... wie der zu deiner beigen Skihose passen wird, der aus Cordsamt... Aber ich bin dir doch nicht böse, Katharina, du kannst doch nichts dafür, daß dieser Vergaser... Aber wie kommst du jetzt heim? Das ist wirklich nett von dem Tankwart... Nein, gar nicht! Überhaupt nicht!... Tun?... bald schlafen gehen, denk' ich halt... da ist so schöne Musik im Radio... Aber Kindl, ich bin doch sonst auch immer allein! Holst ihn dir halt, wenn du einmal kannst... im neuen Jahr... Ja!... Ja!... Nein!... Aber ja doch!... Dank' dir schön, ich dir auch, Katharina... Alles, alles Gute... Leb wohl...« Sie legt den Hörer in die Gabel.
Und nun sitzt Frau Reimann da, den Anorak auf den Knien. Eine halbe Minute vergeht. Sie bewegt sich nicht. So viel geht in ihr vor, so viel. Sie schaltet das Radio aus.
Da! Das Telefon läutet wieder!

Instinktiv will Frau Reimann abheben, stockt in der Bewegung – nein, sie hebt nicht ab. Das Telefon schrillt weiter.
Frau Reimann steht auf und wirft den Anorak über den Stuhl. Geht ins Wohnzimmer zum Eßtisch. Das Telefon schrillt weiter. Sie ignoriert das Schrillen. Beginnt, den Tisch abzuräumen, das schöne Geschirr aufeinanderzustellen. Immer noch das Telefon. Frau Reimann sammelt die Bestecke ein. Telefon aus.
Auf dem Tisch steht eine Schale voll Oliven. Frau Reimann steckt eine in den Mund, kaut, schluckt. Mit dem Schlucken kommt der Umschwung – fast trotzig. Sie geht zum Telefon zurück, hebt ab und wählt. Dann spricht sie bemüht aufgeräumt: »Brigitte?... Hier ist Therese! Jetzt stör' ich euch sicher... Bestimmt nicht? Ganz bestimmt nicht?... Nein, eben *nicht,* deshalb ruf' ich ja an! Die Arme! Gerade hat sie telefoniert aus einer Tankstelle... ihr Wagen ist kaputt. Was mit dem Vergaser... Ja, natürlich tut es ihr furchtbar leid... mir auch, freilich... Und jetzt, jetzt hab' ich fragen wollen: Darf ich vielleicht doch noch zu euch kommen?... Ehrlich?... Ganz ehrlich?... Ja... Nein... Ja! Also, dann komm' ich also! Jetzt gleich! Es ist ja ganz nah... Ich dank' auch schön, Brigitte!« Legt den Hörer in die Gabel.
Von nun an alles hastig.
Frau Reimann steht auf, sie geht an dem Stuhl vorüber, über den sie den Anorak geworfen hat. Verhält den Schritt. Kommt noch einmal zurück. Sagt zu dem Anorak: »Also, das hättest du wirklich nicht tun sollen!« Dann geht sie ins Wohnzimmer.
Die KAMERA steht so, daß sie aufnimmt: GROSS das Telefon im Vordergrund, dahinter den Anorak, die sich entfernende Frau Reimann. Wir sehen, daß diese in der Garderobe einen Mantel anzieht und einen Hut aufsetzt. Die Eingangstür wird geöffnet, das Schloß von außen versperrt.
Drei Sekunden absolute Stille.
Dann beginnt wieder das Telefon zu läuten.
Es läutet, läutet, läutet.
ABBLENDEN.

Was kostet Blut?

Meditation über den zweifachen Sinn des Wortes ›Blutspender‹. Und anderer Wörter. (1959).

Die folgende Geschichte wird dem gelernten Zeitungsleser auf den ersten Blick unaktuell erscheinen. Da jedoch gerade der gelernte Zeitungsleser genau wissen dürfte, wie aktuell plötzlich Dinge zu werden pflegen, die auf den ersten Blick unaktuell aussehen, wollen wir sie trotzdem erzählen. Oder gerade deswegen.

In dieser Woche haben die Grazer Blutspender gestreikt. Der Streik wurde mittlerweile beendet, die Forderungen der Blutspender wurden erfüllt. (Woraus sich auf den erwähnten ersten Blick der Eindruck der Unaktualität ergibt.)

Die Blutspender traten in den Streik, weil sie mehr Geld für ihr Blut haben wollten. Für einen halben Liter bekamen sie 100 Schilling. Das ist gewiß nicht sehr viel, wenn man bedenkt, was ein Hummer kostet. Oder ein Panzerkreuzer. Darum drehte es sich den Blutspendern aber gar nicht. Nicht um das absolute Wenig, sondern um das relative Wenig*er*. In Wien bekam man nämlich mehr. Und das ging natürlich nicht an.

Die organisierten Grazer Blutspender waren der Ansicht, daß die Qualität des steirischen Blutes der Qualität des Wiener Blutes in nichts nachsteht und daß sie daher nur logischerweise eine gleiche Honorierung erwarten durften. Dieses Argument scheint auf die Leute, die das Blut in Graz bezahlen, Eindruck gemacht zu haben. Weil es (auf den ersten Blick) ein logisches war. Kein Mensch verschließt sich logischen Argumenten. (Achtung! Jetzt beginnt die Geschichte wieder aktuell zu werden!)

Denn auf den zweiten Blick erscheint es nicht logisch, sondern in der Welt, in der wir leben, geradezu paradox, daß man auf die Argumente der Blutspender einging.

Wir wollen uns zunächst einmal vorstellen, daß wir schwerreiche Leute wären. Das ist ein beliebtes Gesellschaftsspiel. Wenn wir schwerreiche Leute wären und ein Automobil überführe uns, die Frau Gemahlin oder eines der lieben Kleinen und wir selber, die Frau Gemahlin oder eines der lieben Kleinen würden daraufhin in lebensgefährlichem Zustand ins nächste Spital geschafft (wir hätten viel Blut verloren), und eine Transfusion erwiese sich als unumgänglich – würden wir in einer solchen Situation (ich sage *in* ihr, nicht *nach* ihr) dem verehrten Blutspender nicht gern und willig mehr als 150 Schilling für die gewissen 500 Kubikzentimeterchen geben? Viel mehr? Unter Umständen (und schon sehr nahe am Abkratzen) alles, was wir besitzen? Ich denke schon. Ich jedenfalls würde. Aber ich bin fein heraus: Ich bin kein ganz reicher Mensch.

Nun hätte diese Geschichte natürlich einen Haken: Wenn man das Blut nicht nach irgendeinem, vielleicht sehr willkürlich angenommenen Schlüssel bewertet, sondern es dem einzelnen überläßt, dem Blut in einer meistens lebensgefährlichen Situation denjenigen Wert zu geben, den es dann gerade darstellt, würden die Blutspender (Gott verzeihe ihnen!) natürlich ihr Blut nicht den Leuten geben, die ihnen dafür mit Tränen in den Augen die Hand schütteln, sondern denen, die ihnen mit Tränen in den Augen einen Scheck in diese Hand drücken.

Und mit der Zeit würden die Armen aussterben, und es gäbe nur noch zwei Gruppen von Menschen auf der Welt: Millionäre und Blutspender. Die Spender wären den Millionären hinsichtlich ihrer Wohlhabenheit durchaus ebenbürtige Partner. (Anmerkung: Dieser Vorschlag für einen idealen Zukunftsstaat wird hiermit allen interessierten Sozialrevolutionären oder -reformern kostenlos zur Verfügung gestellt.)

Da man natürlich nicht zulassen kann, daß die Armen verhungern beziehungsweise verbluten und die Reichen sich vollsaugen, hat man sich bemüht, eine gerechte Lösung zu finden. Und man hat sie gefunden! Der Blutspender bekommt heute, ganz gleich, ob er einem Armen oder einem Reichen, auf dem Lande oder in der Stadt spendet, dasselbe Honorar. (Nur in Graz bekam er bis vor ein paar Tagen weniger.)

Man hat Blutbänke errichtet, man bemüht x-mal am Tag das Radio, unzählige Menschen, ein großer Apparat werden benötigt, um jenen ganz besonderen Saft zu verwalten, zu verteilen und zu hüten, den wir Blut nennen und der natürlich im Grunde unbezahlbar ist.

Ja, schmeck's!

Denn nun können wir nicht umhin, auch auf diese harmlose Geschichte einen zweiten Blick zu werfen. (Der gelernte Leser weiß, was er zur Folge haben wird.) Und auf den zweiten Blick sehen wir, daß das alles, was wir da erzählten, nicht stimmt. Blut ist nicht unbezahlbar, Blut ist nicht ein ganz besonderer Saft. Sondern ganz

billig, ganz gewöhnlich, gerade gut genug zum Düngen von Akkererde – in dem Augenblick, in dem ein *Krieg* ausbricht. Da in unserem gesegneten Jahrhundert ununterbrochen Kriege ausbrechen, also eigentlich immer. Und hier beginnt es uns so zu schwindeln vor einer völligen Aufhebung jeglicher Vernunft, jeglicher Werte, jeglicher Logik, daß wir ganz seekrank werden.
Denn im Krieg verlieren plötzlich Millionen Menschen weit mehr als 500 Kubikzentimeter Blut, sie spenden alles, was sie haben, und ihre Witwen bekommen die Armbanduhr und eine Rente. Gewöhnlich sucht man sich dazu, solange es geht, die jüngsten und schönsten und stärksten Menschen aus und läßt sie ihr Scherflein spenden. Und dann tritt kein einziger in den Streik, obwohl es doch eigentlich um etwas mehr als 60 Schilling Zulage geht, nämlich um das Leben. Dann hat die Bedeutung des Wortes Blut ihren Sinn verloren.
Und wir nehmen das genauso als natürlich hin wie den Streik in Graz. Das Blut ist das Teuerste, das es gibt, das Blut ist das Billigste. Wenn es nämlich plötzlich um das Vaterland geht, um die Nationalehre, den Lebensraum oder ähnliche schöne Dinge.
Und nun sind wir endlich dort, wo wir hin wollten: bei der Umwertung aller Werte in unserer Zeit. Bei dem Symptom des Sinnloswerdens von Worten, bei der Aufhebung aller menschlichen Vernunft. Heute bedeutet das Wort ›fortschrittlich‹ im Munde von zwei verschiedenen Menschen ein genauso großes Gegenteil wie das Wort ›Blut‹ in Krieg und Frieden. Aber sie führen es doch beide im Munde! So wie viele andere Worte, die alle ihren Sinn und ihren Wert verloren haben, die falsch geworden sind und unecht, bei denen die Älteren weinen möchten und die Jüngeren nur noch grinsen können.
Hier wäre eine kleine Auswahl davon: Frieden. Freiheit. Demokratie. Sklaverei. Recht. Gewalt. Rüstung. Angreifer. Wahrheit. Liebe. Glück.
Alle Dinge haben sich in ihr Gegenteil verkehrt: Schwarz ist weiß, und gut ist böse, groß ist klein, und Verrat ist Treue. Unwissenheit ist Stärke. Barbarei ist Zivilisation. Und Krieg ist Frieden.
Alle Dinge sind im Begriff, ihren Wert und ihre Bedeutung zu wechseln und mit dem Wechseln zu verlieren. Alle Zusammenhänge lösen sich auf, wir sind in einen Hexenkessel der Verwirrung hineingeraten, und wenn wir nicht aufpassen, werden wir alle den Verstand verlieren. Und eines Tages werden wieder ein

paar Millionen von uns antreten in Dreierreihen. Zur kostenlosen Blutabgabe. Von mehr als 500 Kubikzentimeter.
Ich denke, ich gehe jetzt nach Hause und lese jene Erklärung nach, die mit den Worten beginnt: ›Wir glauben, daß alle Menschen gleich geboren und von Gott mit gewissen unverbrüchlichen Rechten ausgestattet sind.‹
Denn ich möchte meinen Kopf nicht früher verlieren, als es unbedingt nötig (beziehungsweise natürlich: vollkommen unnötig) ist.

Vorsicht, Gift!

Unkonventionelle Gedanken von 1950: daß das Gift, das sich mit jedem Unrecht in uns bildet, uns zugleich immun macht gegen neue Heimsuchungen.

Ich habe heute vormittag den vier Frauen, die mich in diesem Zusammenhang auf der Straße ansprachen, insgesamt acht Paar schwarze Schuhriemen abgekauft, und ich trage mich mit der Absicht, diese uneigennützige Tätigkeit am Nachmittag fortzusetzen.
Ich bin sehr glücklich heute. Denn eine alte Theorie, die mir besonders auf dem Herzen lag, hat sich als richtig erwiesen, und ich sehe voll Zuversicht und souveräner Ruhe in die Zukunft. Ich fühle mich eingehüllt in einen Mantel der Sicherheit und umtönt vom Wohllaut des Glücks. Ich weiß: Nichts kann uns geschehen. Und wenn die Welt voll Teufel wär'! Wir sind immun, unverwundbar, gefeit. Das weiß ich heute. Demetrio Gomez weiß es auch. Gott segne den Guten.
Demetrio Gomez kennt mich nicht. Er weiß nicht, daß er es war, der meine Theorie bestätigte, als ihn auf einem Flugplatz in Texas eine Klapperschlange biß. Eigentlich muß ich ihr dankbar sein. Wir haben uns gleichfalls nicht gekannt. Gott gebe ihr Frieden. Denn sie ist gestorben, in Texas, auf dem Flugplatz. Wir werden einander wahrscheinlich erst in der Ewigen Seligkeit begegnen.
(Diese Geschichte ist ein bißchen verfahren, ich glaube, ich muß hübsch der Reihe nach vorgehen. Zuerst die Geschichte, danach die Theorie!)
Ja also, Demetrio Gomez arbeitete auf einem kleinen Flugplatz in

Texas, als ihn eine Klapperschlange biß. Im allgemeinen ist es das Ende der Geschichte, wenn man von einer Klapperschlange gebissen wird, aber in Demetrios Fall war das anders. Hier war es der Anfang. Wenigstens für Demetrio. Für die Schlange nicht. Im allgemeinen schleppt sich ein Mensch, den eine Klapperschlange beißt, ein paar Meter weit und stirbt dann unter entsetzlichen Zuckungen. In Demetrios Fall schleppte sich die Klapperschlange ein paar Meter weit und starb. Unter Zuckungen, unter entsetzlichen. Demetrio selber konstatierte an sich keine nachteiligen Einwirkungen. Er blieb gesund und munter. Nur seine Hose war ein wenig zerrissen. Es war ohnehin schon eine alte Hose.
Ein paar Ärzte kamen und untersuchten Demetrio. Danach untersuchten sie die Schlange. Und dann klärten sie den Fall: Demetrio arbeitete in einer chemischen Fabrik. Dort hatte er viel mit Natriumzyanid zu tun. Natriumzyanid ist ein schweres Gift, das Natriumsalz der Blausäure. (Deren Kaliumsalz ist bekannter: Zyankali.) Im Laufe der Zeit war immer mehr davon in kleinsten Spuren in Demetrios Körper gekommen, und weil es immer nur winzige Spuren waren, wurde er davon nicht krank, sondern immun. Aber in Wahrheit hatte er ganz schön viel Gift im Blut. Es hätte für mehrere Apotheken (und nicht wenige Giftmorde) gereicht. Es machte ihm nur nichts. Der Schlange machte es etwas. Sie war nicht an Natriumzyanid gewöhnt, für sie war das Ganze eine völlig neue Erfahrung – und die überlebte sie nicht. Sie starb. Unter Zuckungen, unter entsetzlichen. Ihre Giftigkeit war ein Witz gegen die von Demetrio. Und damit wären wir bei meiner Theorie angelangt.
Ich habe seit fünf Jahren über sie nachgedacht, und immer, wenn ich mit Leuten sprach, die den Weltuntergang und das Ende der Menschheit durch Krieg, Pestilenz, Schwarze Magie oder ein paar große Volksbeglücker für die nahe Zukunft in Aussicht stellten, dann dachte ich besonders an sie.
Himmelherrgott noch einmal, dachte ich dann, jetzt wird es aber wirklich schon langsam Zeit, daß einer mit dieser entsetzlichen fatalistischen Ergebenheit in allen fünf Kontinenten, mit diesem ›Wir können ja ohnehin nichts dagegen tun‹, mit diesem intellektuellen Rigor mortis Schluß macht. Jetzt wird es Zeit, daß die Dichter aufhören, immer wieder selbstgefällig zu erklären, die Zeit sei verzweifelt und unerfreulich und man dürfe deshalb nicht von ihnen erwarten, daß sie anders als verzweifelt und unerfreulich

schreiben. Jetzt wird es Zeit, daß die Politiker und die Versicherungsgesellschaften und die großen Menschenschlächter und Zuckerschieber einmal auch die Möglichkeit ins Auge fassen, daß die Götterdämmerung *noch nicht* bevorsteht! Daß ein paar Leute ihren Kopf wiederfinden und sehen: Es gibt nach wie vor viele Dinge, die unverändert feststehen, und das ethische Gerüst der Welt befindet sich noch nicht total im Einsturz.
Es wäre Unsinn, zu glauben, daß es im nächsten Jahr besser sein wird, als es heuer ist. Es wird wahrscheinlich noch schlechter sein. Es kann vielleicht noch fünfzig schlechte Jahre geben, jedoch nicht mehr zweihundert. Und deshalb war es an der Zeit, daß ein paar von uns nun, da es bergab geht, als Bremsen wirkten – nicht, um die Katastrophe zu verhindern, sondern um sie einzudämmen, nicht, um sie abzuwenden, sondern um sie kleiner werden zu lassen.
Seit die Sache mit Gomez passiert ist, weiß ich, daß wir alle diese Bremsen von der Natur mitbekommen haben. Nicht, weil wir so klug oder so schön oder so gerecht wären. Gott bewahre! Nein, sondern einfach, weil vergangene Schrecken und vergangene Angst, begangene Gemeinheiten und erlebter Verrat, ertragene Schmach und zugefügtes Unrecht uns alle mit einer unheimlichen Giftmenge angefüllt haben, gegen die wir selber immun geworden sind, die aber noch immer imstande ist, zu wirken. Und zwar *gegen* neue Schmach, neues Unrecht, neuen Schrecken und neue Angst. Wir haben eine seelische Hornhaut bekommen, das Leben muß sich schon allerhand ausdenken, wenn es uns heute unterkriegen will, es bedarf schon eines Oberteufels, um uns noch zu faszinieren, und man wird uns dreimal erschlagen müssen, bevor wir tot sind.
Nicht unsere Reinheit konserviert uns, sondern das Gift, das wir in uns tragen. Jeder Schmerz entläßt uns reicher, und wir werden leben von dem geheimen Brot, das in den Furchen der Entbehrung wächst, und jener Kraft, die mit jeder neuen Enttäuschung, jeder neuen Heimsuchung, jeder neuen Verzweiflung unaufhaltsam in uns steigt.

Anleitung zur Herstellung von Bestsellern

Die Quintessenz, zu der ein Bestseller-Autor 1979 durch das jahrzehntelange Lesen von Bestsellern und vor allem von Bestseller-Literatur sowie von Bestseller-Kritiken gelangt ist.

Die Redaktion von ›lui‹ hat den traurigen Mut gehabt, von mir – ausgerechnet von mir! – zu verlangen, daß ich alle Voraussetzungen für die Produktion eines Bestsellers bekanntgebe. So viel Chuzpe muß belohnt werden. Leider ist mir ein Zeilenumfang vorgeschrieben, und ich kann deshalb nur die wichtigsten Voraussetzungen bekanntgeben.

Wohlan denn.

Die erste, unabdingbare Voraussetzung für Ihr Buch, das ein Bestseller werden soll, ist Langeweile.

Es kann gar nicht langweilig genug sein!

Desgleichen darf Ihr Buch unter keinen Umständen einen Inhalt haben. Ein Inhalt ist ordinär und primitiv und schickt sich nicht für einen gebildeten Menschen. Ein – und da sei Gott vor! – auch noch dazu verständlicher Inhalt brächte Ihnen mit an Sicherheit grenzender Wahrscheinlichkeit nichts als Unordnung und frühes Leid, weist ein solcher Inhalt doch darauf hin, daß Sie nach der Gunst des Publikums schielen und mit Ihrer Arbeit Geld verdienen wollen.

Ist indessen Ihr Buch langweilig *und* absolut unverständlich, dann weist es den Käufer als einen gleich Ihnen Intellektuellen aus. In diesem Fall können Sie den Ladenpreis getrost um DM 5,– erhöhen, denn das muß (und wird) es dem Käufer Ihres Werkes wert sein, als Intellektueller angesehen zu werden.

Ihr Buch darf keinen Höhepunkt haben und kein Ende. Am besten wäre es, wenn Sie mitten in einem Satz aufhörten. Das erscheint mir als das Non plus ultra, denn so hat der Leser die Möglichkeit, seine eigene Phantasie spielen zu lassen, und Sie als Dichter haben einen sogenannten ›Denkanstoß‹ gegeben, was in unserer Zeit von größter Bedeutung ist.

Bedienen Sie sich getrost der Fäkalsprache, benützen Sie Ausdrücke derselben jedoch nur sozusagen in Gold gefaßt. Das sind Sie sich und Ihrer Person schuldig.

Satzzeichen können Sie vornehm übergehen, denn das erweitert

die Möglichkeiten eines jeden Lesers, sich seinen eigenen Text zurechtzulegen.
Nun zeigen wir zwei MUSS auf.
ERSTES MUSS: Es ist von größter Wichtigkeit, daß Sie ausnahmslos *sich selber* mit Ihren Neurosen, Perversionen, Eitelkeiten, Ängsten, Freuden, Hühneraugen, etc. etc. *in den Mittelpunkt stellen.*
Merke: Schon ein verschlagener Wind kann eine Tragödie sein!
ZWEITES MUSS: Verhalten Sie sich stets und allerwege wie ein größenwahnsinniger Fernsehredakteur!
Ein geschicktes Gemisch der aufgezeigten MUSS EINS und ZWEI, dazu noch garniert mit Fremdwörtern, deren Bedeutung der Leser nur der ENCYCLOPAEDIA BRITANNICA entnehmen kann, wird Ihnen gigantischen Erfolg bringen – vermittelt es doch dem Leser das Gefühl, ein absolutes Nichts zu sein im Vergleich zu einem Genie wie Ihnen.
Sorgen Sie dafür, daß Ihr Buch in großer Schrift gedruckt wird und gut lesbar ist. Sie können stets darauf hinweisen, daß so auch älteren Lesern mit Brille oder kleinen Sehschwierigkeiten Ihr einzigartiges Gedankengut nicht vorenthalten wird. (In Wirklichkeit ersparen Sie sich solcherart mindestens hundert Seiten Text und damit Arbeit.)
Achten Sie darauf, daß dickes Papier verwendet wird. Dickes Papier macht die Sache vom Umfang her einfacher und wirkt imponierend. (Siehe dazu auch die Anregungen im vorangegangenen Absatz.)
Wählen Sie nur einen Titel, unter dem sich garantiert kein Mensch etwas vorstellen kann. Auf der Suche nach einem solchen Titel eröffnet sich Ihnen ein weites Feld, das vom Alten Testament bis Wanne-Eickel reicht. (Indessen, und das ist von enormer Wichtigkeit, darf der Titel unter keinen Umständen auch nur einen Anflug von Neugier erwecken.)
Nun könnte es ja sein, daß Sie nicht über genügend Kraft verfügen, ein ganzes Buch lang die ›Unter allen Umständen total unverständlich‹-Methode durchzuhalten. In diesem Fall ist es dringend geraten, andere Autoren zu plagiieren.
Machen Sie sich also beispielsweise an die literarische Welt Johann Wolfgang von Goethes heran – selbstredend nur dort, wo diese mystisch und erhaben ist. So werden Sie im Handumdrehen ein gepriesener Eklektiker. (Da hätten wir schon so ein Fremdwort. Damit Sie nicht erst nachsehen müssen: Ein Eklektiker ist

ein Künstler oder Denker, der nicht aus Eigenem schafft, sondern Überliefertes auswählt und verbindet.)

Stehlen Sie aber auch ruhig von noch lebenden Kollegen. Jeder Kollege wird ihnen dankbar sein für einen solchen Diebstahl, zeigt er doch, wie sehr Sie beeindruckt gewesen sind von dem, was der Bestohlene (wahrscheinlich ebenfalls ab)geschrieben hat.

Und lassen Sie sich um Gottes willen niemals beirren durch die schmutzigen Erfolge sogenannter Trivial-Literaten! Bei diesen handelt es sich ausnahmslos um Volksverderber, Kinderschänder und Kommunisten.

Sollte sich Ihr Werk trotz dieser Empfehlungen (was nicht zu erwarten, aber wenigstens theoretisch vorstellbar ist) nicht zum Bestseller entwickeln, dann haben in diesem Falle nicht Sie versagt, sondern der Leser, und Sie können sich in dem Gefühl sonnen, Perlen vor die Säue geworfen zu haben.

Bei einem solchen – in der Praxis fast gänzlich ausgeschlossenen – Tatbestand des Mißerfolges erwerben Sie die Restauflage und verschenken Exemplare Ihres Werkes zu den hohen christlichen Feiertagen an Ihre besten Feinde.

Für Ihre Bemühungen danke ich Ihnen im voraus oder *Deutschunterricht in der BRD*

Dieser Briefwechsel hat – glaubt es oder glaubt es nicht – wirklich stattgefunden.

Frank Klingspor — 5860 Iserlohn, 25. Okt. 1979

Klassensprecher der 10a — Lechschotte 16
Märkisches Gymnasium — Tel. (0 23 71) 5 00 42
Iserlohn

Sehr geehrter Herr Simmel!

Im Rahmen des Deutschunterrichts besprechen wir gerade Ihren Roman »Es muß nicht immer Kaviar sein«. Dabei kamen Schwie-

rigkeiten während der Interpretation Ihrer Kochrezepte auf. Die im Bildzeitungsstil geschriebenen Untertitel zeigen zwar des öfteren Anspielungen auf den Gehalt Ihres Schelmenromans. Trotzdem gelang es uns nach einiger Anstrengung nicht, eine ansprechende Deutung für die Menüs zu finden. Es sind einfach zu viele Interpretationen möglich. Schließlich kam der Verdacht auf, daß die Rezepte vielleicht nur eine kommerzielle Funktion haben und als besonderer Gag gedacht sind.
Wir erhoffen uns nun durch Ihre Antwort eine kompetente Information über den wirklichen Zweck der Rezepte im Roman. Für Ihre Bemühungen danke ich Ihnen im voraus.

Mit freundlichen Grüßen
i. A.
(gez.) Frank Klingspor

Herrn
Frank Klingspor
Klassensprecher der 10a
Märkisches Gymnasium
D-5860 ISERLOHN

9. 11. 79

Lieber Herr Klingspor:
Vielen Dank für Ihren Brief vom 25. Oktober, der erst heute hier eintraf.
Einigermaßen ratlos sitze ich vor der Schreibmaschine. Natürlich möchte ich gern Ihre Frage nach der ›Funktion der Kochrezepte‹ im KAVIAR beantworten – aber wie? Wie werden in Ihrem Deutschunterricht um Himmels willen Bücher ›besprochen‹?
Der KAVIAR hat eine Weltauflage von über zehn Millionen Exemplaren in sechsundzwanzig Sprachen und ist auch in Schulen vieler anderer Länder im Deutschunterricht ein Thema gewesen. Ich habe sehr viele Fragebriefe erhalten (z. B. ob die Erlebnisse des Helden wirklich auf Tatsachen beruhen – was zutrifft.) Aber: ›Interpretation der Kochrezepte‹???
Alsdern:
Die Kochrezepte sind ein *Bestandteil* des Romans, wie bislang offenbar jeder verstanden hat, der den KAVIAR las. Sie sollen dabei helfen, zu zeigen, wie sich der Held durch das Bereiten guter Ge-

richte aus schwierigen Situationen zieht oder seine Ziele erreicht – andere Helden tun das mit Maschinengewehren. Meine nicht. Sie sollten den Roman bereichern. ›Ansprechende Deutung der Menüs‹ – Lieber Gott, hilf mir, da muß ich an jenes Gedicht von Erich Kästner denken, in welchem gewisse Leute anhand von Stiluntersuchungen feststellen, daß Cäsar Plattfüße hatte.
›Eine kommerzielle Funktion‹ – was ist das, bitte? ›Ein besonderer Gag‹? Wenn Sie wollen, war das ›Unternehmen KAVIAR‹ ein besonderer Gag. Die ganze Welt hat darüber gelacht. Aber was geschieht jetzt mit mir? Werde ich von Ihrer 10a dafür nun standrechtlich erschossen?
Beim Grübeln über den Sinn der Kochrezepte ›kam der Verdacht auf‹, so schreiben Sie. Ja, werden Sie im Deutschunterricht denn als Polizeibeamte ausgebildet?
Die Kochrezepte sind Bestandteil des Romans, ich wiederhole es. Das ist von den ›zu vielen Interpretationen‹, die Sie beklagen, die einfachste.
Im übrigen schreiben Sie, die Untertitel der Kochrezepte seien im ›Bildzeitungsstil‹ verfaßt. Das ist ohne Zweifel abschätzend gemeint, und BILD ist wirklich nicht meine Sache. So werden Sie verstehen, daß ich mich über Ihre Formulierung nicht eben gefreut habe. Ich empfinde sie in höchstem Maße ungerecht. Aber Sie werden wohl dazu erzogen, Bücher bzw. deren Autoren mit unerbittlicher Strenge und höchstem sittlichen Ernst auseinanderzunehmen und zu beurteilen.
Viel Spaß dabei!

Mit den besten Grüßen und Wünschen
bin ich stets
Ihr Ihnen sehr ergebener

(gez.) JOHANNES MARIO SIMMEL

Wehklage eines Gemütvollen

Ein Kater von Rübenschnaps, Jahrgang 1947, ist nicht nur gräßlich, sondern kann auch zu erstaunlichen Einsichten verhelfen.

Mein Freund Heinrich liegt im Bett.
Er ißt Tierkohle, trinkt russischen Tee und öffnet nur ungern die Augen. Er sagt, das Licht tut ihm im Magen weh. Und in den Haarwurzeln. Sie alle kennen sicherlich die Symptome: Mein Freund Heinrich hat einen Kater. Er verträgt nur erstklassigen Cognac, von minderwertigem wird ihm schlecht. Er kann nichts dafür! Er ist eigentlich nur das unschuldige Opfer der Herren Kovacs, Urban, Lemayer, Zsagon und so weiter, deren schändliches Treiben der ›Weltpresse‹ am Mittwoch zu einem Zweispalter verholfen hat. Sie erinnern sich bestimmt an die Geschichte mit dem Rübenschnaps.
Ich habe meinem Freund Heinrich die Geschichte zu lesen gegeben, und er hat sehr sonderbar auf sie reagiert. Ich möchte hier gern aufschreiben, wie er reagiert hat, aber es steht zu befürchten, daß es Leute gibt, die mich mißverstehen. Deshalb müsen wir, glaube ich, zunächst eine Warnung folgen lassen. Etwa so:

WARNUNG!

Die im folgenden wiedergegebenen Ansichten, Meinungen, Impressionen, Vermutungen und Schlußfolgerungen sind die meines Freundes Heinrich, der krank im Bett liegt, jedoch nicht unbedingt – oder vielmehr durchaus nicht – die der Redaktion, ihrer Mitglieder oder gar meine eigenen.
Ich denke, das wäre klargestellt. Und nun können wir Freund Heinrich zu Wort kommen lassen. Er hat gesagt...

...daß er die Herren Kovacs, Urban und so weiter, siehe oben, eigentlich bewundert. Er würde den Hut vor ihnen ziehen, aber das ist leider nicht möglich, denn Heinrich trägt im Bett nur in den seltensten Fällen einen Hut. Aber obwohl die genannten Herrschaften zuerst und zuletzt an seinem Zustand Schuld tragen, kann er sich doch nicht entschließen, ihnen gram zu sein. Er sieht sich vielmehr genötigt, ihre Tatkraft, ihre Agilität, ihre Intelligenz, ihre

Umsicht, ihre Phantasie und ihre Chuzpe (jüdisches Synonym für – na sagen wir: Verwegenheit) zu bewundern.
Er hat ihren Rübenschnaps getrunken unter der irrigen Prämisse, er trinke echten Hennessy, und es ist ihm daraufhin speiübel geworden. Natürlich ist ihm speiübel geworden! Das geht allen Leuten so, die Rübenschnaps trinken. Heinrich ist ein logischer Mensch. Sein Zustand bestätigt ihm, wenn auch in peinlicher Weise, die naturgesetzlichen Zusammenhänge von Actio und Reactio auf dieser Welt. Er findet, daß er allein für das Brennen im Bauch, die Leere im Kopf, das Schwindelgefühl beim Augenöffnen usw. verantwortlich ist. Aber er stellt sich gern vor, wie die Herren Kovacs, Urban und so weiter sich zusammengetan haben, um ein Ding zu drehen, wie man weiter nördlich sagt.
Ich bewundere die Gesellschaft, meint mein Freund Heinrich. Was hätten die Burschen nicht alles leisten können, wenn man ihre Fähigkeiten beizeiten erkannt und ausgenützt hätte! Aber niemand erkannte sie, und das Verhängnis nahm seinen Lauf.
»Es ist schade um die Menschen«, sagt irgendwer bei Strindberg. Heinrich kann Strindberg nicht leiden. Aber hier muß er ihm recht geben.
Es fing alles damit an, daß Kovacs & Co. kein Geld hatten. Sie überlegten hin und her, und dann beschlossen sie, das bereits erwähnte Ding zu drehen. Sie hätten natürlich auch beschließen können, zu arbeiten, aber sie waren eigenwillige Charaktere und lehnten diese Art des Broterwerbs ab.
Einen Moment!
Der verantwortliche Redakteur klopft mir auf die Schulter und bittet mich, noch einmal auf die WARNUNG hinzuweisen, die weiter vorn zu finden ist. Was hiermit geschieht. So, jetzt geht es weiter!
Kovacs & Co. beschlossen, Schnaps herzustellen. Sie hätten auch beschließen können, ein Postamt auszuräumen, sich an ERP-Krediten zu vergehen oder sonst eines der beliebten landesüblichen Delikte zu begehen. Sie taten es nicht, sie machten es sich schwer! Sie wollten Schnaps herstellen. Aber auf welche Weise! Mit welchem Ingenium! Mit welcher Umsicht! Mit welcher Tatkraft! (Mein Freund Heinrich wird ganz aufgeregt, wenn er davon spricht.)
Kovacs & Co. wählten als Sitz ihrer Firma München. Den Rohalkohol kauften sie im Innviertel und schmuggelten ihn bei Passau

über die Grenze. Man bedenke die Mühe, die Gefahr, den komplizierten Transport, die Stunden des Hangens und Bangens, der kalten Füße und der schweißfeuchten Hände beim Zoll... Nein, Kovacs & Co. haben es sich nicht leichtgemacht!
Doch weiter: Den Rübenalkohol destillierten sie in ihrem Münchner Laboratorium gewissenhaft mehrere Male, nachdem sie ihn zunächst mit Wasser auf den gewünschten Alkoholgehalt verdünnt hatten. Dann setzten sie Feinbranntwein-Essenz zu. Danach mengten sie Anilinfarben bei, damit das Getränk eine hübsche goldbraune Färbung erhielt. All dies beschäftigte sie Tage und Nächte, ließ sie nicht zur Ruhe kommen, hielt sie besessen und gefangen und bewirkte, daß sie nach des Tages Arbeit todmüde in ihre Betten sanken.
Doch nicht genug damit: Sie brauchten Flaschen. Die Flaschen kamen über die gefährlich vereisten Autobahnen bei Wind und Wetter von Frankfurt herunter. Die Chauffeure der Autos, die sie heranbrachten, blickten bei dem Transport unerschrocken dem Tod (und dem Knast) ins Auge.
Doch damit noch immer nicht genug: Kovacs & Co. hielten auf Stil. Sie versahen die Fuselflaschen mit feinen Etiketten. Die Etiketten ließen sie in Wien drucken. Aber wie! Die Etiketten zeigten nur blasse Goldfarben und fielen keinem Zollbeamten auf. In München legte Kovacs & Co. sie ins Wasser. Und siehe: Die kleinen Zettel verwandelten sich in die bekannten komplizierten Firmenetiketten des mit Recht so beliebten echten Hennessy.
Man bedenke die Mühe dieser Operation! Man zähle die Kilometer der Reisen, die sorgenvoll durchwachten Nächte, die geschmierten Hilfskräfte, die wohldurchdachte Organisation! Wird man dann, so fragt mein Freund Heinrich, ihm nicht recht geben müssen, wenn er sagt: Kovacs & Co. gehören nicht dorthin, wo sie heute sind beziehungsweise bald sein werden, sondern an führende Stellen unserer Verwaltung, unserer Industrie, unserer Wirtschaft? Wird man ihm nicht recht geben, wenn er sagt, daß wir die Eigenschaften von Kovacs & Co. gar nicht entbehren können, daß es eine einzigartige erzieherische Aufgabe wäre, die fehlgeleiteten Talente von Schnapsschmugglern, Einbrechern, Kassenschränkern und so weiter einmal in positive, der Gesellschaft nützliche Bahnen zu lenken und zu sagen: Freunde, laßt den Betrug, werdet Vorstandsmitglieder zu Nutz und Frommen eurer Umwelt?

Die Grenzpolizei hat die Geschichte von Kovacs & Co. aufgedeckt. Mein Freund Heinrich hat seinen Kater. Aber er hat sich (behauptet er) auch noch genug gesunden Menschenverstand bewahrt, um die Frage zu stellen: Ist es nicht tragisch, zu sehen, wieviel einzigartige Begabung, wieviel Enthusiasmus, wieviel Tatkraft und wieviel Können vergeudet werden Tag für Tag an den falschen Objekten?
Ist es nicht tragisch?
Mir kommen Tränen...

Zweimal Himbeer-Schokolade!

Hochsommerliche Gedanken im Wien von 1954 über die Zusammenhänge zwischen Gluthitze und Eiseskälte.

Es gibt Menschen, die schwitzen nicht. Es kann so heiß sein, daß kleine Hunde auf dem Asphalt kleben bleiben und Rotkehlchen, vom Schlag gerührt, aus dem heiteren Himmel fallen: *Sie* werden nicht schwitzen. Nicht einen Tropfen. Dann wieder gibt es solche, die schwitzen bei jeder Gelegenheit. Wenn der Chef mit ihnen spricht. Wenn sie eine Liebeserklärung machen. Und in der Straßenbahn. Besonders in der Straßenbahn. Die einen gelten als die vornehmeren, die anderen als die gesünderen Naturen. Heiß ist es sowohl den einen wie den andern.
In einer großen Stadt ist der Sommer kein Kinderspiel. Wer jetzt auf Urlaub geht, darf gar nicht mitreden. Aber denen unter uns, die noch immer in verrauchten Büros oder staubigen Werkstätten zu tun haben, in Laboratorien oder irgendwelchen Ämtern, kann der ganze Sommer gestohlen werden. Wir fahren uns mit dem Handrücken über die Stirn und sagen mutlos zu uns selber: »Ach, wie ist das Leben doch traurig!« (Ob wir nun schwitzen können oder nicht.) Nun gibt es in jeder mißlichen Situation jemanden, der aus ihr Gewinn zieht. Gäbe es niemanden, der aus ihr Gewinn zieht, so gäbe es auch bald keine mißlichen Situationen mehr. Ich bin davon überzeugt, daß der Golfstrom in seinem tiefen, feuchten Grabe sich umdrehen und eine angenehm kühle Brise sich auftun

würde in dem Augenblick, in dem der letzte Besitzer des letzten Eissalons in den Ruhestand tritt.
Das wird natürlich nie der Fall sein. Ebensowenig, wie sich etwa sämtliche Rüstungsfabrikanten der Welt pensionieren lassen werden.
Es ist ein schwerer Fehler, anzunehmen, daß die Eisverkäufer etwa wegen der Hitze da sind. Ganz im Gegenteil. Die Hitze ist wegen der Eisverkäufer da. Die Herren haben eine Privatabmachung mit dem Himmel getroffen. Ebenso wie ihre winterlichen Kollegen, die Maronibrater. Auf diese Art regulieren sich die Jahreszeiten sozusagen von selbst.
Die Eisverkäufer haben ihre Lokale eröffnet, sie ziehen mit kleinen Wagen durch die Straßen – und sofort ist der Sommer da und wir fühlen: Anständigerweise muß einem jetzt so heiß sein, daß man sich nur die Lippen lecken kann bei dem Gedanken an so ein Gefrorenes.
Meine Freundin Aglaja ist eine geübte Eisesserin und kennt alle Etablissements in der Stadt, die sogenannte ›Fruchteisspezialitäten‹ verkaufen. Die Fruchteisspezialitäten bestehen aus gewöhnlichem Gefrorenen in gewöhnlichen Bechern oder Gläsern, oben mit ein wenig Schaum verziert, in der Mitte mit einer Kirsche, und beträufelt mit wenigen Kubikzentimetern einer aromatischen Flüssigkeit, von der Optimisten behaupten, sie sei Cognac. Ich habe sie gekostet: Die Leute haben keine Ahnung!
In den unbeschreiblich vornehmen Lokalen, wo dieser unbeschreibliche Schwindel, der jeden Liebhaber alkoholischer Getränke aufs tiefste verletzen muß, zu unbeschreiblichen Preisen verabreicht wird, sitzen ganz unbeschreiblich vornehme Leute, machen unbeschreibliche Gesichter und essen ihr Eis auf unbeschreibliche Weise. Meine Freundin Aglaja schämt sich mit mir, weil mich nämlich der Luxus dieser Leute und ihr feines Betragen verwirren. Wenn ich schon nicht über meine eigenen Beine stolpere, habe ich sicherlich ein Loch im Strumpf. Oder ich bekomme einen Löffel Gefrorenes in die falsche Kehle und muß auf den Rükken geklopft und abgetrocknet werden. Oder es stellt sich beim Zahlen (vor einem unbeschreiblich vornehmen Ober) heraus, daß ich kein Geld bei mir habe. Oder was weiß ich.
Wir fühlen uns deshalb beide nicht wohl, meine Freundin Aglaja und ich. Es gibt ja, Gott sein Dank, noch andere Möglichkeiten, Eis zu essen, sage ich. Beispielsweise unten an der Ecke. Im italie-

nischen Salon des Herrn Giuseppe Rastelli junior. Dort kannst du dir für zehn Schilling den Magen für fünf Tage verderben. Dort stellst du dich entweder vor der Theke mit kleinen Kindern, alten Frauen und Männern in den besten Jahren an, hältst deinen Groschen in der Hand und sagst, wenn die Reihe an dich kommt: »Zweimal Himbeer-Schokolade zu einem Schilling«, oder du setzt dich, wenn du ganz fein sein willst, an einen der lackierten Tische und winkst mit der Hand. Dann kommt sofort der Kellner gerannt, der Franzl heißt, und nimmt deine Bestellung entgegen. Zu dir sagt er »Gnädiger Herr«, und von deiner Begleiterin spricht er als von dem »Fräulein Braut«. Und wenn du ihm aus Versehen fünfzig Groschen Trinkgeld gibst, klopft er dir den Staub aus dem Anzug und macht Augen, daß dir ganz schwach wird.

Es gibt einen ganzen Haufen Franzl in Wien, liebe Aglaja, ich kenne ein paar von ihnen. Einer ist Mixer in einem Schieberlokal und mehr wert als alle die Brüder, die bei ihm Schnaps bestellen, zusammengenommen. Der hat jetzt auch einen Salon eröffnet. Aber nur von früh bis nachmittags. Denn am Abend steht er an der Bar. Und einen kenne ich, der fährt mit einem kleinen Wagen herum und läutet eine Glocke, und kleine Kinder bekommen bei ihm eine Tüte umsonst. Weil er so ein guter Kerl ist, daß er nicht begreifen kann, warum einer kein Eis kriegen soll, nur weil er erst fünf Jahre alt ist und kein Geld hat. Und dann kenne ich einen... aber das würde zu weit führen. Glaub mir, es ist eine ganze Menge, man findet die Eisverkäufer überall, sie verschaffen den Menschen für kurze Zeit ein Gefühl von Kühle und verdienen ihr Geld mit einer kleinen Illusion.

Wenn uns nämlich das bunte und süße Etwas, das wir Gefrorenes nennen, auf der Zunge zergeht, wird uns für Augenblicke leichter, und die Schuhe drücken nicht mehr so arg, unser Kopfweh läßt nach, und selbst die Traurigkeit gewisser Sommernachmittage zwischen Häuserschluchten weicht zurück. Die Sonne selber kneift ein Auge zu und riskiert ein Lächeln, und wir sind versucht, das ›Mariandl-andl-andl‹ zu pfeifen. Oder gar den ›Traurigen Sonntag‹!

Ob es wohl, überlegen wir, während wir gedankenvoll unsere Löffel ablecken und die Beine der jungen Dame am Nebentisch bewundern – ob es wohl einer sehr großen Fruchteismenge bedürfte, um jenen Flammenring zu löschen, der heute rings um unseren Erdball lodert? Wer weiß...? Die Chinesen trinken, wenn sie

erhitzt sind, heißen Tee, damit die Lufttemperatur ihnen im Gegensatz zu ihrem Innern niedrig erscheine. Vielleicht sollte man es auch im Falle unserer Welt mit größerer Wärme und nicht mit jener großen Kälte versuchen, die über uns gekommen ist wie eine Nacht ohne Sterne.
Mir scheint gar, du bist traurig geworden, meine Liebe? Verzeih, so war es nicht gemeint. Herr Franzl, zweimal Himbeer-Schokolade!

Skandal am Lido

Von einem sonderbaren Geschehen am Comer See 1951, von ethisch hochstehenden Bürgern und einem gewissen Herrn Psy.

Diese Zeilen werden geschrieben in der Absicht, dem Besitzer des Badestrandes ›Managgio Lido‹ am Comer See und dem Gendarmerieposten dortselbst einen Hinweis zu geben. Außerdem sollen sie einen häßlichen Verdacht von mehreren gutgesinnten und ethisch hochstehenden Bürgern der Umgebung abwenden.
Um jedermann in die Lage zu setzen, sich demokratischerweise sein eigenes Urteil zu bilden, rekapitulieren wir zunächst kurz, was geschehen ist, und werden uns dann erlauben, eine eigene kleine psychoanalytische Überlegung anzufügen.
Also: Der Besitzer des obenerwähnten Badestrandes war der Ansicht, sein Besitz sei unterbelegt. Es tummelten sich auf ihm zu wenig zahlende Gäste. Um diesen Übelstand abzustellen, entschloß sich der Besitzer zu einer energischen Werbungsmaßnahme. Er ließ einen Plakatmaler kommen und beauftragte ihn, ein Riesenmädchen zu malen. (Nicht so eines wie aus jenem langatmigen Gedicht, bei dem man nie weiß, ob es von Brentano oder von Chamisso ist, sondern ein in den Formen des Körpers und den Zügen des Gesichts durchaus angenehmes, nur eben überlebensgroßes.) Dasselbe bekleidete der Maler mit einem Bikini-Trikot. Einem grünen Bikini-Trikot. Grün war die Farbe, die er am wenigsten verwendete. Das Bild wurde ein großer Erfolg.
Nicht fand das Riesenmädchen überraschenderweise die Zufrie-

denheit einer Reihe gutgesinnter und ethisch hochstehender Bürger, von denen bereits vorhin die Rede war (und von denen wir einen häßlichen Verdacht abwenden wollen). Die gutgesinnten und ethisch hochstehenden Bürger begannen das Bild mit Tomaten zu bewerfen. Man glaubte zunächst, es handele sich um Wetten, ob es wohl möglich sei, aus einer bestimmten Entfernung einen bestimmten Körperteil zu treffen. Aber die gutgesinnten und ethisch hochstehenden Bürger (in Zukunft kurz G. u. e. h. B. genannt) erklärten, es handele sich um einen Fall von akuter sittlicher Empörung. Der Besitzer verstand sie nicht. Er fand das Riesenmädchen wunderbar! Die G. u. e. h. B. fanden es ›undezent‹ und warfen so lange Tomaten, bis die Sache vor den Gemeinderat kam. Der Gemeinderat zog zur Besichtigung des Riesenmädchens aus und bestätigte das Urteil der G. u. e. h. B.

Der Besitzer gab nach. Es kam zu einem Vergleich. Der Maler des Riesenmädchens wurde zurückgerufen und verwandelte den Bikini-Anzug in einen ganzteiligen roten Badeanzug.

Außerdem, so wird aus Como gemeldet, nahm er dem Mädchen etwas von seinen Rundungen. Wie, wo und wieviel, das gab ihm ein Geistlicher an, den man gebeten hatte, die künstlerische Oberaufsicht bei der Korrektur des Mädchens zu übernehmen – in der Überzeugung, ein Geistlicher könne besser als irgendein anderer sagen, um wieviel wo was zuviel sei. Was von dem Riesenmädchen übrigblieb, war nach der Meinung der G. u. e. h. B. nicht mehr undezent. Nach der Meinung des Badestrandbesitzers war es allerdings auch nicht geeignet, nur einen einzigen Hund hinter dem Ofen hervor und an seinen Badestrand zu locken. Es war nun keine reizende Göttin mehr, die vom Plakat herunterlächelte.

Und obwohl jetzt kein Grund zur Aufregung mehr bestand, geschah das Erschreckende: In der Nacht darauf zerstückelten unbekannte Täter das Pin-up-Girl. Sie schnitten ihm den Kopf ab und die Kniekehlen durch. Was dazwischen war, entfernten sie.

Alle Welt verdächtigte die G. u. e. h. B.

Weil niemand die Sache psychoanalytisch gesehen hat! Um die G. u. e. h. B. von einem häßlichen Verdacht zu reinigen, müssen *wir* das tun. Unser Leitstern dabei sei ein Wort von Karl Kraus: ›Die Psychoanalyse ist die Beschäftigung gewisser unruhiger Rationalisten, die alles im Leben auf sexuelle Ursachen zurückführen – mit Ausnahme ihrer eigenen Beschäftigung.‹

Psychoanalytisch gesehen war das Ganze nur der teuflisch durchtriebene (und deshalb so erfolgreiche) Plan eines Menschen, der sich in die Schönheit des ursprünglichen Riesenmädchens unsterblich verliebt hatte. Nicht in die Schönheit des Kopfes oder der Kniekehlen. In die Schönheit des Körpers dazwischen, wohlgemerkt! Diese Schönheit ließ ihn, den wir Herrn Psy nennen wollen, nun nicht mehr ruhen.

Und ehe der Hahn zum dritten Mal schrie, hatte er seinen teuflischen Plan gefaßt. Er war es, der die Tomaten schleuderte. Er war es, der die Geliebte seines Herzens mit Schmährufen bedachte. Er war es, der die G. u. e. h. B. zum Aufruhr hetzte, er, der auf Übermalung, Milderung der Formen und Überwachung durch einen Geistlichen drängte – er war der Führer und Vater der Revolution.

Dann, nächtlicherweise und nach der Übermalung, schlich Herr Psy hinaus zum Strand, schnitt und sägte (vom Kopf bis zu den Kniekehlen) und schleppte endlich das teure Gut in sein Häuschen, wo er die häßliche rote Farbe abwusch, bis der Torso des Riesenmädchens in alter Schönheit und mit ungemilderten Formen vor ihm aufleuchtete.

Niemals wird man ihn verdächtigen, niemals wird man ihn ertappen. Für ewige Zeiten wird der Makel des Diebstahls auf den G. u. e. h. B. liegen – wenn es diesen Zeilen nicht gelingt, dem Besitzer des ›Managgio Lido‹ und dem Gendarmerieposten dortselbst einen Hinweis zu geben und sie zu dem Entschluß zu bringen, die Sache psychoanalytisch zu betrachten...

Xanthippe gibt sich die Ehre

Böse Gedanken über eine schlimme Sache, die 1951 in New York passiert ist.

Wenn man sich unsere Welt so ansieht, wenn man sich so an alles erinnert, was wir hinter uns haben, wenn man so an alles denkt, was uns noch bevorsteht – soll man dann, zum Kuckuck, das Folgende schreiben, soll man dann, zum Kuckuck, das Folgende lesen?

Der Zeitung ›Daily News‹ zufolge fand vor einiger Zeit in einem New Yorker Klub eine kleine Feier statt. Geladen waren einhundert Katzen und Hunde mit einwandfreien Stammbäumen, hundertprozentig stubenrein, hundertprozentig wohlriechend. Xanthippe, die berühmte Siamkatze der Prinzessin Elena Tsulokhidze, gab sich die Ehre, die einhundert Herren und Damen zu einer zwanglosen Zusammenkunft zu laden. Die auserwählten Gäste erhielten zum Zwecke der Information Einladungen, auf denen in goldenen Lettern ihre Namen zu lesen waren. Die Einladungen selbst bestanden aus feinen Fellen. Im Festsaal des Klubs war eine riesige, vielfarbige Torte aufgebaut. Sie war garniert mit Mäusen aus Gänseleber, geräucherten Fischen und kleinen Keksen. Die einhundert Hunde und Katzen erschienen frisch onduliert, frisch pedikürt und frisch parfümiert, geschmückt mit Schleifen, Häubchen und Quasten, und viele trugen, den ›Daily News‹ zufolge, Hermelin- und Nerzmäntel en miniature.
Ich stelle mir in meiner Freizeit diese Feier gern im Detail vor. Ich sehe die großen Limousinen mit den betreßten Chauffeuren, die vor dem Eingang des Klubs halten. Ein devoter Portier stürzt heran und reißt den Schlag auf. Aus dem Fond eines Cadillacs steigen graziös zwei Hundeherren. Galant sind sie zwei Katzendamen beim Aussteigen behilflich. Das Volk jenseits der roten Seile staut sich und staunt. Pressefotografen verschießen hingerissen ihre Vakuumblitze. Der Verkehr stockt. Aus dem Innern des Klubs ertönt der Frühlingsstimmenwalzer, gespielt von einem dezenten Salonorchester. Die Katzendamen heben ihre Schleppen, die Herren tänzeln zierlich neben ihnen die Stufen hinauf. Zu den Klängen des Walzers schreiten sie durch Glastüren, die von Pagen offengehalten werden, hinein ins Vestibül.
Die Damen legen ab. Die Herren kontrollieren im Spiegel den Sitz der kleinen Smokingfliegen. Die marmorne Freitreppe geht es empor in den ersten Stock. Ein Bernhardiner schlägt mit einem Knochen dreimal auf den Boden: »Baron und Baronin Rexebüll, Sir Peter und Gattin!«
Prinzessin Xanthippe reicht mit charmantem Lächeln zum dreiundachtzigstenmal die Pfote. »Reizend sehen Sie wieder aus, meine Liebe...«
»Gnädigste, Ihr ergebenster Diener.«
Und hinein in den großen Marmorsaal!
Hier ist alles versammelt, was Rang und Stammbaum hat. Man

beschnuppert sich. Man macht Konversation. Man nimmt einen Drink. Und küßt den Damen die Pfoten. »Sagen Sie, wer ist dieser hinreißende Dobermann?« – »Was, den kennen Sie nicht? Der hat doch das skandalöse Verhältnis mit Lady Angora.« – »Ach, bitte, würden Sie mich der Dame mit dem schwarzen Fleck vorstellen?« – »Aber mit dem größten Vergnügen, mein lieber Schnauzer.« – »Mein Gott, schon wieder Fotografen!« – »Gnädige Frau, das kann man schlecht umgehen, wenn man so schön ist wie Sie. Der Dackel von der ›New York Sun‹ fotografiert nicht einen jeden.« – »Sehen Sie sich diesen Windhund an... so etwas hat nicht Brot auf Knochen, aber Zeit für Cocktails, ja!« – »Allmächtiger, dreizehn Säulen hat der Saal, und nicht an einer einzigen...« – »Psst, sind Sie wahnsinnig? Sie wollen wohl hinausgeworfen werden?« – »Sie glauben, man würde es merken?« – »Natürlich! Sehen Sie da drüben die beiden Schäferhunde? Das sind die Hausdetektive, die sehen alles...«

Auf dem Parkett hat man zu tanzen begonnen. Vornehm, gesittet, wie es sich gehört. Und nach dem Walzer ein Samba, ha, ein Samba, ha, ein Samba, eins, zwei, drei! Die Ohren fliegen, die Felle sträuben sich. Zwei Damen mit einem dunklen Punkt am untersten Ast des Stammbaumes beginnen zu schnurren. Die Schäferhunde knurren. Die Damen verstummen. Sie schämen sich. Wie konnten sie sich so gehenlassen? Mein Gott, wenn das die Dackelreporter gehört haben!

Aber die haben gar nichts gehört. Die sitzen an der Bar und trinken sich einen. »Prost, auf dein Pauschalhonorar!« – »Von meinem Pauschalhonorar könnte ich mir nicht einmal einen Hundekuchen kaufen!« – »Ach, und wovon lebst du dann so gut?« – »Ich vermiete Laternenpfähle in der Dreiundneunzigsten Straße.«

Und Liebesgeflüster in den Alkoven. Die Schäferhunde sehen weg. Hier ist nichts zu machen. Die Detektive räuspern sich und wenden ihre Aufmerksamkeit dem Büfett und der Riesentorte mit den Gänseleberrmäusen zu. Was macht denn der Terrier da oben? Der ist wohl verrückt geworden? Klettert einfach auf die Torte und steht auf einem Bein... Was? Er stellt lebende Bilder? Das gibt's nicht! Herunter mit ihm!

Da nimmt eine deutsche Dogge die Detektive beiseite und flüstert ihnen ein paar Worte ins Ohr. Die Detektive erschrecken, lächeln verlegen, winken dem Terrier zu, lassen ihn gewähren. Der Terrier auf der Riesentorte grinst, schwingt munter sein Bein. Was ist ge-

schehen? Warum die plötzliche Milde? Achselzucken: »Was soll man machen? Der Herr ist der Vertreter einer ausländischen Macht...«
Prinzessin Xanthippe reibt sich die Samtpfoten: Ein gelungener Abend, das kann man wohl sagen, nicht wahr? Der Wolfshund neben ihr zerbeißt Kalbsknochen, daß die Fetzen fliegen. Drei Damen in Nerzmänteln lecken um die Wette Milch. Und zwei Herren, geschoren bis zur Taille, knabbern Kekse. Vornehmsein macht hungrig. Aber wie!
Nebenan die millionenschweren Möpse spielen Baccarat. Zwei magere Rüden pokern. Und die beiden Dackelreporter haben zu würfeln begonnen. Die Runde geht um einen Hundekuchen. »Zwei Asse, ein Neuner, lasse ich stehen.« – »Abwarten! Abwarten! Jedes Full House geht drüber!«
Die ersten Gäste beginnen sich schon wieder zu verabschieden. Vollgegessen, müdegetanzt, bettschwer. »Es war reizend, meine Liebe, Sie *müssen* demnächst zu uns kommen.« – »Nein, wirklich, es war der gelungenste Abend der Saison...«
Und wieder die Limousinen, wieder das staunende Volk, und schließlich: Stille und Abgeschiedenheit im Fond des Cadillacs und zärtliche Hingabe: »O George, ich liebe dich so...«
Eine Stunde später beginnen im Klub drei Straßenköter Ordnung zu machen.

Frage nach der Lektüre:
Wenn man sich unsere Welt so ansieht, wenn man sich so an alles erinnert, was wir hinter uns haben, wenn man so an alles denkt, was uns noch bevorsteht – warum, zum Kuckuck, soll man dann das Obige nicht lesen?

Kleine Nachdenkerei über Bücher

I

Wenn es am 14. August 1041 nicht geregnet hätte...

Wie es mit dem Drucken von Büchern begann.

Wenn es am 14. August 1041 in Südchina in der Provinz Hsiang-Tan nicht geregnet hätte, wäre die Tochter des Schmiedes Pi Scheng nicht auf die Straße hinausgelaufen, um aus dem weichen Lehm kleine Kuchen für ihre Puppen zu formen. Und ihrem Vater wäre nicht aufgefallen, daß zwei der braunen Erdhaufen gewisse Ähnlichkeiten mit den chinesischen Schriftzeichen für ›Sonne‹ und ›Mond‹ aufwiesen. Und er hätte sich auch nicht an den Wegrand gesetzt und zwei Zeichen geformt, die wirklich die Symbole für ›Sonne‹ und ›Mond‹ waren.
Aber es regnete gerade, und die Ähnlichkeit fiel ihm auf. Und er formte die beiden Zeichen.
Er tat sogar noch mehr. Er ließ sie trocknen, beschmierte sie, als sie hart geworden waren, mit Farbe und legte ein Stück dünnes Holz auf sie. Danach lief er zu seiner Frau, um ihr das Ergebnis seines Experimentes zu zeigen: Auf dem Holz standen die Wörter ›Sonne‹ und ›Mond‹, verkehrt allerdings noch, aber doch deutlich erkennbar, wenn man den Kopf entsprechend schief hielt.
Seine Erfindung ließ den Schmied nicht schlafen. Am nächsten Tage formte er neue Zeichen aus Lehm, diesmal schon spiegelbildlich, damit ihr Abdruck richtig aussah. Er formte nicht nur die Zeichen für Sonne und Mond, sondern auch solche für Tag und Nacht, Frühling und Winter, für Blume, Himmel, Wind, Wasser und Wolken. Er formte eine ganze Menge Zeichen, und sein Freund, der Dichter Yen Sin, ersann ein kleines Gedicht, das vom Himmel erzählte und vom Wind, vom Tag, von der Nacht, dem Frühling, dem Winter, der Sonne, den Wolken und dem Mond schließlich auch.
Der Schmied formte Zeichen für alle Wörter des Gedichts, beschmierte sie mit Farbe und drückte sie auf einem großen Stück Holz ab, um es seiner Frau zu schenken. Und ein weiteres Holz bedruckte er für den Dichter. Und zehn weitere für seine Freunde.
Pi Scheng war ein einfallsreicher Mann. Bald kam er darauf, daß

seine Zeichen nicht nur in einem Gedicht, sondern auch in anderen vorkamen und daß er sie immer wieder gebrauchen konnte. Und weil der Lehm leicht abbröckelte und zu Staub wurde, formte er seine Zeichen nun aus Metall. Seine Frau war sehr stolz auf ihn. Er war ein großer Mann, der Schmied Pi Scheng. Aber das wußte er gar nicht.

Vierhundert Jahre später kam ein anderer Mann, Johann Gensfleisch, genannt Gutenberg, in Mainz, der sich eine Menge Goldschmiedestempel angesehen hatte, auf die Idee, bewegliche Lettern aus Metall zu gießen, mit denen man Ähnliches machen konnte wie mit Pi Schengs Zeichen. (Aber von dem wußte Gutenberg nichts.) Sein Schüler Peter Schöffer verbesserte diese. Und ein reicher Mann gab ihnen beiden Geld für ihre Versuche, zu ›drucken‹ anstatt mühsam mit der Hand abschreiben zu müssen. Viele Zeichen dienten dem ersten Abdruck der Heiligen Schrift. Die Pergamentbogen, aufeinandergelegt und mit Bändern zusammengehalten, ergaben ein großes Paket. Und dieses Paket nannte man ein Buch. Die Bürger der Stadt Mainz nahmen von Johann Gutenberg und Peter Schöffer kaum Notiz. Sie waren große Männer, alle beide. Aber das wußten sie gar nicht. Und erst später waren die Mainzer sehr stolz auf die beiden ersten Drucker.

Die Kunst, Bücher zu drucken, verbreitete sich nun rasch über ganz Deutschland und machte bedeutende Fortschritte. Doch erst im 18. Jahrhundert verbesserte jemand die Buchpresse. Im 19. Jahrhundert beschäftigten sich schon viele Menschen mit der technischen Lösung des Problems der schriftlichen Wiedergabe von Gedanken, Träumen, Überlegungen, Ansichten, Nachrichten, Kochrezepten, politischen Glaubensbekenntnissen und schlechten Witzen. Nacheinander kamen die Stereotypie, die Gießmaschine, die Galvanoplastik, die Setzmaschine und schließlich auch die Schnellpresse auf, die sich die Kraft des Wasserdampfes zunutze machte und zur Rotationsmaschine wurde.

Nun gab es Bücher und Zeitungen wie Sand am Meer. In allen Ekken der Welt lasen Menschen, was andere Menschen gedacht, getan, gesprochen und niedergeschrieben hatten. Viele Millionen Bücher wurden geboren, gute und schlechte, große und kleine, lustige und traurige, dumme und kluge, gefährliche und liebenswerte. Und die Menschen konnten nicht mehr begreifen, wie sie jemals ohne Bücher hatten leben können. Es war ihnen ein Rätsel.

»Ach du Lieber Gott«, sagten sie, »eine Welt ohne Bücher? Aber das gibt es doch gar nicht! Das ist doch unmöglich...«
Nichts ist unmöglich. Wir wissen: Es hätte sehr leicht so sein können. Wenn es zum Beispiel nicht geregnet hätte im Jahre 1041, am 14. August, in der Provinz Hsiang-Tan in Südchina. Denn dann hätte der Schmied Pi Scheng nicht seine kleine Tochter beobachten können, die vor dem Hause mit Lehmkuchen spielte. Und er selber hätte keine Zeichen geformt.
Vielleicht hätte es ein anderer getan, sagen Sie.
Vielleicht hätte es dafür an diesem Tage in Neuguinea geregnet oder in Südfrankreich oder in der Umgebung von Rom. Vielleicht hätte ein anderer, ein ganz anderer Mann dafür Zeichen aus Lehm geformt. Oder eine Frau. Oder ein kleiner Junge.
Vielleicht... aber vielleicht auch nicht! Die Phantasie und die Schöpferkraft eines Menschen sind einzigartige und geheimnisvolle Dinge, die niemand erforschen oder beherrschen kann. Der 14. August 1041 kam, weil das, was er brachte, schon in der Luft lag, weil es kommen mußte. Und natürlich regnete es! Damit der Lehm weich war und sich formen ließ. Es war alles ganz einfach. Die wirklich großen Dinge sind immer ganz einfach. Daran lassen sie sich erkennen.

II

Was mein Freund Anton sagt

Von einem, der seine Bücher wirklich liebt

Weil wir gerade von ›großen‹ Dingen sprechen:
Ich habe einen Freund, der heißt Anton und hat mehr Bücher, als Sie sich vorstellen können. Ein ganzes Zimmer voll. Alle vier Wände vom Fußboden bis zur Decke.
Mein Freund Anton sagt, daß es nichts Größeres gibt als eine gute Bücherei, nichts, was so die Welt umspannt, nichts, was so weltweit ist, mit einem Wort: nichts Größeres. Denn in so einem Bücherzimmer (meint der Anton) sind die Geister all der Menschen versammelt, welche diese Bücher geschrieben haben. Gute Geister, und böse Geister auch – es kommt ganz auf den persönlichen Standpunkt an. Einer hat etwas für Existentialphilosophen übrig

und der andere für Kleintierzüchterei, einer für Kriminalromane und der andere für japanische Liebeslyrik. Der eine ißt gern Honig und der andere grüne Seife. Das ist eine alte Geschichte.
Die Menschen, welche Bücher lesen, sind so verschieden wie jene, die diese Bücher geschrieben haben. Gott sei Dank! Stellen Sie sich einmal vor, wir wären alle gleich! Das läßt sich gar nicht ausdenken, wie scheußlich langweilig das wäre. Ein kleiner Unterschied muß sein. Es lebe der kleine Unterschied! Er ist es, der das Leben erst interessant macht. Das Leben im allgemeinen. Und das Leben mit Büchern im besonderen. Sie meinen, es gebe kein Leben mit Büchern? Ach, werte Herrschaften, erlauben Sie, daß ich lache: Ha, ha, ha!
Und ob es so ein Leben gibt! Fragen Sie bloß meinen Freund Anton. Der geht sogar so weit, zu sagen, daß es kein Leben *ohne* Bücher gibt. Die ganze Welt, meint Anton, kann ihm gestohlen werden, wenn er kein Buch mehr lesen darf. Die Bücher sind seine besten Freunde, ja einzelne von ihnen sind sozusagen seine Geliebten. Es sind bessere Geliebte als diejenigen, die wir alle gelegentlich haben. Sie sind treuer und aufrichtiger, als irgendwelche lebenden Geliebten es jemals sein könnten. Sie betrügen dich nie, und sie verlassen dich nie. (Außer wenn du sie aus Versehen in der Straßenbahn liegenläßt. Oder im Strandbad. Aber das ist dann nicht ihre Schuld.)
Nein, sagt der Anton, gegen nichts in der Welt möchte er seine Bücher eintauschen: gegen Schweizer Liebesgabenpakete nicht und nicht gegen Marvel-Zigaretten, nicht gegen Devisen und nicht gegen einen mausgrauen Plymouth mit eingebautem Radio. Denn überlegen wir einmal: Gelegentlich hat der Anton, so wie wir alle, kein Geld. Und er fühlt sich ganz hundsgemein verlassen, muß sich aus alten Kippen Zigaretten drehen, und niemand ist an ihm für den Augenblick interessiert. Weil er kein Geld hat. Oder es regnet einen ganzen Sonntag lang in Strömen, und man kann nicht fortgehen, weil man nur nasse Strümpfe oder einen mordsmäßigen Schnupfen bekommen würde. Oder – auch das ereignet sich zuweilen – der Anton hat ein kleines Liebeswehweh. Oder der Chef im Büro hat ihm gerade einen Riesenkrach geschlagen. Weil die Monatsbilanz nicht stimmte.
Alle diese Dinge passieren. Nicht nur dem Anton, sondern uns allen. Mir und dir auch. Nur reagieren wir ganz verschieden auf sie. Manche legen sich ins Bett, ziehen die Decke über die Ohren und

denken: Jetzt müßte man hübsch krank werden können! Andere betrinken sich nach Kräften und denken: Rutscht mir doch alle den Buckel runter! Andere nehmen einen Strick und schießen sich mit ihm tot. Und wieder andere stützen den Kopf in die Hände, weinen und seufzen ganz leise: »Ach, wie ist das Leben doch traurig!«

Mein Freund Anton hat eine eigene Methode. Er setzt sich in sein Bücherzimmer, legt die Beine auf den Tisch und liest. Oder er schließt die Augen und denkt nach. Und hört dabei den Gesprächen zu, welche die Bücher führen.

Wie? Sie haben nicht gewußt, daß Bücher reden können? Na, da fragen Sie nur den Anton! Und ob sie das können! Leise und behutsam unterhalten sie sich. Sie machen dabei nicht im entferntesten soviel Krach wie die Menschen, aber was sie sagen, hat Hand und Fuß. Es ist hochinteressant, zu hören, was so ein Band Shakespeare einem Band Edgar Wallace mitzuteilen hat. Oder der Friedrich Schiller dem Hans Christian Andersen. Oder die Colette dem Karel Čapek.

Je mehr Phantasie einer mitbringt, um so besser versteht er, was die Bücher einander erzählen. Phantasie schärft die Ohren für alles, was bei den gewöhnlichen Menschen sozusagen unter den Tisch fällt. Mein Freund Anton liegt ganz still in seinem Sessel, sieht seine Bücherwände an und lauscht den klugen und wichtigen Bemerkungen ihrer Bewohner. Und nach wenigen Stunden hat er alles vergessen: die unbezahlte Gasrechnung, das Loch im Strumpf, den Ärger mit Renate und den Krach mit dem Chef. Nach wenigen Stunden ist mein Freund Anton wieder ein glücklicher Mensch. Er ist glücklicher geworden und noch etwas anderes: klüger. Ein bißchen klüger nur. Nicht viel. Aber ein kleines bißchen immerhin. Es ist gar nicht gut, schnell und in großen Portionen klüger zu werden und auf diese Weise sozusagen in die Zukunft zu springen. Der Mensch, der in die Zukunft springt, geht leicht zugrunde. Deshalb ist es viel besser, hübsch langsam vernünftiger zu werden, Tag für Tag. Nur auf diese Weise, wenn man sich stets bemüht und dabei sehr geduldig bleibt, ist es möglich, mit der Zeit in den Stand der Erkenntnis und dann in den der Weisheit zu treten. Und dazu verhilft dem Anton seine Bibliothek: zu einer gleichmäßigen und gründlichen Erziehung des Herzens.

Deshalb liebt er seine Bücher so sehr. Deshalb sagt er, daß es nichts ›Größeres‹ gibt als so eine stille Bibliothek. Weil sie nämlich im-

stande ist, demjenigen, der sie besitzt oder besucht, zweierlei zu geben:
Weisheit und Freude.
Ich glaube, wir sollten uns zunächst ein wenig über die Freude unterhalten.

III

Warum Sie Bücher schenken sollten

Vom wahren Wesen der Bücher, von Herz und Seele der Schreibenden und der Schenkenden.

Haben Sie schon einmal Lust verspürt, einem anderen Menschen Freude zu bereiten? Ganz bestimmt haben Sie das. Wenn wir außerordentlich vergnügt sind, dann denken wir: Es wäre riesig nett, wenn die Elisabeth (oder der Thomas, die Sibylle, der Herr oder die Frau Maier) gleichfalls vergnügt wäre! Und wir laufen rasch fort, um ein paar Blumen zu kaufen oder – je nach Art der bestehenden Beziehungen – eine Bonbonniere oder ein Paar Nylonstrümpfe. Und wenn die Beschenkten dann ein glückliches Gesicht machen, dann kribbelt es uns ein wenig in der Magengrube, und wir werden noch um ein erhebliches Maß vergnügter. Schenken ist deshalb eigentlich eine sehr egoistische Angelegenheit. Man macht anderen Freude, um selbst einen Grund zu haben, fröhlich zu sein. In diesem Zusammenhang erlauben wir uns, Ihnen den Rat zu geben, in Fällen, wo Ihnen ganz besonders daran liegt, sich wohl zu fühlen, *Bücher* zu schenken.
Mit den Büchern hat es nämlich eine eigene Bewandtnis. Wenn Sie jemandem Schokolade oder Strümpfe oder Zahnpasta oder eine Villa mit zwölf Zimmern schenken, dann wird der Betreffende sich über die Schokolade, die Strümpfe, die Zahnpasta oder die Villa freuen. Über die Annehmlichkeiten, die ihm aus diesen Geschenken erwachsen, wird er sich freuen, nicht über das Wesen der Geschenke selbst – wenn Sie verstehen, was ich meine. Die Geschenke selbst haben kein Wesen, sie sind tote Dinge und haben keine Ursache, fröhlich oder betrübt zu sein.
Bei den Büchern ist das anders. Sie sind *lebendige* Wesen! Sie wurden geschrieben von gelegentlich noch sehr lebendigen Menschen

und – wenn sie es wert sind, geschenkt zu werden – nicht nur mit der Hand. Sondern auch mit dem Herzen und mit der Seele, also mit zwei Dingen, wie nur lebendige Wesen sie besitzen.
So ein Buch zu schreiben, ist eine langwierige und beschwerliche Angelegenheit. Auch wenn sie Freude macht. Haben Sie es schon einmal selbst versucht? Nein? Na – Sie würden Ihre blauen Wunder erleben! Es gibt Autoren, die sagen nach jedem Buch, das sie fertiggestellt haben: »Nie wieder!« Und sie meinen es auch so. Und gleich danach setzen sie sich auf die Hosen und schreiben weiter. Weil sie nicht anders können. Weil ihr Herz und ihre Seele sie dazu zwingen, weil ihr Herz und ihre Seele zuviel erkannt und gesehen haben, als daß sie das alles für sich behalten könnten – weil sie ganz einfach schreiben *müssen*.
Diejenigen, deren Bücher es wert sind, gelesen zu werden, haben außerdem erkannt, daß man den Menschen nichts schenkt, wenn man sich selbst nicht schenkt. Und deshalb ist in jedem ihrer Bücher ein Teil ihrer Seele und ein Teil ihres Herzens zu finden. Je besser und je wertvoller so ein Buch ist, um so mehr Seele und Herz enthält es – das hängt weder vom Ladenpreis noch von der Auflagenhöhe des Werkes ab. Denn bei den Menschen, die bereit sind, dauernd ihr Herz und ihre Seele zu verschenken, wächst beides immer wieder nach. Das ist eines von den vielen Geheimnissen des Lieben Gottes.
So, und nun passen Sie auf: Wenn Sie also ein solches Buch kaufen, um es einem Menschen zu schenken, von dem Sie ganz besonders wünschen, daß er sich freuen möge, dann wird der Betreffende sich zunächst einmal über das Buch als Buch freuen und über Ihre Aufmerksamkeit. Und wenn er es dann liest, wird das Wunder geschehen: Er wird zwischen den Seiten auf einmal das Stückchen Herz und das Stückchen Seele finden!
Es hängt ganz von Ihnen und Ihrer Kenntnis des zu Beschenkenden ab, zu wissen, *was* für eine Seele und *was* für ein Herz ihn am besten kleiden. Deshalb ist das Bücherschenken eine so heikle Angelegenheit, die man in der Schule lernen sollte oder zumindest als Erwachsener in Abendkursen.
Wenn Sie es absolut nicht fertigbringen, festzustellen, welches Buch am besten zu Ihrem Bekannten paßt, dann ist es am vernünftigsten, Sie schildern Ihrem Buchhändler ein wenig seine Wesensart. Der Buchhändler hat eine riesengroße Erfahrung und wird Ihnen bestimmt ein paar gute Vorschläge machen.

Im übrigen läßt sich das Bücherschenken erlernen. Ich hatte einen Freund, der verstand gar nichts davon. Einmal kam er zu mir und sagte, seine Frau habe Geburtstag. Und was er ihr schenken solle?
»Schenk ihr doch ein Buch!«
»Nein«, sagte er traurig. »Ein Buch hat sie schon…«
Das war nun eine sehr lächerliche Bemerkung, nicht wahr? Der arme Kerl wußte eben nichts von der Überraschung des kleinen Stückchens Herz und des kleinen Stückchens Seele zwischen den Seiten eines jeden Buches, mit denen jeder Leser sein eigenes Herz und seine eigene Seele bereichern kann. Wer von uns wollte sagen, sein Herz sei groß genug oder seine Seele könne nicht noch ein wenig größer werden?
Keiner, nicht wahr?
Wir leben in einer Zeit, in der es überhaupt nichts Kostbareres gibt als Menschen mit einem Herzen. Auch die Leute mit Seele sind sehr selten geworden. Deshalb, in unserem eigenen Interesse und weil wir uns doch alle wünschen, daß die Erde wieder das werden möge, was sie einmal war – nämlich ein Paradies –, ist nichts so wichtig wie eine neue Erziehung unserer Herzen und ein Weiter- und Größerwerden unserer Seelen.
Durch Bücher können wir wieder zu frohen Menschen werden – durch Bücher können wir der *Freude* begegnen, von der mein Freund Anton sprach.
Wenn Sie also andere Menschen glücklich machen wollen, dann schenken Sie ihnen Bücher. Denn die sind lebendige Wesen und kennen das Geheimnis des Fröhlichseins so, wie es sonst nur noch die Blumen kennen. Verstehen Sie jetzt, was es bedeutet, wenn man von jemandem sagt: »Er hat ein Geschenk mit Herz gemacht?«
Das bedeutet: Er hat ein *Buch* geschenkt.

IV

Nicht mit Gewalt, sondern mit Vernunft

Geschrieben in den Ruinen des Zweiten Weltkrieges: das gute Buch als Wegweiser in eine bessere Zeit.

Bei Betrachtung der letzten Jahrhunderte wird uns wiederholt Gelegenheit geboten, Aufstieg und Untergang von Männern zu verfolgen, die es fertiggebracht haben, Millionen ihrer Mitmenschen in den Tod oder in tiefes Elend zu treiben, blühende Landstriche in Wüsten zu verwandeln und die Macht vor das Recht zu setzen. Für diese großen Staatsmänner, Feldherren und Menschenschlächter haben stets Fanfaren geschmettert, während die Vernunft in einem Winkel saß und leise weinte.

Man beweist, das wissen wir heute, Klugheit nicht nur mit der Faust. Man braucht auch den Kopf dazu. Es wäre ein herrlicher Einfall, wenn unsere politischen Repräsentanten und alle diejenigen, die durch Wahl oder Bestimmung die Völker dieser Erde führen, es sich zur Gewohnheit machten, einen Teil ihrer Zeit in Bibliotheken zu verbringen! Sicherlich fänden sie dann schon bald Kriegsministerien und ähnliche Lokalitäten weit weniger interessant. Die List der Vernunft bewahrte solche Männer vor großen Torheiten und die ihnen Untergebenen vor Tod, Schmerz und Ruinen.

Erbarmungslose Despoten und schreiende Demagogen vieler Länder und vieler Jahrhunderte haben freilich die Macht des Buches als einer Waffe des Geistes durchaus erkannt. Aber ihnen erschien diese Macht stets nur *negativ.* Denn sie befürchteten, daß ihre eigenen Anhänger durch das Lesen dieser Bücher und Schriften in die Lage versetzt werden könnten, *selber zu denken.* Und was dann möglicherweise geschah, ließ sich gar nicht vorstellen.

Aus diesem Grunde ordneten die Großen Herren an, daß alle Bücher, die ihnen unangenehm waren, verbrannt werden sollten in mächtigen Stößen, auf offener Straße und im Angesicht vieler verwirrter und betrogener Menschen. Aber das half nichts. Die unheimliche Macht des Gedankengutes, das mit den Büchern scheinbar zu Asche wurde, starb nicht, sondern wirkte weiter in den Herzen der Menschen.

Nun sind viele Verleger darangegangen, die Werke der großen Dichter und Schriftsteller neu herauszubringen, weil sie erkannt haben, daß es nur ein Mittel gibt, unsere Welt vor dem Untergang zu bewahren: die Macht der Überzeugung.

Die Bücher sind bereit, uns zu helfen. Sie warten auf uns: Romane und Biographien, geschichtliche, wissenschaftliche und technische Werke, Reiseberichte, Novellen, Gedichte, Dramen, Utopien und Erzählungen.

Eine ganze Welt steht in den Auslagen der Buchhandlungen: die Welt von morgen, nach der wir uns sehnen. Mit Hilfe der Bücher vermögen wir sie aufzubauen aus den Trümmern der Welt von heute. Es wäre gewiß ein Fehler, zu sagen, daß Bücher in diesem Stadium der Entwicklung wichtiger seien als das tägliche Brot. Das sind sie nicht. Aber wichtiger als der Schinkenspeck, den wir im Schleichhandel gelegentlich erwerben, um ihn darauf zu legen, sind sie schon!

Es ist kein Luxus, heute Bücher zu kaufen. Es ist eine Notwendigkeit. Wir haben nicht nur die angenehme Möglichkeit, gelegentlich eine Buchhandlung zu besuchen und uns über den geistigen Stand der Dinge zu informieren, sondern das ist unsere *Pflicht.* Wenn unsere Augen schlecht sind, gehen wir zum Optiker, wenn unsere Zähne weh tun, zum Zahnarzt. Wir wissen genau, daß in der geistigen Welt, in der wir leben, allerhand faul ist. Auch unsere Seele muß von Zeit zu Zeit zum Onkel Doktor. In diesem Falle aber heißt der Onkel Doktor:

Das gute Buch.

Das gute Buch bringt Gelegenheit, uns über das zu informieren, was in unserer Welt und in anderen Welten – die es nämlich auch gibt – vorgeht, uns unsere eigene Meinung zu bilden und selbständig denken zu lernen. Das ist sehr wichtig, meine Lieben! Mit Hilfe der Bücher sind wir wieder in die Lage gekommen, eigene Ansichten zu haben, eigene Wünsche, eigene Träume, eigene Sympathien und eigene Antipathien. Mit Hilfe der Bücher könnten wir – stellt euch das einmal vor – sogar wieder vernünftige Menschen werden!

Nur mit Vernunft ist uns zu helfen, nicht mit Gewalt. Auf einem Kongreß, der im vergangenen Jahr abgehalten wurde, sagte jemand: »Die Welt muß geistig erwachen – und der Geist der Welt ist weit und breit allein in der Obhut der Schriftsteller!«

Und die Schriftsteller geben ihr Werk in die Obhut ihrer Bücher.

V

Erinnern wir uns einmal...

Gedanken eines Büchermenschen über das Lesen und dessen Wert besonders für Kinder.

Eigentlich hat es in unserem Leben immer Bücher gegeben. Erinnern wir uns einmal: Als wir noch klein waren, da las uns unsere Mutter schon aus Märchenbüchern vor. Ich weiß es noch ganz genau, und ich denke oft daran: an die dämmrigen Nachmittage im Herbst, wenn wir, fröstelnd und angeregt von einem Spaziergang heimgekehrt, vor dem Ofen saßen und in leichter Müdigkeit Erzählungen von Feen, Königstöchtern und bösen Räubern vernahmen: die Geschichte von dem Mädchen, das bei einer Frau namens Holle ihr Brot mit dem Schütteln ungewöhnlicher Kissen verdiente; von Hans im Glück, der einen Goldklumpen, groß wie sein Kopf, gegen immer weniger wertvolle Dinge eintauschte und dabei immer fröhlicher wurde; von dem Menschen, der auszog, um auf haarsträubende Weise das Fürchten zu lernen; und von dem kleinen krummen Männlein, das im Wald auf einem Bein hüpfte und so froh, ach, so froh darüber war, daß niemand wußte, daß es Rumpelstilzchen hieß...

An all das erinnere ich mich ganz genau und will es nie vergessen. Und wenn ich einmal Kinder haben werde, dann will ich ihnen große, dicke und bunte Märchenbücher kaufen und ihnen daraus vorlesen, so wie meine Mutter mir aus den meinen vorlas.

Haben Sie vielleicht schon Kinder? Und noch keine Märchenbücher? Aber, aber... was heißt denn das? Wie soll denn Ihr Kind aufwachsen *ohne* Märchen? Das können Sie doch gar nicht verantworten! Gewiß, man kann Märchen auch erzählen (und manche gelehrte Herren meinen, das sei viel besser als vorlesen), aber ach! – unserem Erinnerungsvermögen sind recht enge Grenzen gesetzt, und unserem Einfallsreichtum erst recht!

Als wir größer wurden, gab es Bücher, von denen unsere Eltern behaupteten, sie seien »noch nichts« für uns. Deshalb lasen wir sie natürlich heimlich und mit ganz besonderem Interesse. Überhaupt war das eine Zeit, in der wir alles gelesen haben, was uns unter die Finger kam. *Damals* hätte es einen Mangel an Büchern geben sollen! Großer Gott, wir wären einbrechen gegangen!

In der Schule und während des Studiums wurden uns die Bücher unentbehrlich, wir *mußten* sie einfach haben. Und später, als wir das Geheimnis, das die Mädchen umgibt, schon kannten, als wir Zigaretten rauchten und gelegentlich in einer Bar aus hohen Gläsern scharfe Flüssigkeiten tranken, da gehörte es zu unserem täglichen Lebenslauf, vor dem Einschlafen im Bett noch eine Stunde zu lesen. Von dieser Gewohnheit sind wir eigentlich nie wieder abgekommen.

Nur unser Geschmack hat sich ständig geändert. Es gab eine Zeit, da lasen wir nur Detektivromane, immer dieselben, immer die letzten zehn Seiten vom Abend zuvor noch einmal, weil wir stets nicht mehr wußten, was wir am vorhergegangenen in Erfahrung gebracht hatten. Dann wieder lasen wir nur Philosophisches und dann nur Biographien. Und nur Gedichte. Und nur Reisebeschreibungen. Und wenn es sehr heiß war, nur ganz lustige Sachen. Und wenn es sehr kalt war, nur ganz traurige.

Aber lesen mußten wir immer: Flugschriften und Werke mit Ganzledereinbänden, verbotene und erlaubte Bücher... viele Hunderte. Manche vergaßen wir gleich, und andere konnten wir nie vergessen! Manche mißfielen uns, und andere haben unsere Zukunft beeinflußt. Und mindestens einmal im Leben dachte jeder von uns: Du mußt selber auch ein Buch schreiben!

Über die viele Leserei war meine Frau zuerst wütend, aber dann kam sie auf den Geschmack, und jetzt macht sie's genauso. Manchmal lesen wir einander vor. Das ist sehr lustig. Und wenn wir genug gelesen haben, schließen wir die Augen und denken darüber nach, welche Bücher wir unseren Kindern kaufen werden. ›Oliver Twist‹ und ›Robinson Crusoe‹, ›Pünktchen und Anton‹ und die ›Schatzinsel‹, ›Doktor Dolittle‹ und ›Pu der Bär‹, ›Huckleberry Finn‹ und den ›Schatz im Silbersee‹ und ›Emil und die Detektive‹. Und natürlich das ›Tagebuch eines bösen Buben‹.

Ich glaube, es ist unerhört wichtig, was für Bücher man in seiner Jugend zu lesen bekommt und *daß* man sie zu lesen bekommt. Die Bücher sind ein sehr wesentlicher Teil unserer Erziehung, und wir haben doch alle vor, unseren Kindern die beste Erziehung zu geben, die man sich überhaupt denken kann, nicht wahr?

In guten Büchern steht eine Menge von dem drin, was unsere Kinder wissen sollen und was wir ihnen selbst nie so gut sagen könnten, wie es eben dort gesagt wird. Gute Bücher sind imstande, unsere Kinder zu freien, selbständigen, ehrlichen und zu klugen

Menschen zu machen. Gute Bücher sind ebenso wichtig für unsere Kinder wie ein sonniges Zimmer, gutes Essen, ein Ball zum Spielen, eine Freundin für kleine Geheimnisse und eine lachende Mami zum Liebhaben.

VI

Über den Umgang mit Büchern

> Wie einer mit Büchern umgeht, so behandelt er auch die Menschen.

Wenn jemand ein Buch schreibt, so ist das zunächst noch gar kein Buch, sondern eigentlich nichts als ein Packen beschriebenes Papier. Mit viel Liebe und Können müssen Verleger, Lektor, Hersteller und Graphiker, Setzer, Drucker und Buchbinder sich daranmachen, aus einem Stoß loser Blätter ein schönes Buch entstehen zu lassen. Das will dann aber auch, seiner wahrhaft vornehmen Abkunft gemäß, daß man ihm Liebe entgegenbringt.

Leider gibt es Leute, die behandeln ihre Bücher ganz elendiglich schlecht. Sie biegen sie zusammen, daß die Rücken abspringen und alle Nähte platzen, sie kneifen die Ecken der Seiten ein und beschmieren die Umschläge mit Tinte, gießen ihren Frühstückskaffee über den Deckel und verwenden einen Band Gedichte zum Abstützen des Speisezimmertisches, der gerade wackelt.

In Frankreich gibt es Verlage, die machen billige Bücher von der Art, daß sie von vornherein auf eine solche Behandlung eingerichtet sind und wirklich nicht öfter als einmal gelesen werden können. Denn dann zerfallen sie nämlich. Das ist so gewollt, damit es niemandem leid tun muß, wenn er sie in der ›Metro‹ liegenläßt. Oder beim Friseur. Oder sonst irgendwo.

Für die Leute jedoch, die ihre Bücher ins Herz geschlossen haben, gibt es in Frankreich eigens Läden, in denen sich jeder seine Lieblinge genauso binden lassen kann, wie er es sich vorstellt. Das ist ein weiterer Grund für die ›billigen‹ Ausgaben.

Aber im allgemeinen ist das natürlich keine Art und Weise, mit Büchern umzugehen. Es wird auch niemandem einfallen, einen guten Freund, mit dem man viele vergnügte und beschauliche Stunden verbracht hat und der einem überdies half, wo immer er nur konnte, der einen vor Langeweile, Traurigkeit und Einsamkeit bewahrte, einfach zu ohrfeigen und an den Haaren zu ziehen. Und es wird auch niemand auf den Gedanken kommen, seinen Chef, von dem er einen Vorschuß haben will, die Krawatte abzuschneiden oder das Oberhemd mit Rühreiern zu beschmieren.

Unsere Bücher sind nicht nur für uns da. Wir sind auch für unsere Bücher da! Die Freundschaft, die uns verbindet, ist eine Freundschaft, die beide Teile verpflichtet zu Rücksichtnahme und gelegentlichen Aufmerksamkeiten wie Abstauben oder Neu-binden-Lassen. Ein Mensch, der in eine Buchhandlung kommt und »zweieinhalb Meter Bücher, aber mit Lederrücken und Goldschnitt« verlangt, weil er sich gerade ein Regal angeschafft hat, das zufällig zweieinhalb Meter lang ist, gehört nicht in eine Buchhandlung, sondern vors Landesgericht. Es genügt nicht, eine schöne Bibliothek zu haben, wenn einen nicht auch persönliche Beziehungen mit ihr verbinden. Die Bücher merken ganz genau, wenn sie bei dem Falschen gelandet sind: Sie werden grau und unscheinbar vor Ärger, ihr Goldschnitt glänzt nicht länger, und vor Gram verlieren sie die eine oder andere Seite.

Dabei wissen sie sehr wohl zu unterscheiden zwischen Menschen, die sich einfach aus Protzerei Bücher kaufen, und solchen, die begriffen haben, daß nichts eine Wohnung gemütlicher und schöner zu machen vermag als Bücher.

Es ist dabei ganz gleichgültig, wie groß die Wohnung ist. Es kann sich um eine Mansardenkammer handeln oder um ein Gesandtschaftszimmer, um einen Arbeitsraum oder um eine Küche. Jawohl, sogar eine Küche! Auch sie wird heller und freundlicher durch ein weißes Brett mit Büchern irgendwo an der Wand.

Das Wohnen mit Büchern muß man verstehen. Man braucht dazu nicht unbedingt kostbare Schränke oder riesige Stellagen. Ein paar Bretter, zurechtgehobelt und gebeizt, irgendeine Nische, ein Bord, das um eine Sitzecke läuft, ein Gestell neben dem Fenster genügen auch. Niemand wird sich dem Zauber der bunten Bücherrücken entziehen können, und Sie selbst werden ruhiger und glücklicher sein in der Gesellschaft alter Freunde, die Sie nicht nur einmal bei sich haben wollen, sondern viele Male.

Und behandeln Sie Ihre Freunde gut! Eine Freundschaft ist so kostbar und so leicht verletzlich wie eine seltene Blume. Darum geben Sie acht! Bücher sind nicht nachtragend. Aber sie haben, wie Sie bereits wissen, ein Herz und eine Seele, denen man Schaden antun kann. Bücher können krank werden.

Es ist ebenso notwendig, in seiner Wohnung eine Küche und ein Badezimmer zu haben wie eine Ecke, in der ein paar Dutzend Bücher stehen. Von dieser einen Ecke geht die Atmosphäre Ihrer Wohnung aus. Der Begriff des ›Zuhauseseins‹ allein schon verbindet sich mit der Vorstellung von Behaglichkeit. Und nichts ist imstande, mehr Behaglichkeit auszustrahlen und weiterzugeben als unsere alten Freunde, die Bücher.
»Viele Menschenschicksale«, schreibt Eduardo de Amicis, »wurden schon von dem Umstand bestimmt, ob sich in ihrem Heim eine Bibliothek befand oder nicht. Ein Haus ohne Bücher hat etwas Vulgäres, etwas von einem Gasthaus an sich...«

VII

Das Paradies der ewigen Fröhlichkeit

Ratschlag, sich gesund und glücklich zu lesen.

Haben Sie schon einmal darüber nachgedacht, wo Bücher überall auftauchen, wohin überall man sie mitnehmen kann? Noch nicht? Na, dann tun Sie es doch! Es ist einfach unglaublich, wo so ein Buch überall Verwendung findet.
Im Gegensatz zu anderen Dingen Ihrer privaten Zeit – etwa Schnapsflaschen, Konzertflügel, Ziehharmonikas und Schrebergärten – läßt sich das Buch bequem unter den Arm nehmen beziehungsweise in die Tasche stecken und in den meisten Lebenslagen ohne weiteres im Rahmen dessen, was insgesamt passiert, unterbringen.
Erinnern Sie sich einmal: Damals, als Sie mit einem gebrochenen Bein im Spital lagen – hätten Sie da vielleicht Ihr Motorrad gebrauchen können? Niemals! Aber ohne die Bücher, die Ihnen Charlotte brachte, wären Sie vor Langeweile glatt verrückt geworden, was? Na, und im vergangenen Monat, als es Ihnen den ganzen Urlaub verregnete und Sie schon nicht mehr wußten, was Sie in dem trostlosen Bergbauernnest anfangen sollten: Waren Ihre Bücher Ihnen da nicht der einzige Trost? Und in der Eisenbahn und während des Krieges an der Front und nach Büroschluß in der Straßenbahn und im Strandbad und beim Friseur und beim Zahnarzt – immer waren die Bücher Ihre letzte Rettung.

Es ist ganz gleich, ob Sie von Beruf Gemischtwarenhändler sind oder Innenarchitekt, Gerichtsvollzieher oder Prokurist einer Baufirma, Schwimmlehrer oder Blumenverkäufer: Das Buch spielt auf jeden Fall in Ihrem Leben eine Rolle, die man nicht mehr wegdenken kann.

Dabei wäre es verfehlt, nur von den Zeiten zu reden, in denen man aus Langeweile, sozusagen als Aushilfsbeschäftigung, zu Büchern greift. Ich kenne viele Menschen, für die das Buch nach einem Tag angestrengter Arbeit eine Erholung bedeutet, auf die sie sich durch viele Stunden freuen wie andere auf ihre Partie Schach oder ihr Viertel Gumpoldskirchner. Und schließlich kenne ich Menschen, die leben überhaupt nur für ihre Bücher. Sonderbarerweise sind das durchweg glückliche, ausgeglichene Menschen, die nicht die Fassung verlieren, wenn ihnen gelegentlich eine Laus über die Leber läuft.

Das Buch, in regelmäßigen Dosen eingenommen, wirkt bei ihnen wie eine herrlich nervenstärkende Medizin, wie ein Vitaminpräparat oder wie Lebertran (nur daß es nicht so scheußlich schmeckt) und macht sie schließlich so stark, daß sie mit ruhigem Gewissen sagen können: Uns kann ruhig viel Übles passieren – wir halten es aus!

Sehen Sie: Das ist etwas, zu dem ich Ihnen nur allerdringlichst raten kann – eine Radikalgesundungskur durch das Lesen guter Bücher. *Lesen Sie sich gesund*! Lesen Sie, um zu erkennen, wie lächerlich und idiotisch unwichtig vieles von dem ist, was Sie heute noch tierisch ernst nehmen; lesen Sie, um herauszufinden, daß all das, was Sie für grauenvolle Schicksalsschläge gehalten haben: Ihre Berufssorgen, Ihr Liebeskummer und Ihr Weltschmerz, schon von anderen erlebt und überlebt – und *wie* überlebt! – worden ist; lesen Sie, um zu entdecken, daß die Welt ein großes und wunderbares Geheimnis ist, bis an den Rand gefüllt mit großartigen Überraschungen, herrlichen Erlebnissen und maßlosen Abenteuern.

Menschen, die viel gelesen haben, leben leichter. Sie kommen langsam in den Besitz einer Überlegenheit des Geistes, die sie die Schwierigkeiten des Lebens überwinden und für seine großen Schönheiten empfänglicher werden läßt. Lesen Sie – es gibt nichts, worüber nicht eine Stunde mit einem ausgezeichneten Buch hinweghelfen würde.

Und kaufen Sie Bücher! Sie investieren Ihr Geld so auf die bestmögliche Weise. Sie können gar nichts Besseres tun. Denn für die Gestaltung Ihres Lebens sind Sie selbst verantwortlich. Sie müssen Ihren Kopf gebrauchen, wenn Sie weiterkommen und glücklicher werden wollen. Der Liebe Gott hat uns zwei Enden gegeben: eines, um darauf zu gehen, und das andere, um damit zu denken. Unser Erfolg im Leben hängt davon ab, welches der beiden Enden wir häufiger benützen. Glauben Sie mir, es gibt nichts Interessanteres als einen wahrhaft klugen Menschen, der sein oberes Ende richtig zu nutzen versteht.

Lesen Sie die Bücher, die viele kluge Menschen für Sie und uns alle geschrieben haben, und Sie werden aus einem Tal der Enge und der Trauer eingehen in ein Paradies der ewigen Fröhlichkeit.

VIII

Niemand ist eine Insel

Tragt bei zur Rettung der Welt!

Wir sind zum letzten Abschnitt unserer kleinen Nachdenkerei über Bücher gekommen. Er trägt, wie Sie sehen, einen Titel, über den Sie sich vielleicht ein wenig gewundert haben.

Niemand ist eine Insel – das heißt ganz einfach: daß die Zeit, in der jeder einzeln für sich dahinleben konnte, vorbei ist, daß wir einander brauchen und helfen müssen wie Brüder, wenn wir nicht wollen, daß uns alle der Teufel holt. Daß wir in *einer* Welt leben und daß wir die Pflicht haben, alles zu tun, um unsere Mitmenschen kennen und verstehen zu lernen. Die Zeit der Isolation ist vorüber. Wir stehen vor einer großen Wende. Wir müssen informiert sein über das Geschehen *um* uns und *in* uns.

Niemand aber kann uns besser Auskunft geben über dieses gewaltige und geheimnisvolle Geschehen in uns als die Menschen, die heute in allen Ländern dieser Erde, die so wunderschön sein könnte, Bücher schreiben. Wir müssen diese Bücher lesen – nicht, um damit anderen, sondern um uns selber zu helfen. Wir müssen damit beginnen, selber zu denken. Wenn wir das nicht bald tun, wird es für immer zu spät sein. Und es wäre doch schade um uns, nicht wahr? Um uns und um die grünen Wiesen und die tiefen Wälder, die Sonnenblumen und um die Schmetterlinge auch, um unsere Erde, die eben doch wunderschön ist. Oder etwa nicht? Na also!

Deshalb – nicht nur aus Langeweile oder zu unserem Privatvergnügen, sondern um unseren Teil beizutragen zur Rettung dieser wirren und durch Krisen taumelnden Welt – müssen wir Bücher lesen. Heute schon, nicht erst morgen. Heute haben wir noch Zeit. Morgen ist es vielleicht schon zu spät.

Sie werden jetzt vielleicht die Achseln zucken und »Propaganda« murmeln oder »Reklame«. Aber das wäre der reine Unsinn. Einem Mann, der Rettungsringe herstellt, wird auch niemand vorwerfen, daß er für seine Rettungsringe Reklame macht. Weil die Rettungsringe ja Menschen, die in Not geraten sind, das Leben retten sollen. Genauso ist es mit den Büchern: Auch sie sollen uns das Leben retten. Wenn wir uns nicht besinnen, werden wir alle untergehen. Wörtlich und bildlich gesprochen. Untergehen.

Dieser verantwortungsvollen Aufgabe, zu lesen und selber zu denken, kann sich niemand mehr entziehen. Manche versuchen es noch, aber es wird ihnen nichts nützen. Sie müssen einsehen, daß der große Engländer John Donne recht hatte, als er vor langer Zeit die folgenden Zeilen schrieb, mit denen wir unsere kleine Nachdenkerei über Bücher beenden:

›Niemand ist eine Insel, ganz für sich allein.
Jedermann ist ein Teil des Kontinents, ein Stück des festen Landes.
Wäscht das Meer eine Scholle fort, wird ganz Europa ärmer,
so als ob eine Landzunge verschlungen würde oder ein Schloß,
das deinen Freunden gehört oder dir selbst.
Jedermanns Tod macht mich ärmer, denn ich bin hineinverstrickt
in die Menschenwelt.
Und deshalb verlange nie zu wissen, wem die Stunde schlägt:
Sie schlägt immer für dich.‹

Diese ›Kleine Nachdenkerei über Bücher‹ war *mein erster Bestseller*: Hunderttausend Auflage! Geschrieben 1948 im Auftrag des Österreichischen Buchhandels. Honorar fünftausend Schilling = zweihundertfünfzig Ami-Zigaretten! (Die Vorbemerkungen zu jedem Kapitelchen sind erst kürzlich entstanden.)

Als ich noch ein kleiner Bub war

Auf der Suche nach der verlorenen Zeit.
Monte Carlo 1977.

Psychiatern steht es selbstredend frei, ihren Senf zu dieser Geschichte zu geben. Niemand ist gezwungen, sich selbigen auf sein Paar Würstchen zu schmieren.
Als ich noch ein Bub war, ging es meinem Vater zuerst sehr gut, denn er arbeitete schwer, und dann ging es ihm sehr schlecht, obwohl er nach wie vor sehr schwer arbeitete. Zwischen diesen beiden Abschnitten liegt der berühmte ›Schwarze Freitag‹ des Jahres 1929. Damals gab es einen internationalen Börsenkrach, wie es ihn seither nie wieder gegeben hat, und Millionen Menschen in der ganzen Welt verloren in ein paar Stunden alles, was sie sich geschaffen hatten.
Die Geschichte aus der Zeit, in der ich noch klein war und die mir immer wieder einfällt, hat sich vor dem ›Schwarzen Freitag‹ ereignet, als es uns also noch gutging. Als es uns noch gutging, da hatten wir ein Haus in Mödling, das ist eine schöne kleine Kurstadt etwa dreißig Kilometer vor Wien. Zu diesem Haus gehörte ein sehr großer Garten. So viele Blumen waren da! Und ich wollte lange Jahre meines Lebens Gärtner werden. In diesem Garten bin ich immer sehr glücklich gewesen.
Einmal aber war ich sehr unglücklich. Und das kam so:
In der Zeit, in der es meinem Vater noch gutging, hatten wir zu jedem Wochenende viele, viele Gäste – berühmte Schauspieler und bekannte Schriftsteller, Maler, Bildhauer, Regisseure, große Wirtschaftsleute und Politiker, wunderschöne Damen, die süß dufteten – wie die am süßesten duftenden Blumen im Garten. Das Haus war groß. Es hatte viele Zimmer. In ihnen verbrachten manche Gäste meiner Eltern diese Wochenenden. Es kamen Menschen aus der ganzen Welt, Menschen mit ganz verschiedenen Religionen und Ansichten und Berufen. (Natürlich gab es auch immer ein paar Schnorrer unter ihnen. Mein Vater meinte, man solle die Schnorrer nur schnorren lassen, denn sie seien arm, und so gab er ihnen stets alles, worum sie baten.)
Im Sommer saßen unsere Gäste auf der Terrasse oder auf der Wiese hinter dem Haus in Korbsesseln, tranken und rauchten und sprachen über neue Bücher und neue Theaterstücke und neue Bil-

der, über Politik und Wirtschaft und Medizin und über hundert andere interessante Dinge. Alle waren sehr, sehr gute Freunde meiner Eltern. Nach dem ›Schwarzen Freitag‹ blieben plötzlich von diesen vielen sehr, sehr guten Freunden nur einige wenige übrig. Das konnte ich damals noch nicht verstehen. Heute weiß ich, daß das immer so ist und so zu sein hat.
Seltsamerweise war ich stets das einzige Kind unter lauter Erwachsenen. Wo waren die Kinder unserer Gäste? Vielleicht hatten sie sie zu Hause gelassen, in der Obhut einer Erzieherin oder einer Köchin. Oder sie besaßen keine. Damals war es gerade schick, keine zu besitzen. Kinder, meine ich. Die guten Freunde meiner Eltern brachten mir, der ich zu meinem Entzücken stets dabeisein durfte, wenn die klugen Gespräche geführt wurden (nur um halb acht mußte ich ins Bett!), oft Geschenke mit – alles, was einem Buben Freude macht.
Und nun kommt's.
An einem Freitagnachmittag trudelten sie wieder einmal ein. Sommer war es, die Blumen blühten, die Sonne schien. Viele Autos standen auf der Straße vor unserem Haus. Ihre Besitzer saßen im Garten und schlürften kühle Getränke und aßen Sandwiches und diskutierten. Und diesmal hörte ich nicht aufmerksam zu. Diesmal war ich zu sehr beschäftigt. Ein Freund meiner Eltern – ich weiß nicht mehr, was für einen Beruf er hatte – war mit einer Tafel Schokolade erschienen. Oh, aber keiner gewöhnlichen Tafel! Es war die größte Tafel, die ich jemals gesehen hatte. Von einer so großen Tafel war mir noch nicht einmal ein Schemen im Traum erschienen. Einfach unfaßbar, wie groß diese Schokoladentafel war!
Mich erfaßte Begeisterung, nein, wilder Rausch! Und nachdem ich das Wunderding lange genug angestaunt hatte, riß ich das bunte Papier und das Silberpapier ab und stand nun da, die riesige Schokoladentafel in den kleinen Händen. Ich war so überwältigt und freute mich so, daß mir ganz schwindlig wurde. Ah, dachte ich, nun sollen sich aber auch alle anderen hier genauso freuen wie ich. Jawohl!
Und so begann ich also von einem unserer guten Freunde zum anderen zu gehen. Bei jedem blieb ich stehen, brach ein Stück der Schokoladentafel ab und schenkte es ihm feierlich. So sehr glücklich war ich! So sehr glücklich sollten die anderen sein! Die Herrschaften sprachen über das neue Bett eines gewissen Herrn Wal-

lenstein am Burgtheater und über Picassos neue ›Periode‹ (was war das?) und über eine Frau, die hieß, also, das weiß ich noch, Vicki Baum, und über ein Buch von ihr, irgend etwas mit Hotel, das wurde gerade in Hollywood verfilmt, und mit den Chinesen und Japanern ging das auf keinen Fall so weiter, wenn das so weiterging, und eine neue Erfindung war im Kommen, ›Kunststoff‹ hieß sie, ein paar sagten ›Plastic‹, und da gab es einen Clown namens Hitler, über den lachten sich alle fast kaputt, denn dieser Clown wollte Deutschland regieren, so hörte ich. Viele von denen, die damals lachten, sind dann, als dieser Clown Hitler Deutschland tatsächlich regierte (und Österreich dazu), umgebracht worden.
Aber an jenem Nachmittag, in unserem sonnigen Garten, da lebten und lachten sie noch. Und ein Bub eilte emsig von einem zum andern und brach ein Stück der großen Schokoladentafel ab und schenkte es her. Und wurde gestreichelt oder von den süß duftenden wunderschönen Damen geküßt oder geherzt. Die Erwachsenen redeten dabei immer weiter über einen Mann, der hieß Oskar Brecht, und einen anderen, der hieß Bert Kokoschka, und sie redeten über diesen verrückten Hitler, während sie mir zulächelten, über das Haar strichen und höflicherweise ihr Stück Schokolade auch aufaßen, denn ich blieb vor einem jeden von ihnen so lange stehen, bis er es hinuntergeschluckt hatte.
Es waren viele Gäste da. Und immer aufgeregter lief ich von einem zum andern, mein Gesicht war dunkelrot vor Aufregung und Freude darüber, allen Freude machen zu können, und ich lachte die ganze Zeit – nicht nur über diesen Clown, nein, auch über mich und meine Schenkerei.
Noch ein Stück! Und noch eines! Und noch eines!
Vom Haus her wehten die Klänge der Radiomusik. Ich lief und schenkte und lachte. Und dann, auf einmal, jäh, unvermittelt, blieb ich stehen. Und lachte nicht mehr. Sondern sah stumm meine braunverschmierten Hände an. Die waren leer! Ich hatte meine ganze Riesenschokoladentafel verschenkt. Alles. Bis auf das letzte Bröckchen. Nichts mehr war für mich da.
Na ja, und da lief ich dann ganz schnell davon in das kleine Wäldchen und setzte mich unter einen Baum und begann zu weinen und weinte und weinte, so, als ob ich nie wieder würde aufhören können zu weinen.
Wie gesagt: Psychiatern steht es selbstredend frei...

Wetzt die langen Messer

1950 geschrieben in Wien. Die Aktualität dieses Artikels hat sich in dreißig Jahren nicht verringert.

Major: Merkwürdig. Ich denke an Sie nie als an einen Juden.
Mingo: Ja, sehr merkwürdig. Ich denke auch an Sie nie als an einen Arier.

Dieser Dialog stammt aus dem Stück ›Home of the brave‹ des Amerikaners Arthur Laurents. Carl Merz hat es ins Deutsche übersetzt und ihm den Titel ›Er ging an meiner Seite‹ gegeben. Und jeden Abend können Sie es im Kleinen Theater im Konzerthaus sehen. In einer großartigen Inszenierung. Mit sechs großartigen Schauspielern. Lauter Männern. Denn es ist ein Männerstück. Es spielt im Krieg, irgendwo im Pazifik. Es ist ein sehr wildes und aufregendes Stück. Es wird gekämpft, geschossen und gestorben, und manchmal wird auch geschrieen. Nicht häufig. Aber doch. Und geflucht wird auch, manchmal. Das liegt am Dialog. Der Dialog ist nämlich kein Theaterdialog. Der Dialog wurde sozusagen nach dem Leben stenographiert. Und was wir sehen, ist auch nur in einem höheren Sinne Theater. Zunächst einmal ist es die Wirklichkeit, die Wahrheit, das Leben selbst. Das harte, unerbittliche, unbarmherzige Leben dieses harten, unerbittlichen, unbarmherzigen Jahrhunderts. Und das Problem, vor das sich die sechs Männer gestellt sehen, ist gleichfalls kein Problem für Operettenfilme oder Boulevardkomödien. Es ist ein Problem, an dem schon viele Millionen Menschen zugrunde gegangen sind, direkt und indirekt. Es ist das Problem des Judenhasses.

Eiwei, sagte Herr W., als er davon hörte. Krieg. Schießen, Sterben, und dazu noch Antisemitismus! Großer Gott im Himmel, was denken die Leute sich eigentlich? Das will doch keiner hören! Das will doch keiner sehen! Der Krieg ist vorbei, geschossen wird nicht (wenigstens bei uns nicht), und was die Juden betrifft, die sollen doch Ruhe geben! Keiner tut ihnen etwas. Was heißt denn das eigentlich? Warum wird der alte Kohl wieder aufgewärmt? Wenn in der amerikanischen Armee jemand nicht beliebt ist, bloß weil er Cohn heißt, dann sollen die Amis darüber weinen, nicht wir.

Bei uns ist das vorbei. Wir leben in einer Demokratie. Bei uns kann einer heißen, wie er will. Und seine Nase interessiert keinen!

Aus der ›Neuen Zeitung‹, der amerikanischen Zeitung für Deutschland, zitieren wir Stellen aus einem am 22. Februar dieses Jahres erschienenen Artikel. Der gibt eine Rede des SPD-Abgeordneten Adolf Arndt wieder, die dieser in der Bundestagsdebatte über die Wiedergutmachung hielt. Arndt kam auf Vorgänge zu sprechen, die sich in letzter Zeit abgespielt haben, und zwar in Freiburg und Göttingen. In Freiburg wurden nach zuverlässigen Zeugnissen und einem Bericht, den der Ausschuß für gesamtdeutsche Fragen auch allen Abgeordneten zugänglich gemacht hat, auf Grund der Zeugenaussagen, die insbesondere von Seiner Magnifizenz, dem Rektor der Universität Freiburg, veranlaßt worden sind, bei Angriffen auf Demonstranten folgende Ausdrücke gebraucht: »Ihr Judenlümmel!«, »Ich habe noch keinen im Gasofen gesehen!«, »Heil Hitler!«, »Ihr Judenschweine!«, »Es wird Zeit, daß die Hitlerzeit wiederkommt!«, »Ihr gehört eigentlich erschossen!«, »Wer bezahlt euch eigentlich, ihr Judensöldlinge?«
In Göttingen war es nicht anders. Dort hat man auf der Straße das Lied angestimmt »Wetzt die langen Messer!«, man hat gerufen »Aufhängen!«, »Juden raus!«, »Schlagt die Judenlümmel doch zusammen, schlagt sie tot!«, »Es wird Zeit, daß wir wieder eine SS kriegen!«, »Brecht den Judenmenschen doch die Knochen!«, »Hier sitzt auch noch so eine Judenhure!«, und »Wenn Sie den ›Jud Süß‹ gesehen haben, wie können Sie dann noch für die Juden demonstrieren?«
Diese und andere Äußerungen entnahm der Abgeordnete Arndt einem Bericht des Überparteilichen Bundes demokratischer Studenten und des Ringes freier Studentenvereinigungen an der Universität Göttingen. Die Vorfälle haben eine große Zahl von Hochschullehrern, darunter solche mit Weltruf, wie die Nobelpreisträger Otto Hahn und Werner Heisenberg (der eben in Wien gewesen ist), veranlaßt, eine Erklärung abzugeben, in der sie die »Äußerungen und Tätlichkeiten, zu denen es gegen Studenten kam, die für den Frieden mit Israel demonstrierten, bedauern, insbesondere auch die schweren Überfälle offenbar organisierter Schlägertrupps, die noch stundenlang nach dem Ende der Demonstration ausgeführt wurden...«

Herr W. hat also unrecht.
Er weiß gar nicht, wie sehr er unrecht hat. Göttingen und Freiburg liegen in Europa. Wien ist nicht allzu weit von ihnen entfernt. Nicht nur Juden starben in den KZs. Und unter den Millionen, die auf deutscher Seite an den Fronten umkamen, befanden sich überhaupt keine. Sie kamen trotzdem um. Weil andere die ›langen Messer‹ wetzten. Weil niemand mehr eine Insel ist; weil das, was heute einem geschieht, morgen allen geschehen kann. Es braucht dazu nicht die Nazis. Es geht auch ohne sie, wie wir schon bemerkt haben. Hier und in Amerika und überall.
So stehen die Dinge. Niemand darf die Augen vor ihnen schließen.
Die Aufführung von Arthur Laurents' Stück im Kleinen Theater beginnt um 19.30 Uhr, täglich.

Zeit für Tomaten, Zeit zu schaukeln

Überzeugender Beweis für die Richtigkeit des alten Spruches, man solle, wenn man glücklich ist, nie versuchen, noch glücklicher zu sein. Geschrieben Wien 1946.

Meine Freundin Evi ist schon sechs Jahre alt und beinahe ganz erwachsen. Sie geht allein zu Frau Perger, um Gurken, schwedische Trockenmilch und das gute Maismehl zu holen, sie räumt selbst ihr Zimmer auf und kann ohne fremde Hilfe baden. Wenn sie zu mir kommt, übt sie an der Schreibmaschine. Sie tippt schon ganze Sätze. Zum Beispiel: ›ICHHABEMEINEMAMILIEB‹, oder ›MIRSCHEINTICHHABESCHONWIEDERHUNGER‹.
Ende September begann für meine Freundin Evi die Schule. Um sie die mit diesem Ereignis verbundene Aufregung vergessen zu lassen und weil sie immer so außerordentlich brav ist, bekam sie gestern eine Schaukel. Eine wunderschöne Schaukel aus poliertem hellbraunem Holz, mit einem richtigen Gitter um das Sitzbrett und versehen mit zwei weißen Seilen, an deren Enden Ringe eingeflochten sind. Die Schaukel ist ungemein repräsentativ. Sie stammt aus der ›Tausch-Kommissions-Zentrale Gersthof‹, wo, wie jedermann weiß, nur die besten Schaukeln zu haben sind.

An dem Haus, in dem meine Freundin Evi wohnt, befindet sich ein hölzerner Balkon, und an einem seiner Pfosten gedachten die Erwachsenen die Schaukel mit zwei wie Schweineschwänzlein gekrümmten Schrauben zu befestigen. Aber die Erwachsenen hatten keine solchermaßen gekrümmten Schrauben. Die hatte allein Herr Woditzka, seines Zeichens Tischlermeister im Bezirk.
Meine Freundin Evi machte sich auf den Weg zu ihm, und mit Hilfe von guten Worten und der lächerlich kleinen Menge von vier ›Lucky Strikes‹ erwarb sie, äußerst preiswert, die benötigten Metallteile. Herr Woditzka kam sogar mit ihr, kletterte auf eine Leiter und befestigte die garantiert erstklassige Schaukel aus der Gerstshofer Tausch-Kommissions-Zentrale an einem Balken des Holzbalkons.
Die nächste halbe Stunde war wenig erfreulich für meine Freundin Evi. Zuerst schaukelte Herr Woditzka, wie er sagte, um die Haltbarkeit der Anlage zu überprüfen. Nach ihm schaukelten Evis Eltern. Dann die Kinder aus der Nachbarschaft. Dann ein zufällig anwesender Gymnasialprofessor. Und schließlich zwei weiße Angorakaninchen, die Herrn Petersen, einem Nachbarn, gehörten. Meine Freundin Evi saß im Gras und machte traurige Augen. So hatte sie sich die Sache nicht vorgestellt. Doch dann kam die Reihe auch an sie. Ihr Gesicht verklärte sich und sie sagte: »Aber, aber, aber... gehört die Schaukel jetzt auch wirklich mir?«
»Ja«, sagte die Mami. Und so kletterte Evi auf das Sitzbrett, Herr Woditzka gab ihr einen festen Stoß, und der Spaß begann von neuem. Evi flog sehr hoch in die Luft, von den Mistkübeln bis hinunter zu den Rosenstauden, und jedesmal, wenn es hinaufging, schrie sie »Uuuuuuuuuuh«, und jedesmal, wenn es hinunterging, schrie sie »Iiiiiiiiiih!«. Weil es dann nämlich im Magen kitzelte.
Die Ringe quietschten in den gebogenen Schrauben, die Sonne schien, und Herrn Woditzka rann der Schweiß von der Stirn, so oft gab er meiner Freundin Evi feste Stöße. Als er nach Hause ging, mußte sie allein weiterschaukeln. Das will natürlich gelernt sein. Evi lernte es in der Zeit, die ich brauchte, um mit ihren Eltern eine Flasche des behördlich freigewordenen Weines auszutrinken. Dann wurde sie unruhig, rutschte zu Boden und holte sich aus der Küche ein Dutzend Tomaten. Schaukeln ist gut, dachte sie, und Tomaten sind gut. Wie gut müssen da erst Tomaten beim Schaukeln sein! Und also setzte sie sich wieder auf ihr Brett, schwang hin und her und aß Tomaten.

Es ist nicht schwer zu erraten, was sich nun ereignete. Ein Dutzend Tomaten sind ein ganz hübscher Haufen für so einen kleinen Magen wie den meiner Freundin Evi. Sie hätten vielleicht Platz gehabt. Aber dann hätte man sie in Ruhe lassen müssen. Die zwölf Tomaten waren hingegen, bildlich gesprochen, dauernd unterwegs. Einmal oben, einmal unten, einmal bei den Mistkübeln und einmal bei den Rosenstauden. Man wird verstehen, daß das nicht gutgehen konnte. So ein Magen ist auch nur ein Mensch.
Es dauerte nicht lange, und meine Freundin Evi ging langsam und gebückt ins Haus und sagte: »Ich glaube, mir ist gar nicht gut.«
Die Erwachsenen waren alle sehr besorgt, klopften sie auf den Rücken, ließen sie »Aaaaah!« sagen und sahen sich die Zunge an, verordneten heißes Wasser mit Zitrone, kaltes Wasser mit Senf, eine Spalte rohe Zwiebel, Dimethylaminophenyldimethylpyrazolon, Essigsaure Tonerde – und einen Schluck Cognac. Der Erwachsene, der den Schluck Cognac verordnete, war ich. Aber Evi wollte von all dem nichts wissen, sie legte sich auf eine Couch und kauerte dort wie die Angorakaninchen des Herrn Petersen. Nur mit den Ohren konnte sie nicht wackeln. Es hätte ihr auch keinen Spaß gemacht. Ihre Eltern sahen sie betrübt an und dachten an die Dinge, an die man denkt, wenn jemandem schlecht ist: an den Teppich, an einen Eimer und an den Onkel Doktor. Der Eimer stand im Badezimmer. Der Onkel Doktor wohnte in der nächsten Gasse. Er kam gleich, denn er ist ein sehr alter Freund von Evi. Außerdem wollte er vielleicht ein wenig schaukeln. Er meinte, die junge Dame werde gleich wieder lachen. So wie das Füchslein, das drei Tage krank war.
»Mit den Tomaten im Bauch kann ich nicht lachen«, sagte Evi.
»Ach geh! Versuch es doch einmal!«
»Ich weiß nicht, worüber.«
»Na«, sagte der Onkel Doktor, »stell dir etwas Lustiges vor. Zum Beispiel mich in Unterhosen.«
Das war nun etwas sehr Lustiges, denn die Erwachsenen lachten sofort. Dann lachte meine Freundin Evi. Und es scheint, daß sogar die zwölf Tomaten in ihrem Bauch, die sich so sehr über ihre unruhige Lagerung geärgert hatten, zu lachen begannen und beschlossen, dort zu bleiben, wo sie sich befanden, denn Evi stand plötzlich auf, sagte »Hick!«, und war wieder gesund.
»Und nun hör zu«, sagte der Onkel Doktor, als sie zusammen in den Garten hinausgingen, »so eine Schaukel ist eine feine Ge-

schichte. Man kann mit ihr glücklich sein, verstehst du? Man kann auch mit zwölf Tomaten glücklich sein. Aber schön der Reihe nach! Immer eins nach dem andern. Wenn man schon glücklich ist, soll man nicht versuchen, noch glücklicher zu werden. Das geht dann nämlich schief. Mit zwei Dingen, die beide zum Glücklichsein da sind, wird man nicht doppelt so froh. Man kriegt nur Bauchweh. Es gibt eine Zeit für Tomaten. Und es gibt eine Zeit fürs Schaukeln. Das ist nichts als eine Sache der Einteilung. Wirst du dir das merken?«

»Ich glaube schon«, erwiderte meine Freundin Evi.

»Es steht zu hoffen«, sagte der Onkel Doktor und gab ihr einen Klaps. Das war gestern. Heute sitzt meine Freundin Evi wieder auf der Schaukel. Die Vögel singen, der Wind weht leise, und die Sonnenblumen erzählen ihren Kindern Märchen. Meine Freundin Evi saust zwischen den Rosenstauden und den Mistkübeln hin und her und singt:

»Ich bin eine Wolke, eine Biene, eine Schwalbe,
mit mir schwingt das Glück.
Jetzt fliegt meine Schaukel hinauf
– jetzt fliegt sie zurück!«

Inhalt